U0198502

Rational Planning

理性规划

中国城市规划学会学术工作委员会　编
中国城市规划学会学术成果

中国建筑工业出版社

目录

孙施文

SUN SHI WEN

中国城市规划学会常务理事
学术工作委员会主任委员
全国高等学校城乡规划学科专业指导委员会委员
同济大学建筑与城市规划学院教授

序论：规划的理性与理性的规划

一

　　"理性"是个常用词，在不同的场合都会被用到，无论使用的场合多么千差万别，它总是与冷静、不冲动、不凭感觉做事、思考、计算等相关联在一起。在学术上，理性也是个"大词"（great word），各类学科都会使用到这个词，因为它既是各类现代学科形成和发展的基础，而且也被认为是现代社会的表征，是现代社会运行和发展的支柱（如马克斯·韦伯）。但如果我们对"理性"这个词的这些使用进行细致的分辨，就能发现，它有的时候所指的是一种能力，即人类认识、分析、判断、比较、推理、计算等的能力；有时候指的则是思维方式或工具，即依据所掌握的知识和法则进行逻辑推理而得到结果的方式；有时则又是指行动过程，即在识别、判断、评估实际状况的基础上进行合目的的行动等。正由于对"理性能力"、"理性思维"、"理性行动"等的不加区分，带来了许多纷争，甚至在哲学中的许多"主义"之争也与此有关。因此，当我们在这里说"理性规划"时，就有必要先厘清对理性的认识，才有可能做进一步的阐发。

　　理性，尽管在传统哲学意义上具有超验性的特征，但经过现代科学的洗礼，尤其是在社会科学领域，理性早已转化成对经验世界的合理性提炼。在现代学术中，英文文献对此有一个基本的区分，在哲学领域常用 reason（中文通译为"理性"），通常偏于形而上的讨论；在社会科学领域更多使用 rationality（中文翻译为"理性"、"合理性"），强调的是合乎理性的言说和行为。尽管不同的人有不同的目的和价值标准，不同的状况和场景下有不同的可运用的方式方法，但此人在此时此地追求他／她心目中的合理（即经过审慎的思考），则是理性的最主要表征，这是就个体而言的理性。那么在社会领域中，合理性是建立在这样的基础上的：针对共同界定的问题，通过有说服力的证据和符合逻辑的推理取得共识并付诸行动，以实现社会群体确立的目标。就此而论，我们在这里所讨论的"理性规划"，实质上是在社会科学的范畴中使用"理性"这个词，其根本就是对"合理性"的追求。基于此，我们对合理性的界定主要包括：在内容上应当是符合实际状况和发展规律的，所涉及的各个方面是综合集成的；在内容的各个方面之间以及时间先后上，所有的判断和结论应该是符合逻辑的、可推导的，其间的关系是有因果联系的；在所形成的成果中，其内容应该是可解释、可交流的。

　　"理性"或者"理性规划"在现代城乡规划领域也并非新词，前有以《雅典宪章》为标志的"功能理性主义"或"理性功能主义"规划，后有"综合理性规划"、"过程规划"以及包含了这两者的被统称为"理性规划"的种种规划模式。作为现代学科和实践的城乡规划，其形成和发展始终有理性思想贯穿其中，但这些思想、理论或方法直接以"理性"为名，都有其特定的面向和疑旨，也各有其适用与存在问题的地方，而且正如前面已经提到的那样，其中的"理性"的含义也不尽相同。从中国城乡规划的发展状况而言，我们在这里重提"理性规划"，并不是对这些曾经冠以"理性"名称的规划思想、理论和方法的推崇或怀恋，而是针对当今中国城乡建设和规划中存在的种种不符合城乡发展规律、不顾城市发展条件和需要、盲目追求"高大上"以及纯粹从形式和教条出发的种种现象，从面对当今中国城镇化发展和推进我国城乡规划改革的实际需要出发而提出的。笔者曾在 2007 年发表《中国城市规划的理性思维的困境》一文，对我国城市规划领域存在的问题，从思维方式方法的角度对我国城市规划发展历程中对理性的遮蔽进行了分析，指出我国城市规划"尚未走上理性之路"，因此，中国城市规划的理性化是当务之急。就此而论，笔者也完全可以将现在倡导"理性规划"看成是对我当年的呼吁的一种回应，只是对"理性"概念的理解应当有进一步的扩展。

　　同样，这里首先需要申明的是，在许多中文文献或相关场合中，"理性"常常被当作"理性主义"的同义词或近义词，并且常常可以看到把对"理性主义"底蕴的理解用来释义"理性"，其实这两者之间有一定的关联，但绝不同义，正如前面所说的对"理性"概念的"超验"和"经验"认识一样。从更具体的角度讲，"理性主义"作为一种哲学思想，其本质是唯理性论的，即把人的理性能力和思维方式作为唯一的认识论途径，排除其他一切获得知识的方式和途径；在方法论上也只认可韦伯所区分出来的"目的理性"或通常所谓的"工具理性"，将"价值理性"或"实质理性"排除在其思想方法之外。由此也就比较容易理解，当代学者（通常被冠以"后现代主义"者）对"理性"本身的批判，其批判的实质是对理性主义的"理性"概念的批判，因此倡导多元的理性，在英文的表述中，将首字母大写的"理性"改写成小写的理性，将单数的"理性"改写成复数的理性。甚至可以这么说，从这些学者的著述中可以看到，为了更为合理地认识当代社会及其发展，他们以理性的态度、理性的方法和形式开展着对"理性主义"之"理性"的批判。

二

现代城乡规划的产生与形成，起始于对当时城市发展中存在的问题的认识，意图有针对性地解决城市问题并有意识地引导城市发展和建设。这是超越了各种阶级阵营和利益纷争而形成的公共选择，是现代理性的胜利。由于各个国家最初面临的城市问题类型和程度不同，社会对这些问题的认识以及特定社会制度下的解决途径和可采用方式不同，形成了各个国家不尽相同的城乡规划内涵和制度框架，其中比较典型的有这样三种：

1. 欧洲大陆的现代规划，起始于城市人口增长的压力和城市城墙防卫作用的下降，原先城墙外用于军事目的的宽阔用地被快速地转换为城市扩展使用，因此，为短时间内集中开展有序的建设而开始编制城市扩展规划，其中最为著名的例子就是巴塞罗那扩展规划、维也纳以大型公共建筑为主的环城大道。此后，依据同样思路而推广到更大范围的新建设区的德国城市扩展规划（stadterweiterungen）逐步成形，并对各欧洲大陆国家以及正在形成中的英国、美国城市规划产生重要影响。随着这类规划的广泛开展，德国规划师们认识到不能就扩展区而论扩展区，扩展区的发展和建设与既有城市的功能结构有非常密切的关系，而扩展区的建设也对城市原有功能结构会产生影响，因此需要将两者结合在一起考虑，如 1880 年司徒本（Josef Stubben）等人完成的科隆市的扩展规划等。也就在此期间，城市建设规划（Stadtebau）逐渐替代了城市扩展规划，并在此后成为德语"城市规划"的标准用语。针对当时规划尤其是扩展规划以道路工程为主导，以及追求宏大、对景等高度形式化的和简单粗暴、机械布局的现象，西谛写作并出版了《根据艺术原则建设城市》一书，认为规划不只是一组简单的规则，它是需要判断力和洞察力的，提出以有机的方式、强化设计的艺术原则来提升空间质量，整体拓展了城市扩展规划所应涉及的内容和水平，为德国规划的成熟指出方向。建筑师逐渐接替工程师成为城市规划的主力队伍。

2. 英国现代城市规划通常被认为源自于 1840 年代的公共卫生立法。《公共卫生法》的形成与工业革命后所产生的城市问题直接相关，并由此法开始授权政府对城市事务进行管理和实际操作的权力，这种权力是之前"自由放任"的市场经济中并不存在的，并由此伴随着社会思潮和社会需求而逐步向城市贫困、工人阶级住房等领域拓展。20 世纪初，在英国出现的新组合词"town planning"，其含义是将当时政府已经开展的各项与社会改革、进步运动相关联的、分散的举措归并到一个统一的领域，并且能够与激进的社会改革运动保持一定的距离。因此，在英国的背景下，城市规划从一开始就被设定为与社会改革思想有关，但是具有较强中立性的公共政策和政府实务工作，而其主要内容与解决城市中的拥挤、城市卫生、住房不足等问题有关，在相当长的时期内（直至 1940 年代）都是由国家卫生部主管城市规划相关事务。1909 年，英国第一部城乡规划法所设定的规划编制的地域也仅限于新建设地区，此后立法虽多次修订但此设定并未改变，直至 1947 年的城乡规划法才确立了发展规划的制度框架，并覆盖到城市建成地区。在 1920 年代，针对快速城市化而导致的乡村衰败出现了乡村保护运动，由此将城乡规划（town and country planning）整合为一体，并经立法确定而成为一个法定名称。

3. 美国的城市规划形成则缘起于完全不同的路径。以解决城市问题为导向的进步运动，集聚了各方精英，改革城市政府机构、改善城市生活环境、维护社会公共和个体的利益成为最为主要的诉求。在此过程中，以城市公园运动为先导的城市美化运动，孕育了美国城市总体规划的一脉（因此，在美国早期的规划师大多是景观师和景观建筑师），作为其典范性的成果——芝加哥 1909 年的总体规划，在私人部门资助下，将公园运动的成果与欧洲大陆传统城市空间组织手法以及正在形成过程中的城市规划理念进行了综合，这一脉的发展之后在罗斯福总统新政期间整合进政府行为之中。而另外一脉则因纽约城中新建大楼遮挡已有建筑物的日照通风而导致后者房产价值大幅下跌，从而引发以律师、房地产经纪商为推动主体的地方立法运动，继而形成了以保护私人地产利益为出发点的区划法规，之后为广大的美国城市所效法。到 1950 年代，针对区划法规只关注单个地块的开发控制所产生的弊病和问题，在欧洲大陆城市规划方法的影响下，出现了城市设计，而其实质是希望建立以公共政策和政府行为为主要内容的城市规划与对私人地产开发控制为核心的区划法规之间的关联。

由以上的简要描述可以看到，现代城乡规划是在具体的社会制度环境中，针对具体问题和实际需要整合各类相关知识和行动而逐步生成、发展起来的。之后，在现代建筑运动主导下形成的现代主义城市规划，以理性主义的思想方略，以城市功能和功能分区为主要手段统合起各方面内容，形成了相对普适化的规划内容和思想方法。但同样应该看到，即使在现代主义城市规划占据主流地位的时期，其在各个国家发挥作用的途径和方式、各类规划内容的处置方式等也各不相同，这是城乡规划作为社会实践的特性所决定的。

三

现代主义城市规划，通常也被称为理性功能主义规划，确立了之后被提炼出的"综合－理性思想"的基本模式，这一模式在熊瓦特（Walter L. Schonwandt）讨论城乡规划诸种模式时被称为是现代城乡规划的基石❶。从其本源性的意义上讲，这种思想模型的核心是运用理性主义思维方式方法认识城市和组织城市，全面考虑影响城市发展的各方面因素，通过重构城市而创造一个全新城市，从而从根本上解决城市问题，即从城市问题产生的结构性原因入手来解决城市问题。在具体操作性的内容上，现代主义城市规划针对当时工业城市普遍存在的问题，从城市活动的构成出发区分出四种主要的功能类型，提出以功能分区为主要手段来重新组织城市，通过这四项主要城市活动之间形成最为合理的关系来克服城市问题的产生。这一思想模型的思维进程在《雅典宪章》的文本结构中就有非常明确的表达：发现具体问题—提出解决问题的对策—在新框架下整合各类要素和对策。

系统方法论在城乡规划中的运用，尽管运用了新的手段和方法，但在思想模型上继续沿用了综合－理性的基本框架，并对其思想方法予以了进一步的强化。在重新认识城市各组成要素之间关系的基础上，系统方法论从系统论出发，将影响城市发展的要素扩展到社会、经济、政治等各个方面，并且强调规划应当重视这些要素之间的相互关系和各类要素及各要素之间关系变化所带来的交互影响，由此改变了现代主义城市规划物质空间决定论的思想基础和只关注未来终极状态的静态思维方式，由此引发了现代城乡规划的重大转变。但与此同时，正是由于要综合考虑这近似于无穷多的要素及其关系变量，也就进一步地强化了理性主义的方法论，这种方法论的核心就是将目标与手段分离，并将与目标关联的内容悬置起来而在技术理性的指导下去探究实现目标的方法，从而逐渐走上了与现代主义城市规划同样的思想路径，即以建立在纯粹的、没有环境和人际差异的普遍性基础上的技术手段作为求解的方式来达成既定的目标，这也就是其被批评为"技术决定论"的原因。

以综合－理性模式为基石的现代城乡规划在 1950 年代后，遭受了基于不同思想路线、从不同角度和不同方面的理论的批判。纵观这些批判的内容，大致可以分为这样三种类型：

1. 依循理性主义的基本思想路径，针对综合理性规划存在的种种问题，提出具体的修正策略。这些批判可以说是针对"综合－理性"中的"综合"而展开的，

---

❶ 熊瓦特（2008）分列的城乡规划基本模式除综合－理性模式外，还有倡导性模式、新马克思主义模式、平等模式、社会学习和沟通行动模式、激进模式以及自由主义模式。

它们并不反理性主义，而是说"综合"是有限度的。所以这一类的批判提出的策略，在西方文献中通常和综合 – 理性规划一起并置在"理性规划"的名下。这其中，包括了以经济学家贺西蒙（Herbert Simon，1945，1976）的有限理性说为基础的对综合理性思想进行修正的模型和具体方法。这一学说的基础是认识到各类资源（如知识、时间、人力等）的短缺，难以甚至不可能寻找到能够统合起所有内容之间关系的最优解，因此，决策的结果通常是次优的。而将这种认识推向极致的是林德布罗姆（Charles Lindblom，1959）的分离渐进规划，也就是不应去寻求综合的最终解，而应把注意力放在就事论事的解决问题上，从而使新的决策实施后优于现状。从表面看，渐进规划思想反对从整体架构的角度来进行建构，与综合理性规划针锋相对、正好是两个极端，但其同样是理性主义的另一个面向，即将一个大问题分解成可以具体操作的若干个小问题然后各个击破的分析路径，而且，与系统方法论引入动态观念的由现在向未来推演的方法途径相一致。为了调和理性 – 综合规划和渐进规划之间的这种对立，出现多种理论模型，如爱采奥尼（Amitai Etzioni，1967）的混合审视、中距理论等。而另一些学者则正视以上各种批判所提出的问题，在综合 – 理性规划模式的基础上，在对规划本质和过程分析的基础上，期望通过对各阶段工作的把控，即强调过程理性（procedural rationality）而实现整体产出的合理。在众多的被称为过程规划的理论中，法鲁迪（A. Faludi，1973）的以决策为导向的规划理论、布兰奇（M.C.Branch，1973）的连续性城市规划（也有译为"滚动规划"）等最为著名。

　　2. 直接针对理性主义的认识论和方法论所展开的批判，这种批判依循着两个路径：一是以经验主义的思想路径，强调在城市的体验中获取有关城市运行、组织的知识，而不应该是以理论推导和建构的方式来认识和组织城市，这部分的内容以雅各布斯的著作为代表。经验主义和理性主义都是现代科学的重要思想基础，都以科学理性作为基础，但两者的取向完全不同，其本质是演绎和归纳之间的差异，两者之间的争论在哲学领域两百多年来从未间断过，在科学发展的实践中也并行不悖。雅各布斯通过对城市活动的观察获取大量的实例，进而对现代主义城市规划尤其是对以现代主义城市规划原理为基础的美国城市更新进行了批判。雅各布斯的研究为城市认识及其组织提供了很好的视角，但把以理性主义为基础的城市规划宣称为"伪科学"也实属简单化了，而其与现代主义城市规划共同具有的单一理性概念、更为明确地对城市异质性的排除及其思想中隐含的空间决定论，则为后来的社会多元论所批判。另一个路径是以当时人文学科和社会科学所取得的成果而展开的对现代主义城市规划实践成果的批判和建构，这类批判包括建基于存在主义、现象学、情景主义等哲学思潮以及心理分析学、社会学、人类学等理论和方法，这类批判关注人的认知、心理、社会交往以及在空间中的活动等方面，其中除一部分导致了后续的对"理性"概念的解构，而大部分则集中在对单一逻辑基础下的理性主义方法论的批判，到 1960 年代后期开始出现了一批总结性和建构性的思想观念，如亚历克山大（Christopher Alexander，1966）的"城市并非树形"，文丘里（Robert Venturi，1972）等人的"Learning from Las Vegas"，罗（Colin Rowe，1975）的拼贴城市，达维多夫（P.Davidoff，1962，1965）的规划选择理论和倡导性规划，以及以罗西（Aldo Rossi，1966）为代表的意大利新理性主义、以哈维（David Harvey，1973）和卡斯特（M. Castells，1972／1977）为代表的新马克思主义等。

3. 对理性概念进行解构，倡导多元合理性，这是后现代思潮的杰出贡献。后现代思想认识到构成社会的各类群体，在文化背景、人的心理结构、生活方式、知识基础、利益关系、价值取向等方面存在着不同，因此在发展需求、价值取向上也各不相同。多元的社会中不存在单一的或者统一的合理性，不能以对强势团体、主流人群而言的合理性来取代少数人群、弱势群体的合理性。更何况，即使在同一群体中，在不同的时间或者针对不同的问题，其合理性的基础也不尽一致。在这样的意义上，"理性"被理解为是主体根据所掌握的知识和法则、在具体的情形而作出判断和进行行动的能力。这是对理性主义的本质主义基石的一次破解，全面拓展了"理性"所包含的范畴，从某些方面看，是在拆解"理性"概念本身，但实质上则是在丰富"理性"的内涵。当然，在多元理性的条件下，社会成员如何进行交往、协作就成为必须重视的问题，因为社会终究是一个统一体，是在持有不同理性基础的人群的共同作用下运作的，由此就出现了应对性的理论思潮和社会运动，在城乡规划领域也相应地形成了倡导性规划（也称辩护式规划）、平等规划、沟通规划、协作规划、包容性规划以及城市权利等理论范式和规划实践。

从以上讨论以及我们对现代城乡规划发展历程的学习，可以看到，尽管各种规划理论的名目各异、所坚持的立场和所关注的问题不同，但它们追求城乡规划合理性的精神并未改变，并由此推动着城乡规划的发展。这种追求至少包括这样几个方面：一是，适应城市发展的状况和能力，尊重城市发展规律，直面具体的城市问题和未来发展要求，依循现代科学技术和社会科学研究成果所验证的因果关系，提出相应的规划方略；二是，针对社会实践中出现的问题，不断总结经验和反省，积极调整、改进和完善规划的理念、内容、方法和相关制度；三是，注重规划实践的效果，重视规划手段的多样性和规划进程的多途径结合，通过多层次的评估进行综合、比较，将复杂系统所涉及的各方面因素合乎逻辑地组合起来。

四

  城乡规划是一种人为事物，现代规划形成的原因是要解决现状存在的问题、走向一个更加美好的未来。因此就要改变既有的不适宜的发展方式和方法；而城乡发展的环境及其内容又是错综复杂的，任何的改变都需要牵扯到方方面面的协同，因此，为了引导和控制未来的城乡发展和建设，就需要预先安排的、涉及社会方方面面且相互协调的未来行动方向和行为规则。在当今多元化的社会情境中，要达成这样一种社会性的纲领，很多年前，弗里德曼（John Friedmann）就提倡规划的内在基础是"社会理性"，并将规划看成是社会理性的一种具体形式（1966）。社会理性是相对于市场经济理性而提出的，市场理性的基础是经济学中的"理性人"假设，此后他在《Planning in the Public Domain》（1987）一书中进行了更为详尽的阐释。哈维（David Harvey）在解读勒伏菲尔的城市权利（right to city）时，也提出在当今的社会发展中，应当在强调个体的现代人权基础上发展出集体权利的概念。弗里德曼和哈维都强调了在个体理性和权利基础上应当形成具有超越个体的社会（集体）层面的理性和权利，毕竟社会是一个统一的整体，各类个体和群体都需要在一个共同的社会空间中生存和发展。而要达成这样的统一，就需要各类个体和群体在各自的认识、判断和利益争取的基础上进行相互的学习、交流，从而达成最低限度的共识，哈贝马斯的"沟通理性"就是为这样的过程提供一个基础和基本路径。从当代学术研究的角度，有关这一类的讨论大多可以归纳在"公共理性"的概念之下，而这也是构成当今城乡规划的理性基础。

  公共理性作为一种哲学话语，是一种理论的抽象，但正由于其扎根于社会实践的过程之中，因此也是一种具体的行动策略。这与城乡规划的状况是非常契合的。城乡规划首先是一项具体的社会实践，其关涉的内容是与城乡土地和空间使用相关的公共事务。作为一项实践性的活动和事务，它必然是在具体的制度环境下运作，是在特定时期的各类群体的、各类活动展开的过程中运行的，因此就需要总合起各类要素及其之间关系，统合起相关联的制度、政策、道德、规范、技术条件的各个方面，因此，贯穿于其中的应当是建立在社会所有参与者针对公共事务开展的公共理性的基础上的，这是社会系统能够协同运行的关键。关于公共理性，政治哲学家罗尔斯有一个非常简明而透彻的定义，他认为公共理性所内含的价值"不仅包括对判断、推理和证据的基本概念的恰当运用，同时包括在对常识性知识的准则与程序、对无争议的科学方法与结论的坚守，以及对合乎情理的政治讨论之规则的尊重中表现出来的合乎情理性和公平感。"

  公共理性是针对公共事务而言的，也即在公共事务开展的过程中运用的，无论是所涉的事务还是理性展开中的理由都必须是具有公共性的。根据罗尔斯的这个定义，在讨论中所运用的理由应当符合至少以下三个方面：一是，方法上的合理性，即遵守判断、推理和证据的理性规则和科学方法；二是，内容上的合理性，即坚守常识性的知识和无争议的科学结论；三是，程序上的合理性，即有关公共事务讨论和辩论应由各类群体参与，要坚持合乎情理的讨论规则，又要保证各类意见能够在公平的条件下被各方所接受。从另一个角度讲，公共理性是在公共事务的讨论和展开的过程中得到运用和体现的，前两者是对各方所提的诉求及其理由的合理性的基本要求。也正是在这样的基础上，才能真正构成我们这里所说的"理性规划"。

从公共理性的含义出发，针对我国当今城市化发展阶段以及在城市建设和发展过程中存在的问题和未来发展趋势，我国的城乡规划有必要在规划的理念上、体系结构上、规划的内容和方法上进行重构，这种重构并非是另起炉灶的重构，而是在原有城乡规划的基础上进行新的调整和完善。当然，本书的作者们也很清楚，公共理性的确立和完善是一项社会性的工程，而非仅仅只是规划工作单方面的事，但任何的改革都需要从小处、从自身做起，并不断地积极宣传和推进，这也是作为公共事务工作者应尽的义务。由此出发，从更好地发挥城乡规划作用这样的角度，我们尤其应当关注：

1. 在全面认识城乡规划本质及其作用的基础上，充分清理城乡规划的内外部关系，建构合理的城乡规划体系和相关制度，成为国家治理现代化建设的重要内容。

城乡规划是国家治理体系的重要组成部分，也是其基本手段之一。因此，就需要在国家治理的整体框架中认识城乡规划的本质，认识城乡规划在我国的国家治理体系中的定位，在此基础上才有能讨论城乡规划体系的架构。世界各国城乡规划体系及其制度间存在的差异性告诉我们，城乡规划从来就不是自在自为的，并不只是一个寻求内部完善的封闭系统，而是在与其他治理内容和治理手段的交互作用中不断发展和演变的。因此，这就需要在国家治理的整体框架下，理性地分析城乡规划与其他各类治理内容和手段的相互关系，区分政府、市场、社会的关系（也包括各级政府及其部门之间的关系），以此来确定城乡规划能够发挥作用的方面。要严格区分哪些是规划能够发挥作用的与哪些是规划应当发挥作用的，我们所建构的规划体系应当保证在前者的领域中规划的作用能够得到充分的发挥，而对于后者，就应当通过社会动员等方式、在实践的过程中积极争取并促进其得以实现。要区分各层次规划、不同类型规划的作用范围和作用方式，从社会为什么需要规划、需要什么样的规划出发思考各类规划的内容和形式，并将不同层次、不同类型的规划与国家治理体系结构和实际运作方式紧密结合，从而使城乡规划真正成为社会的公共性事务。

2. 加强城乡发展和规划调控手段的研究，提炼总结城乡发展的规律和经验教训，将普遍性的规律和具体实践相结合，全面提高规划成果的合理性。

城乡规划是对城乡发展过程的一种干预，城乡发展是规划调控的对象，因此，只有在充分认识对象发展规律的基础上，才有可能进行理性的规划和干预。而城乡发展规律既有普遍性的内容，也有在具体发展条件下的内容，这就需要很好的清理总结，同时，我们也应看到，现代城乡发展都是在有规划的条件下发展的，要充分研究城乡发展的客观规律和规划调控之间的关系。城乡规划不仅是预测城乡发展的前景，更重要的是要认识到在没有规划调控的情况下会有什么样的发展，会产生什么样的结果，而这些结果中哪些是我们希望发生的、哪些是可以接受的、哪些是我们不想要的，针对这些可能的不同结果，就需要有不同的规划调控手段。针对那些我们不想要、不可接受的结果，就需要进行改变，这种改变是需要从产生结果的原因入手进行的。而提炼这一切的要素，即如何发展演变、哪些因素的怎样运行会导致什么样的结果等，以及由于对某些内容、要素的干预是否会影响到那些我们希望发生的或者可以接受的结果产生的各类要素的未来演进，这些都需要有发展研究的成果进行支撑的。而另一方面，对规划调控手段的成效及其可能后果也需要有充分的研究，例如，同样的问题在什么样的条件下运用了什么样的手段得到了解决、没有得到解决，或者该问题得到了解决但却导致了更为严重的其他问题甚至酿成了社会灾难；或者同样的问题、同样的手段，为什么有的取得了成效，有的却失败了等。即使都是成功的，也还要关注是在什么样的制度环境和其他政策手段、运行机制等现在是否仍然具备，哪些方面有不同，相应的改变和对策是什么等。由此而言，加强规划实施评价研究是理性规划开展的前提和基础，而这也是我国城乡规划领域至今存在的薄弱环节。尽管我们现在也已经开始进行城市总体规划实施评估工作，但绝大部分都已演变为论证总体规划修编的程序性工作，缺乏对规划为什么有的能够实施、有的没有实施的原因进行深入探究和揭示，缺乏对规划干预手段及其成效的评判，从而难以为后续规划的制定和实施提供有用的知识支撑。就此而论，强化城乡发展研究和城乡规划实施评价研究，并且将两者结合在一起，也是当务之急，这是真正全面提高规划合理性、完善规划制度建设的重要而关键的内容。

3. 坚持以实践为导向的公共理性，推动城乡规划与社会过程的结合，实现规划思维方式的转变。

城乡规划作为一项社会性的公共事务，因此，必须将规划的过程放置在社会的过程之中，必须在公共领域中讨论规划的问题和内容。这就要求改变过去已经形成的只关注规划体系内部的完善、只注重专业语言和技术理性的状况，这种状况也是导致城乡规划与国家治理过程相脱节的重要原因。从这样的角度讲，城乡规划工作者无论从事规划的编制还是规划管理，都需要在规划制度建设、规划制定、规划实施过程中确立从社会实践出发的、建立在公共理性基础上的规划思维方法，这种思维方法至少需要综合地考虑这样几个方面：城市发展规律、国家治理框架及其能力、社会预期、解决具体问题的针对性和有效性、面对社会的说服力等，而公共理性即是贯穿于这个思维过程的逻辑基础。

从规划的思维方式而言，规划不是经验科学，遵循的是实践逻辑导向下的公共理性，但这并不意味着技术理性以及经验科学的成果和思维方式就不起作用，只是知识和思维方式运用的场合和方式不同。比如，我们如何预见和判断城乡未来发展、规划调控所可能产生的结果及其边际效应？这肯定是基于经验科学实证研究（城乡研究、区域研究等）的成果或者依其研究才能获得的，没有这样的成果和研究，规划无从作出预测和判断。但另一方面，规划要对这些成果进行运用，也不可能是直接的搬用，实证研究所获得的成果都是建立在特定的条件和具体的环境状况中的，这些因素都会发生改变，不可能完全复制和重复。而规划还需要考虑不同时期的社会需求变化，不同时期不可能有完全一致的社会需求，因此，规划工作就是要在不断变动的社会环境条件和社会需求下作出选择，并且是复合式的选择。而这种选择及其组合就应放置在公共领域中思考，这可能是没有前例和可作实证研究的。从另一个方面讲，城乡规划的核心在于怎么去促进想要的结果产生和避免不想要的结果，其中的具体策略和方法应当以经验科学的成果和方法为基础，但这种选择必须是社会选择的结果，其合理性是需要经历公共理性的评判的。因此，在城乡规划领域中，技术理性和思维方式是在社会实践的公共理性框架内发挥作用，两者的关系不能颠倒。

4. 在全面认识城乡规划的基础上，重视城乡规划知识体系和方法体系的完善，保证城乡规划作用的全面发挥。城乡规划要在城乡发展过程中发挥引领的作用，需要加强规划的科学性和合理性，而规划的科学性和合理性是建立在合理和完善的知识体系和方法体系的基础之上的。针对当前我国城乡规划的实际状况，至少应当从以下三个方面入手进行知识体系和方法体系的完善：

一是，从城乡规划是对城乡发展的干预的整体认识出发，强化城乡规划知识体系和方法体系的实践面向，在认识城乡发展（即城乡规划干预的对象）的发展特征与规律的基础上，围绕着为什么需要干预、干预什么、通过干预达到什么目标、在什么样的框架下进行干预、在什么时候干预、干预到什么程度等内容进行整合，而这种整合的逻辑基础就是公共理性。这就需要很好地组合起两大知识平台，一个是向精深方向发展的专业知识平台，一个是有着广泛社会导向的公众知识平台，从而形成统一的可以进行社会沟通的整体的城乡规划知识体系。所以，这不仅仅只是一个城乡规划知识普及的过程，而是一个双向学习、互动重构的过程，这应当成为所有城乡规划工作者的自觉意识，即在公共理性基础上，在社会行动的过程中重组城乡规划的知识体系和方法体系。

二是，注重以解决问题为导向的规划方法和规划过程，这是在多元化社会中能够聚合起社会共同行动的关键所在。当代社会中的不同利益群体，有着各不相同的利益关系和价值取向，要形成具有社会共识、合力实施的规划行动纲领，就需要从解决被公认的问题开始，因此，对具体问题进行明确界定，是规划工作开展的基础。在此基础上，规划需要提出在发展目标引领下的、具有针对性的解决问题的策略方向，从而对这些可能的行动方案产生的后果进行比较和评估。由于城乡规划不是由构成社会的某一个方面、某一类或几类人群的逻辑所决定的，而是社会共同体的共同事务，因此，规划所提出的所有结论或动议都需要以某种类型的论证来进行讨论，这种论证的焦点通常会集中在这些行动方案的可能后果以及在行动过程中的利益关系调整，是否能够为社会公众所接受，从而使整个社会愿意将规划接受为未来行动的准则。这种论证必须符合理性的一般特征，理由必须是公共的（即可以被整体的社会都认可为合乎情理的）。这既是规划方法和技术的基础由技术理性向社会理性转变的必要过程，也是规划过程不可或缺的内容，同时也是对规划内容和方法的重要检验，而对于规划师来说，这是各种知识和能力的复合，也是规划师职业技能的重要组成部分。

三是，规划工作者应当在辩证地认识职业自我意识和社会角色的基础上，全面地认识多元理性基础上的职业取向和职业精神，建构合理的支撑规划行动开展的知识和方法体系基础。作为规划师，要在尊重规律和正确运用各类知识基础上，有能力鉴别特定的行动比其他行动更有利于社会目标的实现，并且有能力寻求发现能够最为有效地达成未来社会目标的各类行动的组合，但同时也应当清楚，规划所涉及的所有行动的最终行动者是各类社会群体并不只是规划师本身，因此就需要在社会互动的过程中去追求规划的质量，因此作为其鉴别各类行动和行动组合的理由应当是可交流的且是可辩论的公共性的理由，而判别规划质量的标准并不是抽象的而是反映在行动及其结果的关系上的。而且，作为规划师也应当有能力经常地追问我们自己，在不断变动的社会环境中，我们是否需要改变我们已经建立的思想、已经确定的目标和过程以及是否需要调整各类行动的相对优先性，这是也是理性精神的根本体现。

参考文献

[1] E. R. Alexander（eds），Evaluation in Planning：Evolution and Prospects，Aldershot and Burlington：Ashgate Publishing Company，2006.

[2] Zygmunt Bauman，Legislators and Interpreters：On Modernity. Post-Modernity and Intellectuals. 1987. 洪涛译. 立法者与阐释者：论现代性、后现代性与知识分子 [M]. 上海：上海人民出版社，2000.

[3] M. Breheny，A. Hooper. Rationality in Planning：Critical Essays on the Role of Rationality in Urban and Regional Planning. Pion，1985.

[4] Scott Campbell，Susan Faninstein 编. Readings in Planning Theory. Malden：Blackwell Publishers，1996.

[5] Naomi Carmon and Susan S. Fainstein（eds），Policy，Planning，and People：Promoting Justice in Urban Development，Philadelphia：University of Pennsylvania Press，2013.

[6] Matthew Carmona and Louie Sieh，Measuring Quality in Planning：Managing the Performance Process，London and New York：Spon Press，2004.

[7] Barry Cullingworth 等，Town and Country Planning in the UK（15th ed.），Routledge，2015.

[8] Mike Douglass & John Friedmann. Cities for Citizens：Planning and the Rise of Civil Society in a Global Age. West Sussex：John Wiley & Sons，1998.

[9] A. Faludi. A Reader in Planning Theory. Oxford 等：Pergamon，1975.

[10] John Forester. Planning in the Face of Power. University of California Press，1989.

[11] John Friedmann. Planning in the Public Domain：From Knowledge to Action，Princeton University Press，1987.

[12] Peter Hall. Cities of Tomorrow：An Intellectual History of Urban Planning and Design in Twentieth Century. Basil Blackwell，1988.

[13] C. Ham，M. Hill. The Policy Process in the Modern Capitalist State（2nd ed.）. Hemel Hempstead：Harvester Wheatsheaf，1993.

[14] P. Healey 等. Land Use Planning and the Mediation of Urban Change：The British Planning System in Practice. Cambridge University Press，1988.

[15] P. Healey. Collaborative Planning：Shaping Places in Fragmented Societies. MacMillan，1997.

[16] Angela Hull，E. R. Alexander，Abdul Khakee and Johan Woltjer. Evaluation for Participation and Sustainability in Planning，London and New York：Routledge，2011.

[17] Scott Larson，"Building Like Moses with Jacobs in Mind"：Contemporary Planning in New York City，Temple University Press，2013.

[18] Henri Lefebvre. The Production of Space. 1991. Donald Nicholson-Smith 译. Oxford and Cambridge：Blackwell.

[19] Richard T. LeGates，Frederic Stout，张庭伟，田莉编. 城市读本（中文版）[M]. 北京：中国建筑工业出版社，2013.

[20] L. Sandercock. Towards Cosmopolis：Planning for Multicultural Cities. John Wiley & Sons，1998.

[21] Walter L. Schonwandt，Planning in Crisis？：Theoretical Orientations for Architecture and Planning，New York and London：Routledge，2016 / 2008.

[22] H.A. Simon.Science of the Artificial（2nd ed.）. 1981. 关于人为事物的科学. 杨砾译. 北京：解放军出版社，1988.

[23] 孙施文. 现代城市规划理论 [M]. 北京：中国建筑工业出版社，2007.

[24] 孙施文. 中国城市规划的理性思维的困境 [M]. 城市规划学刊，2007（2）.

[25] 谭安奎. 公共理性 [M]. 杭州：浙江大学出版社，2011.

[26] Nigel Taylor.Urban Planning Theory Since 1945，London.Thousand Oaks and New Delhi. Sage Publications，1998.

[27] Mark Tewdwr-Jones，Spatial Planning and Governance：Understanding UK Planning，Palgrave MacMillan，2012.

[28] H. Thomas，P. Healey. Dilemmas of Planning Practice：Ethics Legitimacy and the Validation of Knowledge. Avebury Technical，1991.

[29] 徐长福. 理论思维与工程思维：两种思维方式的僭越与划界 [M]. 上海：上海人民出版社，2002.

袁奇峰

YUAN QI FENG

中国城市规划学会常务理事
学术工作委员会委员
乡村规划与建设学术委员会副主任委员
全国高等学校城乡规划学科专业指导委员会委员
华南理工大学建筑学院教授，博导

探索规律，理性规划

虽然早在公元前二十四世纪两河流域就出现了城市，虽然规划是人类为趋利避害而主动调整行为的一种本能，但是城市规划学科直到二十世纪初叶才正式登台。到如今，城市发展的规律还在探索之中，城市规划却早已经成为地方政府空间治理和资源分配不可或缺的重要工具。

1　现代城市规划孕育于市场经济

漫长的农业时代，人类先民聚族而居是为了与严酷的自然环境抗争。由于生产力有限，城市数量很少而且发展缓慢；除少数大帝国的都城外，很难维持大规模的城市人口。当时的经济重心在乡村，价值观念相对稳定，社会发展缓慢。城市主要是政治统治的中心，以军事防御、宗教和商品贸易功能为主。建筑和市政技术水平较低，面临的问题相对比较简单。所以，农业时代的城市设计与布局往往追求图案式构图，城市景观体现着统治者的意志，表现出相对统一的美学趣味。由于城市建设管理只要通过一些简单的规定和约定就能得以保证，城市规划没有形成专门的学科。

18世纪后期，工业革命紧随科学技术的进步，人类开发、利用自然资源的能力日益强大，经济的重心开始转移到城市。而随着粮食生产力的大幅提高，大量人口迁出农村，城市因此成为人类主要的生存空间。为适应人口的城市化、资源的高度集聚而出现的建筑和市政工程技术也日益复杂。更由于科学技术的迅速迭代、资本主义消费文化的快速流变，现代城市文化日益多元、混杂。而作为资本主义空间生产的主要场所，围绕空间使用的各种利益冲突往往投射在城市土地使用上，城市规划作为一门学科的需求就出现了。

回顾现代城市规划学科的发展历程，工业革命推动了经济快速发展、城市空间结构急剧变化，使得围绕城市空间资源分配和使用的社会矛盾日益激化。正是工业化带来的社会巨变、资本原始积累阶段产生的大量社会问题，引发了对理想社会的憧憬。空想社会主义者们提出的乌托邦、工业城市和田园城市等"理想城市"模型，都是在探索社会再造的出路，是基于集体理性、针对当时严峻的城市社会问题的一种批判性建构。

后来一些国家从空想社会主义走向了以公有制为基础的计划经济体系，由位于中央的专业计划人员依据"经济规律"决定一国的人力资源、土地资源、生活和生产资料配置，统一协调宏观产业分工和微观生产安排。苏联模式的城市规划只是服从国民经济计划和上级指令"在城市用地上选择和布置城市的物质要素，使它们之间取得有机的联系。"[1] 这个定义更接近于修建性详细规划，所以计划经济时代，我国的城市规划教育一开始的名称也是"城市建设专业"。结果，在国民经济发展陷入绝境的 1960-1962 年，国家就曾经公开宣布"三年不搞城市规划"；而十年"文革"经济发展停滞期，竟然把城市规划管理和设计机构都取消了。显然，计划经济也不需要城市规划。

另外一些国家则沿着社会改革的道路走向了福利资本主义。在市场经济背景下，产权保护制度有利于社会总资产的不断增值，虽然所有人都追求自己利益的最大化，可是一个分工协作系统及其制度安排有利于极大化所有人的利益。另外，一个地区相对明朗的前景会稳定投资者对未来市场的预期，减少投资风险。诞生于英国的现代城市规划积极参与了这个进程，将复杂的社会问题转化为技术问题，主动成为社会改革和财富再分配的重要工具，发展出适合市场经济的城市政治体制、行政制度和法律体系以维系社会的运行，试图避免"市场失灵"。

土地是一种具有资源性的特殊商品，其价值是通过土地开发来实现的。而开发是一种明显具有外部性的行为，任由开发商自行决定，就会不可避免地对周边地区和城市整体利益产生正面或负面的影响；另外，市场也不会自行提供城市基础设施等公共产品。所以大家都愿意让渡一些权益给公共领域，以保障公共服务并控制土地开发的外部性，而作为"守夜人"的城市政府也被立法赋予必要的公权力，可以通过征税来提供城市公共产品，动用警察权来控制开发的负外部性。无论是以理性严谨著称的德意志，还是崇信自由主义的北美，最终也都在城市尺度上分别发展出土地开发管制制度——建筑不自由，城市有规矩。

但是即便在市场经济国家，在财富再分配领域也同样挑战重重，譬如政府补贴农业一个经济部门却往往将成本分担给全社会；又譬如普选制导致的依赖福利的多数选民支持肆意扩张福利的政客，导致政府债务高企，增加中产阶级税收负担。和计划经济国家面临的问题非常接近，主观愿望良好的很多政策往往导致严重的资源错配，这就是所谓的"政府失灵"。

现代城市规划就是市场经济基础上公共选择的结果，是以集体理性的高度，从有利于城市整体和长远发展的立场出发，推动经济发展、扩张公共利益、保护弱势群体、维护生态底线，以规避市场失灵、政府失灵的一系列涉及空间使用的决策过程和土地开发管制的一种行政制度。

2　城市发展规律需要持续探索

城市规划是指导城市建设的，那么规划的依据又是什么？时下比较流行的说法是要遵循城市发展规律。确实，没有规律就没有科学。牛顿力学破解了上帝的密码，而基于科学的工业革命改天换地，人类可以借助科学知识脱离地球探索太空。自然界有自然规律，那么人类发展有没有社会规律呢？拉普拉斯的答案是肯定的！[2] 20 世纪初的人们因为工业革命的成功而开始相信"人定胜天"的科学主义，推崇现代主义——认为人类可以凭借理性改造、掌控世界的信念，即相信可以通过创造性破坏旧世界、建设一个新世界。

经济学通过简化外部条件，用数学公式描述经济行为的努力，确实扩展了我们的知识。但是正是基于宏观经济理论的实践，却明白无误地告诉我们，经济学离开对真实世界规律的认知还远远不够！计划经济正是基于人类对自己理性能力高度自信的一次国家规模的社会实验，结果无论是一国（朝鲜、古巴、中国）还是跨国（经互会）的实践都证明了在经济领域人类理性的局限性，世界上没有万能的规划——相信什么都可以规划的计划经济体制大多导致了大规模饥荒和长期的民生凋敝。正如哈耶克所言，任何一种形式的社会主义计划经济由于其无法解决的信息问题而必然注定失败，而市场经济国家无论是竞争市场的整体结果还是必要的保护规则，都不是人之计划的产物 [3]。

欧美市场经济国家在城市建设领域也有很多经验教训。从乌托邦到现代主义城市规划，都曾经寄希望于运用新技术、通过集体行动，期望经由城市空间重构推动社会再造。其中影响甚广的，1933 年由勒·柯布西耶主导的《雅典宪章》，试图运用工业时代的最新技术，通过城市建设构筑一个"建筑在花园中"的理想城市。但是，这种社会情怀在市场经济背景下，却被资本的空间生产所掌控，成为资本增值的工具。

二次大战之后，欧洲曾进行"废墟重建"。美国也为了安置退役士兵大兴土木，纽约、费城、芝加哥、波士顿……都进行了旨在"清除贫民窟"的大规模旧城更新、联邦政府资助了大规模的高速公路系统以及公共住房建设。结果旧城更新导致了传统社区的"绅士化"——对原住民的驱逐。焕然一新的公共住房社区把大量穷人聚居在一起，加剧了种族冲突、暴力和毒品犯罪。按小汽车需求推动的四通八达的高速公路和城市快速道路建设，彻底破坏了历史城区。L·芒福德指出"在过去的 30 年间，相当一部分的城市改革工作和纠正工作——清除贫民窟，建设示范住区，城市建筑装饰，郊区的扩大，'城市更新'——只是表面上换上一种新的形式，实际上继续进行着同样无目的集中并破坏有机机能，结果又需治疗挽救。"[4]

1960 年代后期，欧美很多国家开始大规模拆除公共住房社区，其中伦敦在哈科尼（Hackney）一次就爆破了 19 栋高层社会住宅。而美国密苏里州圣路易市为减少犯罪，在 1972 年 7 月 15 日一次性炸毁了普鲁依 - 艾格居住区（Pruitt Igoe Housing Complex）33 栋 11 层高共 2870 套公共住宅。因此，查尔斯·詹克斯在 1977 年借此直接宣布了试图通过城市建设来改造社会的"现代主义"建筑思想的死亡！[5]

《马丘比丘宪章》指出："1933 年的雅典，1977 年的马丘比丘，这两次会议的地点是具有重要意义的。雅典是西欧文明的摇篮，马丘比丘是另一个世界的一个独立的文化体系的象征。雅典代表的是亚里士多德和柏拉图学说中的理性主义，而马丘比丘代表的却都是理性派所没有包括的，单凭逻辑所不能分类的种种一切。"处于不断演化之中的人类社会是复杂事物，从决定论到概率论，从耗散结构到演化论，迄今为止我们对社会经济演化规律的认识和把握能力一直没有明显进步，用简单科学的思维方法研究复杂科学显然是不科学的。

假设我们真有一天能够掌握自己社会发展所有的规律，或许那恰恰是人类自主命运的终结，因为从那一刻起人类就有可能被暴君、野心家和人工智能算法全面、彻底地控制，陷入万劫不复的境地。正是因为人类社会发展的规律存在于人与人的互动的过程之中，受到经济利益、政治权力、意识形态和宗教的影响，呈现出人性的喜怒哀乐，才让社会经济发展充满了各种不确定性。

显然，城市是人类社会经济活动在空间上的投影。它镶嵌在急剧演化的社会经济系统之中，受制于既定的城市发展政体，是一个集合了太多社会经济矛盾、政治权力；混合了人类自身意志、意识形态并处于持续演化中的人为复杂系统。规划师、建筑设计师不可能充当上帝，仅凭理性主义不能把握所有真理。资源是有限的，城市和建筑都是阶段性和片段性的，没有一个可以放之四海而皆准的"理想城市"模型。城市规划或许正是一个博弈的平台，真正现实世界中的城市规划正是在持续的利益博弈中不断趋利避害，甚至是减少伤害的过程，所以必须注重制度设计、关注过程、注意参与。

城市发展存在很大的或然性，城市规划的很多方案也不是必然会实现的，因此追求一劳永逸的终极蓝图，就像用大炮打死靶。面对不断运动、持续演化的对象而言，这种决定论的城市规划思维无异于刻舟求剑。科学的规划更应该注重"过程理性"，就好像是用导弹打活靶，开始的时候瞄一个大致的范围，在运动中不断调整以趋利避害、击中目标。即在政府与利益相关方不断彼此驯化的动态中，实现目标与手段的统一，才有可能让"工具理性"真正成为实现"价值理性"的手段，而不是异化为目标。

3　中国城市规划在持续演化

城市规划如果只是从理性最优去思考问题会很简单，但是面临现实市场经济情景中的帕累托最优就十分困难。

建国30多年，不断的"挖潜改造"使得广州旧城不断老化、衰败，更因为投入不足导致住宅严重短缺、交通拥堵、环境污染，基础设施建设严重欠账。1980年代，广州以香港城市更新模式为蓝本搞了覆盖建成区的"街区规划"，目的是为了完善老城区机动车道路系统、改善居住条件，所以除了保留一些必要的"文物保护单位"外，这个规划准备把老城区全部拆了重建。但是这批规划在编制后并没有马上实施，原因是中国当时还处在计划经济时代，城市政府没有足够的经济手段和能力，所以再好的规划方案也只能是"墙上挂挂"的美好蓝图。

1993年邓小平南行以后，珠江三角洲作为国家改革开放排头兵，把握住经济全球化的战略机遇期，一跃成为世界工厂，经济发展动力迸发。1988年国有土地使用权转让制度的确立，1998年住房制度的改革，推动了城市建设的市场化，土地经济规律开始发挥作用。分税制改革助推土地财政，以保障基础设施建设和维系公共服务，城市规划成为地方政府实现土地价值、扩张财政能力的手段。

一方面是经济发展日新月异，空间需求巨大；另一方面，国家"严格控制大城市发展"的土地政策十分苛刻。在土地价值规律的推动下，广州不得不在旧城中心区"挖潜改造"。由于缺乏适应市场经济的城市规划制度和技术准备，计划经济时代"纸上画画"的"街区规划"方案竟然被作为支持土地出让的"控制性详细规划"付诸实施。经过近10年的"旧城改建"，广州老城区成为一个人口更加拥挤、空间更加狭小的"新的旧城区"——高层建筑"遍地开花"、"见缝插针"，旧城改造高层、高密度的失误加剧了广州原已十分拥挤的局面。因为"大拆大建"，历史文化名城保护的防线退到"文物保护单位"，千年古城的历史文化物质基础、岭南城市特色即将丧失殆尽。[6]

2000年前后，随着国家城市发展方针调整为"大、中、小城市协调发展"，广州借助行政区划调整的机会，通过《广州城市建设总体战略规划》确立了"拉开结构、建设新区、保护名城"的战略，才通过建设城市新区扭转了旧城被完全拆除的命运，多少为这个古老城市留下了一点"乡愁"。也开创了城市发展战略规划这样的新的城市规划工具。

在近30年的城市开发阶段，基于城市土地国有、农地必须通过征用才能转为城市建设用地的制度设计，各级地方政府利用国有土地的市场化改革积累了大量资本，推动了城市基础设施现代化。另一方面，市场经济体制的初步确立，和国有土地使用权转让制度，导致土地使用权日益清晰和细分；而近年明确住宅土地使用权到期无须条件即可自动续期，事实上承认了已出让住宅用地的"永佃制"。随着市场经济体制的逐渐成形，产权的分散与产权的保护进程同步，结果就是利益格局的多元化。

由于国家严厉的耕地保护政策，增量建设用地稀缺，城市更新时代来临。广州当下的存量改造就面临着冲突的常态化，和利益多元化带来的巨量的交易成本。城市更新规划日益成为土地和空间利益相关人之间协商和博弈的平台。2007年《物权法》实施，规定政府征收私人或集体财产只能出于公共利益需要。因此存量建设用地的改造就由政府垄断一级土地市场的政府主导更新模式向土地增值收益由土地原业主、市场和政府共享的模式转型[7]。如果城市更新（或"三旧改造"）不能预先解决利益格局的平衡，不能介入制度的改进和政策设计，即便空间方案做得再好也实施不了。

广州城市规划从街区规划、控制性详细规划、城市发展战略规划、近期建设规划、"三旧改造"到"三规合一"的持续演化，可以看出过去30年的中国城市规划学科缺乏"顶层设计"，一直伴随着转型期的中国在"摸着石头过河"。

1988年建立土地有偿使用制度、1994年推行分税制改革、1998年启动住房制度改革，2003年全面实行土地出让招、拍、挂制度。近30多年来，中国城市规划学科主动服务于不断变化的城市建设需求，尊重人民群众和基层政府的首创精神，是在社会观念进步、经济体制不断改革、规划工具持续的试错和优化中，在不断面对问题、解决问题中逐步发展、完善起来的。

中国城市规划很多规划类型都是源于部分地方政府的先行先试，在实践中逐渐总结，再由中央政府判别、认可，形成制度后再向全国推广开的。

4　城市规划作为发展工具

1989年《城市规划法》确立的，以城市总体规划与详细规划为技术依据的，"一书两证"城市土地开发建设规划审批制度是中国城市规划制度的基础。但是城市规划本质上是地方事务，我国城市规划学科是在服务城市经济发展的过程中成形的，因此近30年的基本任务就是服务于发展，是所谓的"增长型规划"：

一类是以城镇体系规划、城市发展战略规划和城市总体规划为代表的"城市发展规划"。主要解决城市外部空间结构和内部空间结构的宏观规划，在兼顾城市长远和整体的经济效益、环境效益和社会效益前提下，要在城市间的发展竞合中确定自身的城市发展定位和规模。前提是规划方案必须符合决策者的发展意图，能够达至上下级政府之间的共识，在政府、社会与市场之间寻求认同。其难度在于能否提升认知、形成共识。地方政府除了短期财政诉求，还要考虑长期税基培育和社会管理，既要保障城市经营的效益，还要保证社会公平公正和城市生态的底线。

另一类就是以城市设计和详细规划为代表的"城市开发规划"。主要解决中、微观的城市内部空间结构规划，保障城市开发与公共服务、基础设施能力的协调。无论是新区开发还是旧城改造，只要出让土地使用权，就要有控规保障。1990年代孕育于地方实践的"控制性详细规划"是国有土地使用权出让制度的基石，也是目前整个法定城市规划系统的支柱。必须要平衡居民、投资商和政府的利益关系，如果不能够处理好市民、市场和市长关心的问题，规划也不可能实施。

问题是，现实的规划决策往往需要相机抉择，地方政府在面临利益权衡时往往会以任期政绩为导向。我国自上而下的官员任命体制，决定了只能由上级来约束下级。因此为避免地方政府的机会主义，中央政府开始用卫星来监控城市建设，把战略性的城市总体规划作为的督察工具。中央集权政体下的央地关系是所谓"上面千根线，下面一根针"："千根线"的好处是上下级和部门之间相互监督，"一根针"怎么扎都摆在明面上；坏处就是摩擦多、效率低，一旦不协调就容易"被督察"。

而近年来源于地方政府制度创新的"三规合一"，正是一种地方政府应对上级督察"风险"的工具性的行动规划——为了保障城市五年一届的领导班子实现任期建设目标，通过预先协调土地使用规划和城市规划的用地图斑，在用地上保证社会经济发展规划目标的实现，是预先协调上下级、部门之间的关系以提高效率的事务性工作。但是发展战略本身就要因应城市的发展需求而变，所以指望这种为官员任期目标服务的做法就可以搞出约束后任的"一张蓝图"也是不现实的。

还有的地方直接用城市总体规划预测人口规模作为控制性详细规划的依据，层层分解居住用地规模和配套指标，在"控规全覆盖"中把每一块待开发用地的人口数量都做了具体规定。新区开发以人口定用地规模是常识，但是用于存量地区再开发就问题多多。在存量规划中精确布局人口的做法，就会导致有开发指标的地方没有改造动力，有改造动力的地方由于没有指标一旦启动就会导致规划失控的情况。可以预见，为推动经济发展而不得不再一次次临时调整控规，结果因此导致的改造决策和规划调整的自由裁量权既害干部，又因为合成谬误而无法保障城市生活质量。

因为存量改造永远无法精确预知何处会先开发，规划就只能先描一个粗略的靶，把各种可能性包含其中，避免公共产品缺位，因此控规的人口规模超出总规应该是合理的。科学的规划方法应该追求超越规划期限和不限于建设用地范围的长期和整体最优，所以最好的办法是预先按全域改造控制公共设施、绿地、产业用地，将公共产品打入改造成本，相机推动建设。这样即便规划预测的发展规模不够准确，也可以在设施支撑上包容住开发区位和规模的弹性，也只有这样才真正能指导建设。

城市规划有其科学性的一面，追求城市的长远利益、整体利益和三大效益（社会、经济和环境）的平衡；城市规划也有其工具性的一面，作为现阶段城市政府通过经营城市以推动经济发展的工具；城市规划还有其行政性的一面，希望减少管理者的自由裁量权，便于规划督察，避免权力寻租。但是目前过于强调其行政性的面向，表现为盲目强调管理的"刚性"和把法定规划作为上级督察的"法定羁束依据"等，导致地方城市规划行政主管部门普遍出现了为规划而规划的倾向。而过度使用城市规划，把为阶段性的目标设计的规划工具法定化，必将导致规划与城市长远发展需求的脱节。长此以往，这样的城市规划体系就容易异化为市长、市场和市民的对立面。[8]

5　规避发展风险，拥抱不确定性

城市是人类为自己生产、生活而建造的，当然应该"以人为本"，重视其"使用价值"。但是前 30 年公有制计划经济的失败迫使我们转向市场经济体制。改革开放这 30 多年，我国一直在补市场经济的课。发展是硬道理！国内的市场化改革恰逢经济全球化的机遇，基于全球市场的工业化获得了巨大成功，极大地推动了国家经济的发展，也坚定了以市场来配置资源的信心。

在行政分权、分税制改革的背景下，我国的城市和县级政府是负"完全财政责任"的"企业化"政府，但是往往由于财政能力的约束，不得不启动城市建设要素的"交换价值"，以资源换财力，以利润诱使市场力量来完成有效供给，即试图通过"工具理性"去实现"价值理性"。客观讲，我们取得了经济发展的巨大成就，但是也造成了社会财富的严重错配。

政府本身是公共选择的结果，其主要任务就是提供市场不能、不愿提供的公共产品。由于特殊的历史和制度背景，转型期的中国地方政府能够利用手中的国有土地开掘"土地财政"建设基础设施和维持公共服务、以具有全球竞争力的极低的劳动力和土地成本"招商引资"，推动经济增长。

但是，地方政府一旦成为推动经济发展的运动员，开始追求城市开发中的土地收益、开发税收，往往就会和开发商结盟形成增长机器，共同追求空间资源的"交换价值"，而忽视城市的"使用价值"，结果就会导致"工具理性"对"价值理性"实质上的异化。我国当前社会经济发展和金融领域被房地产开发绑架的情况可谓触目惊心，至今我们才深刻认识到"住宅是用来住的"，而不仅仅是投资和财政工具，但是已经积重难返。

2030年中国城市化率即将超过70%，随着国家告别经济超速发展期，其间掩盖的社会矛盾、生态问题日益凸显，一系列为推动经济发展的权宜性体制、机制的负面性也会约束城市的健康持续发展。如何避免"中等收入陷阱"成为学术界的焦点。虽然中国现阶段的核心问题仍然是能否有足够的财政能力维持起西方福利国家那样巨大的支出？但是如何在经济的持续发展中解决好社会公平和生态安全问题也已经无法规避。如何保护历史遗产，使新与旧共存，保持、发展和创造城市特色也成为社会热点。

近年来，中央政府提出"新型城镇化"命题，本质上是要让国民都能够分享改革开放三十多年来中国社会经济发展的红利，缓解单一强调经济发展带来的社会、经济和环境冲突，重申城市发展中的"价值理性"，中国的发展型城市规划学科范式的转变已经迫在眉睫。

一个有效的城市规划体系应该能够帮助政府规避发展风险，拥抱不确定性：

首先，面对充满风险的未来，要运用集体理性的力量，政府要牢牢把握空间资源的配置权，在城市总体规划尺度上遵循自然规律，划定底线，维护城市生态安全；在社会公平的前提下，通过公开的程序，合理的制度框架，提供稳定的空间与土地资源配置方案，保障经济利益相关方的帕累托最优。

城市规划作为协助政府规避发展风险的一类公共产品，要通过持续的城市发展战略研究纳入社会、经济、生态和工程等学科的最新知识以趋利避害，常态化地不断检讨、修订完善长远规划。尽可能将城市政府的任期目标纳入城市发展的长远规划，不要让近期决策成为未来城市发展的成本，不与城市总体、长远利益相冲突。通过科学决策、民主决策保障规划的"理性"。

其次，面对不确定的未来，没有必要过分强调"底线"之外的城市规划的"刚性"，任何规划都只能看清楚有限时间内的趋势。城市长远发展面临社会、经济、生态的不确定性，有很多规律我们还不能很好把握，因应社会经济发展的需要必须保持一个有弹性的规划体系。

在与不确定性的博弈中，城市规划的思维方式应该从机械决定论到辩证法，工作方法要从追求终极蓝图到维护程序正义，要通过良好的制度设计给资本、社区和个人留下空间资源配置的机会，通过公开、公平、公正的程序保证让权利在阳光下运行，让城市的经济、社会和环境效益最大化。在街区尺度上通过详细规划、城市设计支持多主体利益博弈，在维护公共安全、公共利益和空间的前提下形成帕累托最优。在项目尺度上通过城市设计和建筑设计审批维护城市空间的公共性。

第三，在现有城市建设体制下，开发商追求利润，土地使用者期待征地或拆迁的巨额赔偿，城市政府则想通过开发获取土地财政。随着国家市场经济体制的成型、法治国家建设的成功，作为产权人的社区居民和具备市民意识的"城市人"逐渐形成。不尊重市场力量和社会力量的城市规划注定失败。因此，当下中国城市规划必须探索如何才能调动市民和非政府社会主体的自主性、尊重城市建设和城市治理中自下而上的参与的方法。

中国城市规划学科要在法律和行政制度上为公众参与城市规划编制与决策做好准备，推动城市政府在适当的时机引入社会组织，让代表公众的社会力量参与到政府和资本博弈的城市建设领域，促成政府、市场与社会协商共治的城市政体。城市规划的法治化有两个标志：一是依据公开，规划编制、决策、管理和审批的依据要公开透明；二是程序公正，决策和管理程序的公正是结果公正的保障。

城市规划应该进一步在强化底线刚性控制的前提下，增加规划管理制度的弹性，在规划编制、决策、管理过程中获得"刚性"与"弹性"的平衡，以适应社会经济系统的持续演化。要善于利用科学、民主两只手，把科学可以解决的问题解决好；把科学难以解决的问题交还给民主决策体系，通过法定程序去解决。

6　重申理想，理性规划

2011 年中国城市规划获批为一级学科，并正式更名为城乡规划学，学科编号 0833。对于所有城乡规划专业人员来说这是一个机遇也是重大的挑战！转型期的中国城市规划在社会主义市场经济的浪潮中挣扎了 30 多年，终于获得了对自身定位的全新认知，进入到城市空间资源分配的公共政策领域。也就是说，中国城乡规划学科要从建筑学走向更加广阔的学科背景，集成人类一切知识以构筑中华民族的城市生存环境，学会用科学与民主两只手去处理日益纷繁复杂的利益冲突，寻求中国城市发展的帕累托最优。

首先，中国的城市规划要回归初心，宣示学科的"价值理性"，面对城市化带来的社会巨变，中国城市规划体制的演化应该是基于集体理性对未来进行公共选择，谋划城市时代共同的未来：

第一，要回应全球化与国际区域合作，应该积极参与全球治理，将城市嵌入全球生态环境系统，基于自然规律构筑城市生态伦理。

第二，应该将经济发展的基础根植于科技进步，在不破坏城市基本生活和社会价值的前提下使用合适的技术，遵循科学规律探索适宜的城市技术经济伦理。

第三，在一个日益重视个人自由，而人口更加密集、产业更加集约的时代，建设一个更加依赖公共空间、公共设施、公共决策、公共治理的社会，构筑基于多元社群的有利于社会公平的城市社会伦理。

城市规划是一门"常识级"的技术，"艺术级"的难度，"超级复杂"的社会关系的应用型学科。所以，城市规划教育除了包豪斯传统的艺术设计教育外，还要培养学生能用大数据、GIS等技术工具进行城市经济、社会、环境和空间分析，以避免城市的发展风险；让他们学会社区规划、公众参与和非政府组织（NGO）运作，能应付复杂的社会情景；还要懂得公共政策理论，会运用综合性的政策手段解决重大问题。成为"价值观坚定、有艺术修养、用得了数据、拼得起情怀、玩得转政策"的新一代城市规划师。

其次，中国的城市规划要回归理性，要让"工具理性"服从于价值选择：城市规划是由政府制定，以空间和土地资源为对象，协调和处理社会中不同利益群体在空间和土地资源上的利益诉求，保障公共利益；由国家强制力保证实施，反映了政府对土地和空间资源的权威性的价值分配，是城市政府中具有典型意义的公共政策，并作用于城市中与空间相关的公共领域。

理论上的城市规划只要遵从城市发展规律就可以发挥龙头作用。但是现实中的城市规划却是市场经济背景下公共选择的产物，既面临市场失灵又要规避政府失灵，还常常陷入效率和公平之争；既要保障城市整体和长远利益又要尊重既定利益格局，还要推动社会经济的持续发展。有效的城市规划必须在不确定的情景中持续探索晦暗不明的"城市发展规律"，同时还要在刀光剑影的利益博弈中完善城市规划之"道"，真正实现工具理性和价值理性的合一。

城市规划的主要作用是保障市场能够更好运作，更好地配置公共资源、避免负外部性，运用技术、法规、行政力量规避城市发展风险；在不确定性的发展情景中平衡政府、市场和市民利益，寻求经济、社会和环境效益的帕累托最优。所以，要善用市场理性，发挥其在资源配置中的主导作用，避免政府失效；要提倡政府理性，发挥政府在公共产品配置中的主导地位，调控社会群体间不断扩大的经济差异，在市场失效时主动出手，维系社会的和谐；要扶持社会理性，政府要给社会赋权，有序推动基层民主自治，培育社会组织，适应不断创新的民意表达技术，从公开决策逐步走向参与式决策、公平决策；还要追求生态理性，实现永续发展。

作为城市规划师，我们当然有推动我国城市治理现代化的责任。但是在目前的政体下，"理性规划"就是要尽力推动政府去做正确的事——即帮助城市建设决策科学化、制度化，并把对的事做好——在推动发展的同时尽量守住城市发展的生态安全、社会公平、经济可持续和历史文化保护的"底线"。

参考文献

[1]　B. Г . 大维多维奇 . 城市规划工程经济基础 [M]. 北京：高等教育出版社，1955.

[2]　孙施文 . 现代城市规划理论 [M]. 北京：中国建筑工业出版社，2007.

[3]　黄冰源 . 知识、自由与秩序：哈耶克思想论集 [M]. 北京：中国社会科学出版社，2001.

[4]　（美）刘易斯·芒福德 . 城市发展史 [M]. 宋俊岭，倪文彦译 . 北京：中国建筑工业出版社，2005.

[5]　（英）查尔斯·詹克斯 . 后现代建筑语言 [M]. 李大夏译 . 北京：中国建筑工业出版社，1986.

[6]　袁奇峰 . 改革开放的空间响应——广东城市发展 30 年 [M]. 广州：广东人民出版社，2008.

[7]　田莉，姚之浩，郭旭，殷玮 . 基于产权重构的土地再开发：新型城镇化背景下的地方实践与启示 [J]. 城市
　　规划，2015（1）：22-29.

[8]　袁奇峰 . 从规划研究到城市研究：一个广州城市规划师的立场 [M]. 北京：中国建筑工业出版社，2015.

张 兵

ZHANG BING

中国城市规划学会历史文化名城保护规划学术委员会
主任委员、学术工作委员会委员
住房和城乡建设部城乡规划司副司长

国家空间治理与空间规划

1　前言

　　规划体系的变革，前所未有地同国家的改革进程深入密切地联系在一起。党的十八届三中全会提出："全面深化改革的总目标是完善和发展中国特色社会主义制度，推进国家治理体系和治理能力现代化。"在全面深化改革的进程中，国家空间治理体系和治理能力现代化是改革目标的重要组成，是规划工作者在理论和实践上面临的重大课题。

　　本文结合近年"多规合一"的规划实践，从概念层面和制度层面谈谈自己对建立空间规划体系的一些粗浅看法。首先着重分析国家空间治理的基本价值导向；然后对比研究空间规划的基本概念，领会目前改革中对"空间规划"的作用定位；在此基础上，理清"空间规划"与"多规合一"的关系，提出"多规合一"作为一种工作方法，是编好空间规划的必要条件，但不能简单将"多规合一"的技术成果等同于"空间规划"；而编好"空间规划"、"战略引领"、"底线管控"、"全方位协同"是自始至终需要把握好的三个关键要素。总之，在中国城市规划学会学术工作委员会展开讨论"理性规划"的话题时，我结合最近几年参与和观察"多规合一"试点的经历和体会，就当下规划改革的问题做些梳理，抛砖引玉，请大家指正。

2　国家空间治理的价值导向

　　国家治理体系和治理能力是一个相辅相成的有机整体，有了良好的国家治理体系才能真正提高治理能力。国家治理体系包括规范行政行为、市场行为和社会行为的一系列制度和程序，政府治理、市场治理和社会治理是现代国家治理体系中三个最重要的次级体

系 ❶。由于空间是行政、市场、社会等一切行为的载体，空间治理通过对国土空间要素进行控制和引导的一系列制度安排，直接或者间接地影响政府治理、市场治理和社会治理的结构和过程，使之全方位地体现出国家在优化国土空间开发格局、促进经济社会可持续发展的战略意图和价值取向。

党的十八大（2012）提出大力推进生态文明建设，优化国土空间开发格局。在中共中央关于制定国民经济和社会发展第十三五个五年规划的建议（2015）中明确指出，"绿色是永续发展的必要条件和人民对美好生活追求的重要体现。必须坚持节约资源和保护环境的基本国策，坚持可持续发展，坚定走生产发展、生活富裕、生态良好的文明发展道路，加快建设资源节约型、环境友好型社会，形成人与自然和谐发展现代化建设新格局，推进美丽中国建设，为全球生态安全作出新贡献"。全球视野之下，建设美丽中国，推进生态文明，形成绿色发展方式和生活方式，是国家空间治理的基本的价值导向。

将绿色发展的理念贯彻到优化国土空间结构的全过程中，一个基本问题就是要明确"国土"的涵义。国土并不主要指"国家的土地"，其内涵是"地域"、"区域"、"地域空间"等意 ❷。国土空间的规划，不仅有空间尺度的属性，也有公共管理的属性，因此必然同行政体制相适应，在空间尺度和管理层级上都应当是多层次的。

从这个基本点出发应认识到，推进生态文明建设，优化国土空间结构，实现美丽中国的目标，需在制度上作出系统的安排，做到城乡的全域覆盖和中央 – 省区 – 市县分级管理、紧密衔接，跨越宏中微观，大到区域层面的人地关系，小到城市和乡村的土地使用、空间布局、基础设施支撑和人居环境品质。可以设想，改革后建立的空间规划体系应当具有体系的完整性、功能的系统性、治理的有效性。在保障国家重大的战略部署通过不同空间尺度上的规划逐层落实的同时，空间治理应具有政府、市场、社会的多重维度，要强调不同治理主体内部和层级之间的协同，逐步实现一个整体性的国家空间治理范式。

在这个方向上，我们已经开始行动。《国家新型城镇化规划》（2014）提出"推动有条件地区的经济社会发展总体规划、城市规划、土地利用规划等'多规合一'"；中央城市工作会议（2015）提出"以主体功能区规划为基础统筹各类空间性规划，推进'多规合一'"；在《关于进一步加强城市规划建设管理工作的若干意见》（2016）中进一步强调了"改革完善城市规划管理体制，加强城市总体规划和土地利用总体规划的衔接，推进两图合一。在有条件的城市探索城市规划管理和国土资源管

❶ 俞可平. 推进国家治理体系和治理能力现代化 [J]. 前线，2014（2）. http：//theory.people.com. cn/n/2014/0227/c83859-24485027-2.html. 下载日期：20170730.
❷ 樊杰. 京津冀都市圈区域综合规划研究 [M]. 北京：科学出版社，2008：i–xiii.

理部门合一。"无论"多规合一",还是"两规合一",都是围绕"空间类规划打架"这个现象,率先从政府治理内部解决治理结构碎片化的问题。这项改革行动的实质,就是朝着实现整体性的国家空间治理迈进。

回顾十八大以来相关的中央文件,关于空间治理体系改革的部署有许多重要论述。十八届五中全会(2016)明确了建立由空间规划、用途管制、差异化绩效考核等构成的空间治理体系。

(1)关于空间规划体系,五中全会指出"构建以空间治理和空间结构优化为主要内容,全国统一、相互衔接、分级管理的空间规划体系"。

(2)关于用途管制,其背景是国家自然资源资产管理体制的改革。习近平总书记在关于《中共中央关于全面深化改革若干重大问题的决定》的说明(2013年11月15日)中指出,完善自然资源监管体制,统一行使所有国土空间用途管制职责,使国有自然资源资产所有权人和国家自然资源管理者相互独立、相互配合、相互监督。关于用途管制的具体措施,十八届三中全会文件提出(2013)"划定生产、生活、生态空间开发管制界限",在《省级空间规划试点方案》(2017)中有提出划定城镇空间、农业空间、生态空间以及生态保护红线、永久基本农田、城镇开发边界,即"三区三线"。

(3)关于差异化绩效考核,《生态文明体制改革总体方案》(2015)明确提出,通过制定生态文明建设目标评价考核办法,"把资源消耗、环境损害、生态效益纳入经济社会发展评价体系",体现"不同区域主体功能定位"。

毋庸置疑,在上述构成国家空间治理体系的组成部分中,建立空间规划体系是一项具有根本性、全局性、长远性的工作,需要问题导向和目标导向并重,立足当前、面向未来、统筹谋划。当前,进一步做好顶层设计、实现深化改革的目标仍然是一项值得广泛实践和不断探索的紧迫任务。

3　空间规划涵义的比较

3.1　空间规划的欧洲语境

讨论"建立空间规划体系",先要弄清楚什么是"空间规划"。在我国规划理论研究中,"空间规划"是一个舶来的专业术语。在我们收集到的英语文献内,1993年出版的关于英国规划体系的著作中,还没有出现 Spatial Planning(空间规划)这个关键词[1]。正如 Nadin(2000)所说,英文文献中的"空间规划"一词,

---

[1] Rydin,Y.The British Planning System:An Introduction. London:MacMillan,1993.

在 1990 年代的欧洲如欧盟的共同货币一样流行起来，但是涵义的理解上是比较混乱的，"这是因为使用的背景（Context）和意图（Purpose）不同"❶。我认为正是在 1990 年代后期，这个概念传播到我国规划界，并且影响了我们对于社会主义市场经济条件下我国城市规划发展定位的认识，为了适应社会主义市场经济的发展要求，发挥城市规划对空间资源的宏观调控作用是大势所趋，因此城乡规划工作者首先提出改革规划体制，发展建立我国的空间规划体系。

在欧洲，"空间规划"到目前有两个基本用法：

一个用法是在欧洲治理体系的意义上，"空间规划"作为一种国与国之间的协同机制和方法，对诸如交通、区域政策和农业等部门政策的空间影响进行协调，促进欧洲各国在欧盟宪法下的协调发展，避免不协调的建设活动在欧盟层面带来负面效应。我们大家熟悉的《欧洲空间发展展望》（European Spatial Development Perspective，ESDP，1999），常常被以为是欧洲的空间规划，事实上这是误读，这份文件并非规划文件。在欧洲统一市场的形成中，突破国家之间的壁垒，势必推动了规划问题的国际化❷（Internationalization of Planning Issues），但欧盟并没有一个统一的空间规划体系，只是在欧盟的空间尺度上发挥"空间规划"的协调作用，促进欧盟各国对发展问题达成共识。

另一个用法是指在国家治理体系的意义上，指特定国家和地区对空间发展和/或物质性的土地使用的管理。在欧洲英文（Euro-English）中，"空间规划"作为一个通用的术语，是"政府管理空间发展的整个系统"的统称，具体到各国则有不同形式和名称。例如，在英国习惯上称为城乡规划（Town and Country Planning），德国和奥地利被称为空间规划（Raumplanung），到法国被称为城市规划或国土整治（Urbanisme or Amenagement du Territoire）❸。尽管到了各国具体的名称不同，但是具体到一国，"空间规划"就是我们所说的"城乡规划"或者"城市和区域规划"。

欧盟层面的空间政策与欧盟各国的空间规划（国内的城乡规划管理体系）之间有着紧密的联系和互动，也成为欧洲规划界研究的重点问题。在欧洲一体化的大背景下，规划领域更加广泛使用"空间规划"这一术语，出现了一些更为灵活

❶ Nadin, V. and Shaw, D.（2000）'Transnational collaboration in the Atlantic Region' in Duehr, S., Colomb, C. & Nadin, V.. European Spatial Planning and Territorial Cooperation. London : Routledge, 2010 : 22-38.

❷ Martin, D. & Robert, J.. Influencing the Development of European Spatial Planning. In Faludi, A. ed. European Spatial Planning. Cambridge : Lincoln Institute of Land Policy, 39-58.

❸ Nadin, V. and Shaw, D.（2000）'Transnational collaboration in the Atlantic Region' in Duehr, S., Colomb, C. & Nadin, V.. European Spatial Planning and Territorial Cooperation. London : Routledge, 2010 : 22-38.

的用法。例如，有英国的规划文献中出现"Regional Spatial Planning"（区域性的空间规划）的用法，指英国的空间规划从过去自上而下、目标驱动的方式转向更有地方特点的方式 ❶。

3.2 "空间规划"是新的规划类型

有了这些了解，我们便不难看到，尽管我们借用了欧洲"空间规划"的术语，但是既没有强调它对各类具有空间影响的政策的"协调作用"，也没有采取"城市和区域规划"的统称方式，而是给了新的定义，对空间规划的作用做了自己的定位。

在《生态文明体制改革总体方案》（2015）的总体要求中，明确"构建以空间规划为基础、以用途管制为主要手段的国土空间开发保护制度"，这意味着我国的规划体制改革把"空间规划"定位为"国土空间开发保护制度"的"基础"，解决的是"因无序开发、过度开发、分散开发导致的优质耕地和生态空间占用过多、生态破坏、环境污染等问题"。在 2017 年年初中共中央办公厅、国务院办公厅印发的《省级空间规划试点方案》的总体要求中，阐明了"空间规划"的主要内容是"以主体功能区规划为基础,全面摸清并分析国土空间本底条件,划定城镇、农业、生态空间以及生态保护红线、永久基本农田、城镇开发边界（以下称"三区三线"),注重开发强度管控和主要控制线落地,统筹各类空间性规划,编制统一的省级空间规划"。

在顶层设计中，提出我国的"空间规划"是针对各类空间性规划存在的问题，打破各类规划条块分割、各自为政的局面，"统筹各类空间性规划"、"合理整合协调各部门空间管控手段"，可见"多规合一"的要求是"空间规划"的应有之意。但其核心是以资源环境承载能力和国土空间开发适宜性评价为基础,以"三区三线"为载体，构造一个位于其他规划之上的新的规划类型。同是"空间规划"，欧洲的用法多是作为规划体系的统称或者表达欧洲一体化意识的"城市和区域规划"的别称，而我国当前政策的考虑则是设计一种新的具体的规划工作类型，在术语的用法和内涵意义上有着巨大差别，如果开展相关的国际规划比较研究，术语的使用和案例的借鉴皆应格外慎重。

---

❶ Baker, M. & Wong, C.. The Delusion of Strategic Spatial Planning：What's Left After the Labour Government's English Regional Experiment? Planning Practice & Research [J]，2013，28（1）：83–103.

4　空间规划与"多规合一"

4.1　"多规合一"成果不等同于"空间规划"

按照《生态文明体制改革总体方案》（2015），我国的空间规划分为国家、省、市县（设区的市空间规划范围为市辖区）三级。在编制省级空间规划的试点工作中，一项主要内容就是"三区三线"的空间划分，并且要求明确分解到市县的三类空间比例、开发强度等控制指标。在制度设计中，这些控制指标成为不同层级的空间规划相互衔接的重要纽带，视为"优化空间组织和结构布局，提高发展质量和资源利用效率，形成可持续发展的美丽国土空间"的重要抓手。

那么，制定空间规划和"多规合一"是什么关系呢？

在实践中，"多规合一"实践有两种真实的状态，反映出对"多规合一"概念理解上的不同。

第一种情况下，一些城市因为有自上而下的工作要求，请来规划编制单位，像以往规划编制工作那样，对政府部门作出动员后，由规划编制单位具体调查研究，在统一的信息平台上，统一坐标、统一用地分类标准，针对各个部门矛盾冲突的管理要求逐一进行协调，也就是大家常说的"消除矛盾图斑"，市委市政府在决策过程中不断协调解决部门矛盾，特别针对土地和空间发展指标方面化解冲突，为未来发展留下更多的空间。

这种情形下，"多规合一"更多地被理解为技术性的工作——编制的技术人员花费大量时间在信息平台上消除"矛盾图斑"，解决政府各部门之间相互矛盾冲突的管理要求——但最后往往会陷入迷茫，连技术成果都不知如何来命名。其原因在于规划工作实际定位在技术层面，虽然在一个时间节点上协调了政府各个部门的空间管理要求，但是因为没有把这项工作同提高城市治理能力充分深入地结合起来，很多管理部门的思想认识还停留在一般性的工作配合层面上，"多规合一"的长效机制没有建立，费了"洪荒之力"消除的成千上万"矛盾图斑"之后，预料今后还会不断产生。

第二种情况，虽然也是把"多规合一"作为一种工作手段，但着眼于提高政府治理能力，协调政府各个管理部门之间的关系，不是局限于管理矛盾的消除，而是要放在一个深化改革的背景下，着眼整体，放眼长远，探索建立符合生态文明建设要求、利于经济社会环境可持续发展、统筹政府、社会和市民发展积极性、行政管理上各司其职、分工协作的长效机制。例如，按照厦门"多规合一"试点的经验，它重点解决了四个方面的问题，即解决了空间类规划打架、资源环境保护不利、行政审批效率低下和公众参与监督不足的问题（王蒙徽，2015）。厦门在城市层面探索了城市治理体系和治理能力现代化的路径，意义存在于政府治理、市场治理和社会治理等多维度，并不只囿于"空间治理"的范畴。同是"多规合一"，工作开展的理念、重点、深度、效果都有很大的差别。

这两种实践的状况说明，单就"多规合一"的技术成果而言，并不能简单等同于试点方案所设想的"空间规划"。"多规合一"和空间规划二者的联系在于，"多规合一"作为一种工作方法，是编好空间规划的必要条件，因为"三区三线"的空间划分有赖于整合政府各部门与空间相关的管理要求。不过，"多规合一"要能从手段方法上升成为制度安排，关键取决于政府在推行"多规合一"工作时采取的理念、目标、路径、深度。

"多规合一"是手段，不是目的❶。有质量的"多规合一"，不是技术性工作，应是着眼于深化改革的目标，以提高政府空间治理的实效和长效作为衡量标尺，在组织方式、制度安排、政策成果方面都需要多做谋划、勤下功夫，解决政府各部门协同管理水平低下的问题，围绕生态文明建设和绿色发展建立更加理想的空间治理的体制和机制。

4.2 贯穿空间规划的三个关键要素

推进国家空间治理体系和治理能力现代化，空间类规划打架是其中一个突出问题，因此，以问题为导向，开展"多规合一"试点，推动规划体制的改革。事实上，空间类规划打架只是问题的表象。在建设社会主义市场经济的过程中，政府各部门努力转变政府职能，越发重视通过规划来发挥政府对市场的引导和调控作用，但在这个改革过程中空间上缺乏协同，政出多门，造成审批和决策的效率下降，而该管的没有管住，整体上政府治理能力无法到位。这些问题是改革和发展中的问题，需要在发展中去解决。也就是说，我们要在深化改革的过程中把政府各部门涉及空间的管理要求协同起来，统一在一个目标之下、一个平台之上，所以"多规合一"的"一"是通过协调达到行动的"统一"，而不是简单地把管理部门的各种规划合成一个部门的一个规划。上文强调国土空间规划的分层分级，不仅基于空间尺度的属性，而且基于公共管理的属性，这就是形成这个观点的基础。

当然，在政府部门的各种规划中，并不都是不可合并的，城市总体规划与土地利用总体规划的两规合一，无论在技术上还是在体制上，都通过实践证明完全是可以行得通的。在全国政协双周会（2016）上提出的"多规融合、两规合一"

---

❶ 王蒙徽. 推动政府职能转变，实现城乡区域资源环境统筹发展——厦门市开展"多规合一"改革的思考与实践 [J]. 城市规划，2015，39（6）：9–13，42.

应该是一个很有价值的改革思路 ❶。

回到"空间规划"的问题上来，本着"多规合一"的改革思想，在试点项目总结基础上，我们认为要编好"空间规划"，"战略引领"、"底线管控"、"全方位协同"是自始至终需要把控的三个关键要素 ❷：

第一，无论是在省还是市县的空间层面，制定发展战略，确定战略的目标与定位，都是空间规划工作的重中之重。每个地方都需要从战略上明确自己"两个一百年"和实现"中国梦"的发展目标和发展路径，来决定经济社会发展和空间资源配置的策略和综合方案，由此才形成协同整合各种规划的取舍标准。在统一的规划目标之下，各个部门分工协作，提高政府行政效能，这才是"多规合一"的要领。不是为了"多规合一"才"多规合一"，要用全社会高度认同的发展战略来统领"多规合一"。

第二，为了牢牢把握发展的主动权，"要善于运用底线思维的方法，凡事从坏处准备，努力争取最好的结果"（习近平总书记讲话）。战略思维和底线思维的统合，是具有重要意义的。空间规划要把国家安全、生态环境安全、粮食安全、城乡安全摆在优先地位，客观分析可能出现的问题，制定妥善解决问题的方案。生态保护红线、永久基本农田保护红线、城市开发边界正是面对资源环境领域的严峻挑战，在规划领域逐步落实的一套底线管控的工具，确保生态文明建设中资源环境保护与经济社会发展有一个基本的和谐关系。当然，着眼于政府行政效能的提高，未来这些"底线"是否有必要整合、如何整合，都是值得思考和实践的问题。此外，"美丽中国建设"不仅需要通过底线管控，而且更需要以真善美的思想境界来积极勾画和营造美好的人居环境。

第三，全方位协同是空间规划应秉持的治理理念。在工作初期，基础数据不统一、坐标系不一致、规划编制依据不统一、技术标准不统一、规划编制期限不统一都是集中暴露的问题，在这些方面做好协同是必需的。当这些技术性问题得到解决之后，建立各层级政府之间、政府各部门之间长效的协同机制成为做好空间规划的关键。再接下来，若着眼于全面深化改革的要求，"全方位协同"的根本是有效落实好"五个统筹"，特别是在政府治理、市场治理和社会治理的层面作出更为整体的体制、机制改革。

李克强总理 2016 年 3 月 22 日在三亚考察海南省"多规合一"试点工作时

❶ 全国政协召开双周协商座谈会围绕"加强城市规划工作"建言献策 [N]. 人民日报，2016-05-20 第一版。

❷ 张兵，胡耀文．探索科学的空间规划——基于海南省总体规划和"多规合一"实践的思考 [J]. 规划师，2017，33（2）：19-23.

指出，"这项改革说到底是简政放权。各部门职能有序协调，解决规划打架问题，是简政；一张蓝图绘好后，企业作为市场主体按规划去做，不再需要层层审批，是放权；政府职能要更多体现在事中事后，是监管"。"多规合一"作为手段，用来推动政府空间治理能力提升的过程，同时就是改革政府治理、市场治理和社会治理的过程，是全面提升国家治理能力和治理体系现代化的过程。

5　结语

20 年前，为了强调城乡规划在社会主义市场经济条件下对空间资源配置的宏观调控作用，我们提出在城乡规划基础上发展建立我国的空间规划体系，甚至规划工作者提出全国城镇体系规划就是我国的空间规划❶。如果说那时的观点主要是基于技术和理论做出的判断，那今天在全面深化改革的历史进程中，推进规划体制改革，建立空间规划体系，就真正成为城乡规划面临的历史性的挑战。

过去，在体制和机制不健全的条件下，"我国地域空间规划职能和体制的矛盾突出，而政府对地域空间的管制又很不得力"❷，花费人力物力编制完成的许多规划无法在国家空间治理的系统中发挥出应有作用，譬如"城镇体系规划"就常被社会和专业人员诟病为"无用"。我们应当承认，我国在城乡规划技术与理论方面的积累已经是比较充分的，但是在制度性的变革中，摆在我们面前的任务是严峻的。回顾十八大以来城乡规划改革和"多规合一"实践，我们应该深刻意识到，城乡规划在提高治理能力的维度上有了新的定位，要对城乡发展发挥重要引领作用，城乡规划一是要积极地投身到改革实践中，认识领会改革的方向，研究探索整体性的国家空间治理范式，转换城乡规划工作思路，研究新问题，制定新方案，拿出更多有推广价值的规划新成果服务于国家新的发展；二是按照规划改革的新要求，对长期以来的理论和技术做出重新的思考，更新规划工作理念，在提高城乡规划工作的前瞻性、综合性、整体性、系统性、协同性上下功夫，探索推进生态文明建设、形成绿色发展方式和生活方式的规划路径。

---

❶ 王凯 . 全国城镇体系规划的历史与现实 [J]. 城市规划，2007（10）：9–15.
❷ 樊杰 . 京津冀都市圈区域综合规划研究 [M]. 北京：科学出版社，2008：i–xiii.

张京祥

ZHANG JING XIANG

中国城市规划学会常务理事
城乡治理与政策研究学术委员会主任委员
区域规划与城市经济学术委员会副主任委员
学术工作委员会委员
规划历史与理论学术委员会委员
南京大学建筑与城市规划学院教授

陈　浩

C H E N　　H A O

南京大学建筑与城市规划学院助理研究员
博士后
南京大学区域规划研究中心高级研究员

中国城镇化理论与实践的再审视
——兼论城市规划理论研究与实践运用的关系

摘　要：中国城镇化进程的本质特征是历史进程、现实问题与新时空环境交织作用下的"压缩型城镇化"。它不是西方城镇化进程的简单复制，而是中国国家现代化过程中的伟大再创造。过去三十多年来，以西方国家经验为基础的城镇化理论在指导中国城乡规划实践中发挥了巨大的作用，但也存在着机械理解和运用的问题，给我国某些地域的城镇化实践带来一定的负效应。以新型城镇化战略为目标的背景下，尚未解决的历史问题与一系列新问题相互交织，给城乡规划工作带来了更为复杂艰巨的实践环境。城乡规划界须辨证对待域外理论与本地问题，批判性地发展本土的经验理论，探索中国新型城镇化的理论与行动路径。

关键词：城镇化，城乡规划，理论，实践，中国

1　引言

自南京大学吴友仁教授于 1980 年在国内首次提出城镇化概念以来，有一大批学者深入系统地研究了国外城镇化的概念、界定及理论问题，形成了城镇化理论一系列支撑点，主要包括：城镇化阶段论、城镇化机制论、城镇化的空间形态论等等，这些理论都深化了我国城乡规划界对于城镇化规律的认识。在这些理论的指导下，城镇化从 1990 年代末期开始成为我国发展的重大战略与政策，在促进城镇化本身发展的同时，也带动了国民经济的发展、社会的进步与人民生活水平的提高。

客观来说，我国早期城镇化的理论认识基本来源于西方城镇化历史过程的经验总结。然而，中国城镇化进程却不是西方城镇化历史进程的简单复制或重复，而是在全新的制度、文化土壤上，历时性、共时性和全球化广泛交织的新时空背景下进行的史无前例的伟大探索。中国城镇化进程既需要补历史的欠账，如以机器大工业为中心

的工业化、以市场化为中心的经济现代化和以民主建设为中心社会制度的现代化，又需要加入全球性的新技术、新经济和新文化发展的竞争。因此，中国的城镇化战略、政策与规划既不能因循守旧，也不能天马行空、妄自尊大，需要在西方理论与历史经验的基础上批判性地再创造。本文将在检讨中国过去三十多年城镇化实践中存在的认识论问题基础上，重申中国"压缩型"城镇化的本质特性——即历史矛盾与新现实问题的反复交织，中国城镇化进程要应对的挑战远超于西方的历史经验。文章进而指出了当前及未来一段时期内中国城镇化所面临的一系列现实问题，它们是中国城镇化历史问题和新问题相互交织的结果，对于传统城镇化观念和理论认识都形成了一定的挑战，城乡规划界必须承担起在新实践中批判性认识和再发展城镇化理论的历史责任。

2　对城镇化经典理论的再认识

在过去 10–20 年城乡规划实践中，对于城镇化过程、机制与空间格局理论都存在着一定的曲解。

2.1　城镇化的机械阶段论

1987 年焦秀琦在《城市规划》上发表的论文《世界城市化发展的 S 型曲线》中，首次介绍了诺瑟姆的城市化增长变化呈现"S"形规律一说[1]。1995 年，周一星先生在其具有广泛影响的《城市地理学》（1995）一书中对诺瑟姆城镇化过程曲线做了介绍[2]。诺瑟姆将一个国家和地区的城镇人口占总人口比重的变化过程概括为一条稍被拉平的 S 形曲线，并将城镇化过程分成三个阶段：城镇化水平 30% 左右迎来第一个拐点；城镇化水平 70% 左右迎来第二个拐点；在第一个拐点来临之前，城镇化水平处于起步阶段，第二个拐点以后进入稳定阶段；两个拐点之间的第二个发展阶段，则被认为是城市化加速发展阶段。尽管周一星强调，不能期望任何国家的城镇化过程均呈现一条完全相同、平滑连续的轨迹，但在具体的城乡规划设计实践中，这一个过程曲线经常被奉为规划方案制定、政府规划决策的重要铁律。而其中影响最大的莫过于中期城镇化的乐观主义论调，诸多地区认为当地城镇化处于中期甚至于早期阶段，城镇化发展空间巨大，从而为各类跨越式开发与建设规划保驾护航，成为城市增长机器提前攫取土地财政、透支土地资源的重要合法性来源。

这种对于城镇化过程论的机械理解，显然没有辩证地认识到总体经验"规律性"与个体实践"不确定性"之间的差异。纵然，中国目前且在一定时期内，实现高水平、充分和高质量的城镇化都将成为主要的任务，也就是说城镇化的任务仍然艰巨和城镇化的总体发展前景仍然光明。但是中国城镇化的空间分布绝非均衡的结构，在一些地区甚至可能出现城市收缩和衰退的局面。在一个正处于收缩衰退或即将处于收缩的地区，大量投入城市建设投资，试图以背离实际需求的公共投资拉动来力挽狂澜，少数城市可能取得成功，但对于大多数跟随者而言，终究是无视科学发展规律的行为。有关城市收缩的理论研究表明，城市增长与收缩是当今世界发展的共存状态，收缩并不意味着发展质量的下降，精明地收缩仍然可以实现发展质量的提升 [3]。此外，这种认识也忽视了建成环境城镇化与人的城镇化不协调发展所造成的一系列问题。中国建成环境的城镇化基本上建立在土地金融的基础上，超前的城镇化建设带来 GDP 增长的同时，也带来了大量的负债。若城镇化建设超越了人的城镇化的实际需求水平，将可能带来城镇化建设负债难以偿付的金融风险，这将极大地影响城市提升公共服务、促进产业发展与转型的能力，反而抑制城镇化的长远发展。因此，公共投资大推进的城镇化模式在一些地区会发挥非常积极的效果，是一种主观能动性和现实客观性高度融合的体现，但是所有地区都同时运用同一种"大推进"方式，必然会造成城镇化建成环境供给和实际需求能力之间的总体失衡，其造成的金融风险和资源环境压力不言而喻。

2.2　城镇化的线性机制论

丹尼尔·贝尔的《后工业社会的来临》（1974）一书，及与之相关的"信息社会"或"知识社会"等新概念曾在中国社会科学和政策界产生广泛的影响。相对于工业社会，贝尔认为后工业社会的最突出特点是理论知识的首要性以及相对于制造业经济的服务业部门的扩张 [4]。贝尔的后工业社会论述既是西方经济社会结构转型的前瞻，又发挥着实际推动西方转型和国际新劳动分工的发展。随着冷战格局的瓦解和全球化再度勃兴，西方发达国家进行了长达数十年的产业转型与转移运动，将低价值、高负外部性的制造业活动向第三世界国家和地区转移，其母国实现了服务业替代制造业的"去工业化"和"服务业化"过程，比如 1960 年，在西方共同市场地区，服务业从业人员比重约为 39.5%，而 1973 年这一比例上升至 47.6%。西方国家精英的资本积累和霸权策略被国内一些学者视为科学发展规律，认为中国这样的工业化过程中的国家也将追随西方发达的步伐，走向去工业化的过程。须不知，西方国家当年多推动的去工业化与服务业化与其长期以来建立的人力资本优势和牢固掌握的国际贸易霸权息息相关，没有这些因素作为支撑的去工业化必然带来经济的提前衰退、经济竞争力弱化和社会矛盾加剧等严峻问题。事实上，近年来一些西方后工业化国家所遭遇的国家硬实力衰退、经济和社会矛盾加剧，大多与 1970 年代以来这些国家政治经济精英所推行的新自由主义和激进的去工业化的政策有很大的关系。相较于美英等激进的"去工业化"国家，德国一直在高端服务业经济和制造业延续提升之间保持比较协调的关系，故其经济社会发展一直较为稳健，这说明工业化与后工业化并非线性的历史关系，而是可以相互融合、相互支撑。

西方发达国家尚不能在去工业化的道路上走太远，更何况在 2000 年代初尚未实现高水平工业化的中国。然而，在 2000 年代初中期的中国，后工业化被相当一部分规划技术人员和官员认为是毋庸置疑的全球经济发展趋势，并且将去工业化和金融等服务经济的发展视为社会进步与兴旺发达的标志，高端服务业的发展被认为是城市竞争力的重要参数。在此背景下，早日迈入后工业化阶段成为许多地方所追逐的战略目标。一时间，"退二进三"城市更新规划成为城市规划的一种前沿和潮流，不仅在深圳、上海等中心城市广泛施行，即使在一些具有工业经济发展良好条件的三四线大中等城市，也为追求理念和规划先进，积极地淘汰制造业，大力地拥抱所谓的"高端服务业"。此种积极主动政策推动了数年之内城市的工业区位从比较中心的位置，转移至城市边缘甚至乡镇地区或外市、外省等地，造成了严重的职住分离、增加工业生产成本等问题。许多本来富有生机的工业项目被人为地强制关停、转移和窒息。而从服务业角度来说，由于高端服务业具有高度集聚性特点，除了全球和国家城市体系中一些顶端城市具有较强发展动力外，绝大多数城市并不具备发展高端服务业的条件。这使得一些城市大力追逐的高端服务业项目，最终变成了虚空的办公大楼、科技与服务业园区，形成了高端服务业的房地产化，这是一种典型的去实向虚、投机式的发展战略，不仅不可能带来城市化质量的显著提升，反而可能造成城市化动力的急剧衰退。

2.3　城镇化的主导空间形态论

中国城镇化理论发展和战略实践中一直存在着城市合理规模和城镇化主导空间形态的争论，在近 40 年的发展历程中经历了数次转型。1980-1990 年代，由于中国改革总体上是从农村乡镇基层开始，长三角、珠三角及山东半岛等地乡村工业化的发展推动了这些地区自下而上城镇化的迅速发展。因此，相较于大城市论，中小城镇发展论在这一时期取得主流地位。"严格控制大城市规模、合理发展中小城市"也被确定为我国城镇化空间发展方针。这一时期，广大中西部地区也以苏南、珠三角的乡镇工业化和就地城镇化为模板，大力推动乡镇工业化与乡镇城镇化，却忽视了苏南、珠三角地区乡镇工业化与城镇化模式建立所依赖的独特背景。苏南地区历来具有较高的人力资本储备，且具有紧邻我国工商业中心和国际贸易城市上海的独特优势，以及城乡工业的传统技术交流和合作等；而珠三角则邻近香港，具有发展"三来一补"工业化模式的区位和社会网络等条件。然而这种模式在其他地区的广泛复制，不仅无法带来预期的效果，还可能造成致命的伤害。例如昆明于 1980-1990 年代在滇池流域大力发展粗放的乡镇工业，不仅经济效益低下，而且客观上造成滇池水环境的迅速恶化。为此，昆明开始了 20 年的滇池治污，累计投入 500 多亿元，不仅远远超过了乡镇工业发展几十年所创造的财政收入，而且水质仍多处于劣五类水平 ❶，仍然需要持续投入治污成本。

2000 年代以后，随着城市土地市场和房地产市场的发展，以及市场化和全球化的全面发展，早期乡村工业化逐渐失去发展动力，大城市迅速成为中国城镇化的主导空间。这一时期，多中心大都市区、都市圈、全球城市区域等新的空间概念被相继引入，最早在珠三角、长三角等地区的中心城市率先引入，吸引规划行业和政府决策人员的高度关注。广州的"南拓"和珠江新城的大手笔规划建设，上海"一城九镇"空间发展战略，以及杭州从西湖时代到跨钱塘江发展的成功，使得多中心都市区已经成为一种先进规划理念和技术的图腾，以至于不论城市自身的规模和发展需求，多中心都市区模式都被广泛地移植和效仿。例如江苏某市的城区人口规模约 180 万人，竟按照多中心都市区模型，在老城区以外规划了两个大型的新区，同时还要建设两个城市副中心，十余年来的多中心城市建设实践表明，除了发展空间框架被拉开，投入大量基础设施投资和房地产投资以外，都市区发展并未取得预期的效果，由于空间框架过大，造成城市人气不足，城市债务过大等一系列后遗症。

由此看来，由于幅员辽阔、地域发展差异大，中国不可能只有一套主导的、可供广泛复制的城镇化空间形态。在中国东中西三大地带、南北不同地域，不同的经济文化区域，以及不同规模和层级的城镇，其城镇化空间模式存在着广泛的多样性。这种多样性认识需要规划从业者、决策者客观地认识城市自身的结构特点、发展潜力以及区域支撑环境，而不是简单地套用国外、国内的先进经验和模式。当然，这种因地制宜、尊重多样性的空间模式选择，需要建立在批判性地认识过去奉为圭臬的政策和规划技术转移套路。

3　中国"压缩型"城镇化的本质

三十余年以来，中国经历了一个史无前例的大规模、快速城镇化进程。中国城镇化水平从 1978 年的 17% 快速提升至 2011 年的 50%，宣告中国进入以城

❶ http://www.thepaper.cn/newsDetail_forward_1523330

市为主体的社会形态，也宣告中国从长期滞后于世界城镇化进程到迅速迎头赶上的转变（图 1）。中国不到 35 年的城镇化进程，至少从数字上完成一些先发国家多达 50 年甚至百年以上的城镇化进程。比如英国城镇化从 1720 年的 20% 提升至 1840 年的 40% 花了 120 年；具有后发优势的德国，城镇化从 1860 年的 10% 增长到 1915 年的 38% 就花了 55 年；日本从 1889 年低于 10% 的城镇化提升至 1940 年的 37.5% 花了 50 年[5]。除了城镇化率数据，若以城镇化的人口规模计，1978 至 2011 年中国城镇的人口规模净增长近 5.2 亿，相当于全球最发达的七国集团城镇人口总和的 85%。

　　中国对西方国家城镇化历史进程的超越，是所谓"后发优势"的体现，当然也不可避免地积累了许多发展的矛盾和风险。由于中国城镇化历史进程较短，城镇化进程中有些历史性矛盾没有得到很好地解决，比如进城人员的就业和完全融入城镇生活问题尚没有得到很好解决，就面临着产业结构升级、机械化与自动化替代劳动力的压力；如中国尚需要在维持传统产业必要生命力的同时，不断提升新经济与新技术的发展，这两者经常是相互冲突的和矛盾的；又如中国在城镇化进程中，既要发展经济、扩大居民消费，又要面对资源紧缩和环境污染加大的问题，必须探索在经济社会繁荣的同时有效保护资源环境。总之，中国的快速城镇化进程中矛盾交织，一方面中国并未超越西方国家城镇化进程中所进行的工业化、社会生活和制度现代化过程，同时又必须与西方国家竞争新技术与新经济的发展，还要同时兼顾资源环境压力，在可持续发展的框架内作为。这些都是中国在城镇化过程中历史矛盾与现实新矛盾的交织，历时性与共时性矛盾的交织。正如业界

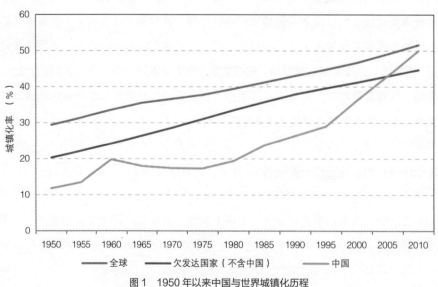

图 1　1950 年以来中国与世界城镇化历程

（数据来源：World Urbanization Prospects，2011）

常说的，中国具有"第一世界的一线城市，第三世界的农村"这种城乡高度二元拼贴的景观，中国城镇化的许多方面都呈现出尖锐的对比和冲突，这正是中国城镇化高度压缩性、复杂性与矛盾性的体现[6]。认识到中国"压缩城镇化"的本质，就需要在借鉴和运用西方城镇化经验规律和理论模式时始终保持批判性精神，既需要自觉抵制神化和机械化西方城镇化经验，又需要发挥创新精神，在探索和解决本土城镇化的独特问题和新问题的实践中不断发展城镇化理论。

4　新型城镇化战略背景下的重大课题

长期以来，我国城乡规划和城市地理等学科将城镇化理解为人口向城镇的转移与集中、经济与土地使用转变等单向有形变迁过程，鲜有研究关注城镇化的调整、收缩乃至衰退等多元过程，也鲜有研究和规划实践会深入探索社会与文化的质变过程和路径，对于转移后的居民在城市的工作、生活与城市权利等问题少有关注。事实上，在中国压缩城镇化的复杂环境下，这些逆向调整和无形变迁过程同正向有形的变迁过程始终相随，只是囿于传统"增长主义"视角的局限，这些过程和问题被人为地忽视了。本文认为，未来的理性规划需要建立在更加深入和全面认识城镇化过程和问题的基础上，这就需要对一些过去未曾关注的重大课题给予更多的关注，本文在此列出了亟需深入探索的四个重要课题（但不限于此）。

4.1　城市衰退与收缩问题

在改革开放以来三十余年的高速发展过程中，中国形成了以经济指标增长为第一要务，以工业化大推进为增长引擎，以出口导向为经济增长主要方式，以城市土地快速扩张为表征的增长主义发展模式[7]。然而，近年来随着全球后金融危机时代出口贸易骤降、工业低成本优势丧失、土地财政环境收缩、老龄化社会加速到来等内外环境的剧烈变化，中国经济"高速增长"的动力基础持续疲软，发展环境全面转入"换挡减速"，甚至一些地区与城市进入了事实上的"收缩衰退"，中国持续了三十余年的增长主义模式正在走向终结。在这样一个背景下，区域间、城市间及城市内部的增长开始出现分化，东北地区、中西部地区的一些城市正发生经济衰退、人口外流，城市内的局部地区（如老旧城区、工业园区）正经历着功能性、结构性的衰退，许多新城新区也面临着发展动力不足、楼宇空置、城市功能缺失等问题，因而被称为"鬼城"、"鬼区"，这些间接或直接地表明中国的一些城市已经出现了收缩或者局部收缩的现象。随着中国经济、人口与城镇化高增长时代的结束，城市收缩将愈来愈成为一个值得高度关注的普遍性问题。

　　过去习惯于将城镇化过程单一地理解为人口增长、产业集聚和用地扩张的过程。城市收缩的出现将挑战人们有关城镇化的传统认识。事实上，城镇化过程不只有城镇扩张过程，也同时包含着收缩与衰退的可能，不应将收缩与衰退视为反城镇化或逆城镇化过程，而应该视为城镇化周期中一个客观存在的部分，城镇的生长周期中既包括了成长期，也应包括结构调整，乃至衰退和收缩期[3]。城镇化是经济、社会和文化的现代化过程，是一个综合和系统的过程，它不能仅仅理解为人口向城镇的集中、土地利用方式由农业用途向建成环境的转变过程。人口减少、低效用地需求减少，但是城市人居环境质量提高，人口、经济、资源与环境协调度提高等都应该是城镇化过程的有机组成部分。城市收缩与衰退已经浮现，成为了我国相当一部分城镇需要面对的问题。然而，我国以往的政策和规划业界习惯于高增长的环境，习惯于制定增长型战略和规划，政策和规划的目标就是为促进增长。面对收缩中的城市与区域，这种增长型的规划可能在少数案例中可发挥抑制收缩的作用，但是对于大多数将长期处于收缩状态的城镇地区而言，增长型的规划无益于解决问题，还可能加剧或加快收缩，使合理的收缩退化为绝对的衰退甚至衰败。因此，为有效应对我国部分城镇地区面临的收缩趋势，中国城乡规划界有必要探索一种精明收缩型的规划理论与技术。

4.2　城镇化进程中的家庭问题

　　王兴平教授（2014）指出，国内城镇化研究领域，目前总体上还停留在"宏观视角、宏大叙事"的层次上，关注"国"层面的城镇化机制而忽视"家"层面的城镇化问题[8]。其主要原因在于，从计划经济时期以来，我国的城镇规划和相应政策制定都是以"生产—经济"视角为主导，对于以家庭为单元的生活与社会组织等问题缺乏应有的关怀。这种经济主义的视角造成了一系列割裂家庭的制度与政策，如长期以来的户籍制度、以户籍和住房为基础的学区制度，以及属地化的社会保障政策，等等。当前我国城镇化进程中的家庭离散化并不是一个小样本事件，也不是一个无足轻重的问题。城镇化进程中的"家庭离散化"由于其存在家庭成员及其就业、居住、公共服务等各项活动区位在空间上的不合理分散，导致对土地资源的多处占用、频繁的出行消耗或者家庭成员在亲情关爱方面存在的缺失，导致城镇化质量和家庭生活质量均受到影响。因此，对这一问题的长期忽视，不仅将影响中国以人为中心的新型城镇化战略目标的实现，而且将深远地影响到家庭的和谐、社会的稳定、中国传统家庭文化的丧失，是中国新型城镇化战略必须面对和解决的历史性问题。

　　针对家庭离散化问题，王兴平等学者提出以家庭为单元的就业—居住—公共服务耦合式新型城镇化 [8]。而这种综合耦合模式的实现，首要地是力图打破传统城镇化的"生产—经济"视角，树立起"生活—社会"视角，建立以家庭为单元的新型城镇化观念与方针引导体系，力图打破传统城镇化的"生产—经济"视角，树立起"生活—社会"视角，将劳动者及其家庭作为一个就业—居住—公共服务耦合的整体来对待；以家庭为单元的新型城镇化制度与政策保障体系；以家庭为单元的新型城镇化空间布局与规划引导体系。这些层面都涉及城乡规划的理念、理论和技术变革，过去城市规划工作基本上是一种"城市"视角，都是关注城市需要发展多大的规模，城市需要什么样的产业，城市需要什么样的劳动力，需要配套多少的公共服务设施……然而，城市的发展应该是使生活变得更美好，而不仅仅是为了达到城市发展的目标，或者说少数政治和经济精英的目标。要实现家庭和谐的城镇化，城乡规划工作应该从人的视角、家庭的角度来关注和实现人和家庭的工作、生活、休憩、发展等综合需求。在规划技术上，不仅需要更新数据结构，充分利用先进的网络和大数据技术，分析个体和家庭尺度上的众多需求，也需要更新规划的参与机制，让个人和家庭在规划过程中充分表达他们的意愿与需求。

4.3　城市的权利问题

城市权利作为一个政治性口号由法国思想家亨利·列斐伏尔在其《城市权利》一书中提出，他认为城市权利标示着一种处于首位的权利：自由的权利，在社会中有个性的权利，有居住地和主动去居住的权利。进入城市的权利、参与的权利、支配财富的权利，是城市权利的内在要求 [9]。需要强调的是，城市权利是一种按照居民的期望改变和改造城市的权利，它是一种集体而非个人的权利，是由崇尚私人物权和资本利益的新自由主义所长期压制的一种政治诉求。列斐伏尔的城市权利概念，不仅涉及城市的物质空间，更涉及不同群体获得城市生活和参与城市生活的更为广泛的权利，涉及平等适用和塑造城市的权利 [10]。

在过去，中国比较注重从经济发展角度理解和推动城镇化，旨在提高人们在城市发展中的经济权利。因此，过去城镇化的紧迫任务是解决日益紧张的人地矛盾，营建、改造城市物质空间，为不断聚集的人口提供工作机会，居住空间等 [9]。然而，对于其他权利的公平分配则长期忽视，这些权利包括，居民公平地享有基本的居住权、生活权、发展权、参与权、管理权、获取社会保障的权利、参与城市政策决策的主体资格，等等。以居民的居住权和生活权为例，在过去城市土地和房屋征迁一直是我国城市社会矛盾的高发领域，姑且不论产权征收过程中的补偿公平问题，当事人对于自己征迁过程中的知情权、对于居住空间的权利诉求屡屡以包裹"公共利益"外衣的资本和政府权利所突破。居住空间既是物质空间，又是情感、认同、社会网络所系之空间，居民不仅仅生活于特定的物质空间，也必须生活在一定的情感空间和社会空间之中，强制地剥夺居民的原有生活空间，不仅损害了居民最基本的居住权，也造成了居民习以为常的生活模式和社会关系网络的瓦解，对于居民的生活选择权和发展权造成侵害。中国城市权利的建构不能简单地照搬经济权利—社会与政治权利—文化与生活权利—生态与环境权利的线性演进模式，而需要同步推进、综合实现所有方面的城市权利，如何处理好城市权利的阶段性和共时性，是当前我国城市权利建构中需要给予科学应对的重大现实问题 [9]。十八大以来提出的以人为中心的新型城镇化战略，标志着保障和维护所有居民的城市权利已成为政策界和城乡规划界不可回避的问题。如何从战略和规划的层面就着手考虑居民城市权利的保障问题，而不是依赖于末端治理，是城乡规划界必须亟需探索的问题。

4.4　城市社区保护运动

随着传统单位制体系解体的完成，居民私有权利和公共权利意识的增强，2000 年代中期以来城市发展中的社区意识和社区保护行动不断显性化 [11]。例如近年来启东、厦门、茂名、昆明、杭州等地都发生了大规模的、旨在保护"家园环境"和私人物业价值的环境保护运动（又称为邻避效应）。在乌坎发生了反对基层政府和开发商联合征地拆迁，同时要求改组乡村治理，推进乡村民主的著名"乌坎事件"。南京爆发了延续近 5 年的老城南保卫战，此外，天津五大道、广州的恩宁街社区也都发生旨在保护历史街区的"社区保护运动"。过去的城市治理中充满了"维稳"思想，习惯性地将利益多元化社会中正常的利益表达视为影响社会经济稳定大局的反面因素，进而采取压制或遏制的方式来应对，导致"官民对立"、"恶性对抗"事件的频繁发生。然而我们需要理性的反思：一方面，应看到"社区保护运动"并不是反社会，而是反对有"破坏性"的增长，以及"不正义"的增长，对于城市的发展与社会进步均具有正面积极的意义；另一方面，西方的理论和实践均指出，积极的社区保护是城市摆脱"新自由主义"的思想牢笼和政治经济操控，走向生态、社会、文化与城市精神可持续发展的关键作用力量，也是促进单一增长观向多元发展观进化的关键动力 [11]。这一积极正面力量在中国城市发展中的发挥，需要当局者采取一种开明的心态和积极对话的应对策略。

这种超越传统的经济利益诉求为主导的社区保护运动，正在重塑城镇化的政治环境，原来增长联盟强势主导的社会政治环境正逐渐被多元化的环境所取代，中国城市政治模式将逐渐由近似"增长机器"模型转向多种议题共存、相互制衡的"城市政体"模型。这将极大地重塑城镇化战略、政策以及规划编制与实施的社会与政治环境，未来的城镇化规划不能仅仅关注于增长、空间扩张等城市经济议题，还需要广泛的照顾社会、环境、文化等议题，以及适应多元化的利益与意见团队实质性地介入政策与规划制定过程的新工作机制。城乡规划业界也必须正视正在兴起的"社区保护"力量，须看到这一股新兴力量是中国城市规划制度与实践转型的重要推力。在一个利益多元化且具有开明治理策略的城市社会中，城市规划师不仅要善于同政府机构、商界组织沟通，呼应"增长"的需求，满足城市经济增长的需要；而且城市规划师也需要同居民、NGO、社会人士等进行广泛沟通，倾听各种来自各类社区和团体的"多元化"的声音，须知这是使我们的城市规划方案更具理性、更具公平正义价值的唯一途径。诚然，对于规划从业者的最大挑战可能来自于如何协调"发展"和"反增长"这一对矛盾的需求，出路可能不在于能否最终满足所有人的需求，而是在于满足多数人的利益的同时，能做好积极沟通的角色，保证规划决策能为少数异见者所信服并成为人们共同遵守的社会契约。

5　城镇化理论与规划实践之关系的再讨论

城镇化理论是对于一定国家和地区城镇化历史经验的总结，以及人们基于特定价值观、目的论改造城镇化的一系列理论、概念和模式的提炼，总之它是客观经验和主观理念的融合，是指导城乡规划工作开展的重要依据。19世纪的全球化以来，人类的社会历史进程确实在历时性与共时性的交织中呈现出一定的趋同态势，这为城镇化理论的国际转移提供了重要的科学基础。先发地区城镇化经验，为后发地区应对特定的城镇化问题提供预警、政策借鉴和方法启示，能够使后发地区享有所谓的"后发优势"。然而，城镇化理论绝非普世理论或价值，其产生绝非源自客观、真空的实验室环境，而是在一定的制度、经济、社会和文化土壤和时空背景下，基于部分国家或地区经验所创制的。因此城镇化理论绝非铁律，而只是大量经验的归纳，这就需要我们在城乡规划工作中批判性地对待既有的城镇化理论。

中国史无前例的大规模快速城镇化是在不同的规模尺度、制度文化背景以及时空环境下展开的历史性进程，中国城镇化不是西方城镇化进程的复制，而是相似的历史过程与现实新过程广泛交织的"压缩城镇化"。基于压缩城镇化的本质，我们既要认识到中国城镇化是从属于绵延数百年的世界城镇化进程中的一员，先发国家的城镇化经验具有一定借鉴意义；又要认识到中国城镇化的独立性，绝不是西方经验的简单重复，也不是西方经验与中国新问题的简单相加，中国城镇化面临的矛盾与挑战要远远超越西方的历史经验。这就需要学界和业界对于所谓"经典的"或"先进的"城镇化理论或模式时刻保持一种批判性精神——抛弃简单机械的城镇化理论认识，辩证地认识不同时期、不同地域城镇化的过程、挑战与问题，自觉抵制神化和照搬先发地区的城镇化经验理论和概念模式（包括国外和国内先发地区经验），克服思想惰性、探索域外经验与地区问题相结合的规划实践策略，这才是对待理论与实践之关系的理性方式。本文所列中国新型城镇化亟需探索的四大重大课题，它们是过去长期未得到重视的历史问题和一系列新问题的交织，其应对难度远远超过从数量上推进城镇化，然而时至今日，我国规划界和政策界对这些课题无法继续采取回避和忽视态度，而是需要正视挑战，自觉地根植地区问题、批判性对待域外经验理论、探索各地多样化实践的应对之策。

参考文献

[1] 焦秀琦.世界城市化发展的 S 型曲线 [J]. 城市规划，1987，2：34-38.

[2] 周一星.城市地理学 [M]. 北京：商务印书馆，1995.

[3] Martinez-Fernandez C，Audirac I，Fol S，et al. Shrinking cities：urban challenges of globalization.[J]. International Journal of Urban and Regional Research，2012，36（2）：213-225.

[4] （美）丹尼尔·贝尔.后工业社会的来临 [M]. 北京：商务印书馆，1984.

[5] Wilkinson，T，O. The Urbanization of Japanese Labor，1868-1955. University of Massachusetts Press，1965.

[6] 张京祥，陈浩.中国的"压缩"城市化环境与规划应对 [J]. 城市规划学刊，2010（6）：10-21.

[7] 张京祥，赵丹，陈浩.增长主义的终结与中国城市规划的转型 [J]. 城市规划，2013（1）：45-50.

[8] 王兴平.以家庭为基本单元的耦合式城镇化：新型城镇化研究的新视角 [J]. 现代城市研究，2014（12）：88-93.

[9] 陈忠.城市权利：全球视野与中国问题——基于城市哲学与城市批评史的研究视角 [J]. 中国社会科学，2014（1）：85-106.

[10] 魏立华,丛艳国,魏成.城市权利、政府责任与城市人居环境建设的新思路 [J]. 城市规划,2015,39(3):9-14.

[11] 陈浩，张京祥，林存松.城市空间开发中的"反增长政治"研究——基于南京"老城南事件"的实证 [J]. 城市规划，2015，V.39；No.334（4）：19-26.

吕传廷

LV CHUAN TING

中国城市规划学会控制性详细规划学术委员会主任委员
学术工作委员会委员
城市总体规划学术委员会委员
规划历史与理论学术委员会委员
广州城市规划编制研究中心主任

与国家治理中供给侧改革结合的法定规划研究

摘　要：本文结合党中央提出的"国家治理"的执政理念，从治理主体、治理过程和治理目的上，强调规划法治化对于推进国家治理体系现代化的重要作用。全面贯彻依法治国方针，依法规划、建设、管理城市，促进城市治理体系和治理能力现代化。另一方面，分析法定规划的供给侧结构性改革策略，以去产能、去杠杆、降成本对应产业升级，以去库存主要对应人口市民化，补短板主要对应城市修补和生态修复。强调城镇化、区域发展、生态环境、改善民生、资源配置与城市规划密切有关。通过规划的供给侧结构性改革，使市民需求与城市供给达到一个新的平衡。

关键词：国家治理，治理能力现代化，供给侧改革，法定规划

1　概念和理论

1.1　国家治理

国家治理是通过系统化的顶层设计和制度安排，不断动态调整"政府—市场—公民社会"三者利益关系的国家管理过程。[1] 国家治理是一种理念，其特征包括治理主体多元化、治理结构由科层制转向网络化、治理制度的法治化、治理技术的现代化。[2]

国家治理体系是规范社会权力运行和维护公共秩序的一系列制度和程序，用来规范行政行为、市场行为和社会行为。治理能力则是国家行政系统对于制度的执行和贯彻能力。

当前，国家治理改革的重点内容，包括生态平衡、社会公正、

---

[1] 引自刘扬. 国家治理的逻辑模式与实现路径：基于财政的视角 [J]. 发展研究，2014（4）：23–27.

[2] 引自薛澜，李宇环. 走向国家治理现代化的政府职能转变：系统思维与改革取向 [J]. 政治学研究，2014（05）：61–70.

公共服务、社会和谐、官员廉洁、政府创新、党内民主和基层民主。❶

1.1.1　治理

"治理"一词是 1989 年世界银行在概括当时非洲出现的危机时首次使用的。"治理"理念的提出，是在全球化的大的背景下，传统的"统治"、"管理"已经不能够适应时代的发展要求，需要政府转变自己的理念，创新对社会进行管理的方式。从治理的内容上看，治理有国家治理、公司治理、社会治理、全球治理等，关于治理的概念，联合国全球治理委员会在 1995 年发表的《我们的全球伙伴关系》中指出，"各种公共的或私人的个人和机构管理其共同事务的诸多方法的总和，是使相互冲突或不同利益加以调和，并采取联合行动的持续过程。"但是，西方提出的"治理"大多都是针对全球问题以及发展中国家问题的，并没有提出"国家治理"的概念，相反，他们试图通过治理主体的多元化限制国家的作用。所以说，在西方国家的"治理逻辑"中，构建公民社会、减少国家干预就成了实现"治理"目标的重要手段。

1.1.2　国家治理及国家治理体系

和西方提出"治理"的逻辑不同，中国学术界从 1990 年代就开始关注"治理"问题。但是，中国共产党提出的"国家治理"的概念，更多的是针对改革开放以来中国在取得巨大成就的同时所暴露的问题所提出的：从治理主体上，强调市场、社会多种治理主体的重要性；从治理过程上，强调政府和其他主体之间的有效互动；从治理目的上看，国家治理的最终目的是为了实现"善治"。所谓"善治"，其本质特征在于它是政府与公民对于公共生活的合作管理，是政治国家与公民社会的新兴互动关系，互动的目的在于实现公共利益的最大化，而不仅仅强调对于公共秩序的维护。

2013 年 11 月 12 日，十八届三中全会审议通过《中共中央关于全面深化改革若干重大问题的决定》，首次明确提出了"国家治理体系和治理能力现代化"的概念。习近平总书记在"切实把思想统一到党的十八届三中全会精神上来"一文中对这个概念进行过详细论述："国家治理体系和治理能力是一个国家制度和制度执行能力的集中体现。国家治理体系是在党领导下管理国家的制度体系，包括经济、政治、文化、社会、生态文明和党的建设等各领域体制机制、法律法规安排，也就是一整套紧密相连、相互协调的国家制度；国家治理能力则是运用国家制度管理社会各方面事务的能力，包括改革发展稳定、内政外交国防、治党治国治军等各个方面。"治理体系是治理能力现代化的前提和基础，治理能力是治理体系现代化的目的和结果，两者相辅相成、内在统一。

---

❶ 引自俞可平.衡量国家治理体系现代化的基本标准 [N].南京日报，2013–12–10（A7）.

对于国家治理体系的概念，学术界存在两种不同的阐述视角：一是从制度论角度将其描述为一种国家制度体系，如俞可平认为，国家治理体系是规范社会权力运行和维护公共秩序的一系列制度和程序，包括规范行政行为、市场行为和社会行为的一系列制度和程序，也就是说，国家治理体系是一个包括行政体制、经济体制和社会体制等三个方面的制度体系❶。江必新将其解释为党领导人民管理国家的制度体系，包括经济、政治、文化、社会、生态文明和党的建设等各领域的体制、机制和法律法规安排，也就是一整套紧密相连、相互协调的国家制度❷。韩振峰认为，国家治理体系是指党领导人民治理国家的制度体系，包括根本政治制度、基本政治制度、基本经济制度、中国特色社会主义法律体系，以及经济、政治、文化、社会、生态文明建设和党的建设等各领域的体制机制、这是一整套相互衔接、相互联系的制度体系❸。

二是从系统论角度将其界定为由众多结构要素所构成的完整系统。如张燕玲认为国家治理体系主要包含经济治理、政治治理、文化治理、社会治理、生态治理和党的建设六大体系，且这六个体系不是孤立存在或各自为政的，而是有机统一、相互协调、整体联动的运行系统。其中，经济治理体系中的市场治理、政治治理体系中的政府治理和社会治理体系中的社会治理，是国家治理体系中三个最核心要素❹；许耀桐认为"国家治理体系是由政治权力系统、社会组织系统、市场经济系统、宪法法律系统、思想文化系统等系统构成的一个有机整体"❺；陶希东认为具有中国特色的国家治理体系，应该包括五大基本内容，即治理结构体系、治理功能体系、治理制度体系、治理方法体系和治理运行体系，其中国家治理结构体系应该包括"党、政、企、社、民、媒"六位一体；治理制度体系包括法制、激励、协作三大基本制度；治理方法体系包括法律、行政、经济、道德、教育、协商六大方法等等❻。

可以看出，学术界对国家治理体系的基本结构的认识可以是多层次、全方位、多视角的，国家治理体系是一个系统，是一个有机整体，具备系统性、整体性、协同性，应该也可以囊括不同的构成要件。一般认为，国家治理体系是党领导人民管理国家的一整套制度体系，包括了经济、政治、文化、社会、生态文明建设和党的建设等各领域体制机制、法律法规的安排。从内容上看，国家治理体系的

❶ 引自俞可平．衡量国家治理体系现代化的基本标准 [N]．南京日报，2013–12–10（A7）．
❷ 引自江必新．国家治理现代化基本问题研究 [J]．中南大学学报（社会科学版）.2014（3）：139.
❸ 引自韩振峰．怎样理解国家治理体系和治理能力现代化 [N]．人民日报，2013–12–16.
❹ 引自张燕玲．如何准确理解国家治理体系和治理能力现代化 [N]．西安日报，2014–03–15（8）．
❺ 引自许耀桐，刘祺．当代中国国家治理体系分析 [J]．理论探索，2014（1）：10–14，19.
❻ 引自陶希东．国家治理体系应包括五大基本内容 [N]．学习时报，2013–12–30（6）．

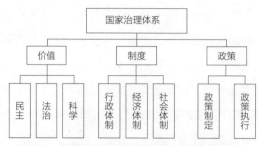

图 1　现代国家治理体系的基本结构（郑吉峰）

基本结构可以也应该采取横向的划分方法，即分为经济治理、政治治理、文化治理、社会治理和生态治理，并表征为这五个方面治理在体制机制方面的综合 ❶。

郑吉峰认为，国家治理体系包括理念、制度和行动三个层次。国家治理体系是一个由价值、制度与行动构成的一个橄榄形结构，其基本的层次表现为制度居于两者中间的核心位置，价值居于顶端，行动则位于底端。其中，价值包括民主、法治、科学三大基本价值理念，制度是国家治理体系的一个带有根本性与不可或缺性的内容，涵盖行政体制、经济体制、社会体制三部分，行动则细化为政策制定和政策执行。以价值形塑制度，以制度督导行动，以行动彰显价值，从而形成一个循环往复相互回应的闭合系统。

1.1.3　国家治理体系和治理能力现代化

关于国家治理体系现代化，俞可平和张燕玲认为有五个标准：一是规范化，无论政府治理、市场治理和社会治理，都应该有完善的制度安排和规范的公共秩序；二是法治化，任何主体的治理行为必须充分尊重法律的权威，不允许任何组织和个人有超越法律的权力，真正"把权力关进制度的笼子里"；三是民主化，即各项政策要从根本上体现人民的意志和人民的主体地位，各项制度安排都应当充分保障人民当家做主；四是效率化，国家治理体系应当有效维护社会稳定和社会秩序，有利于提高经济效益和行政效率；五是协调性，从中央到地方各个层级，从政府治理到社会治理，各种制度安排作为一个统一的整体相互协调，密不可分。在这五个目标中，能否实现法治化对于推进国家治理体系现代化是至关重要的。可见，国家治理体系的建设核心是政治、经济、社会、文化和生态文明建设的规范化、制度化和程序化。制度化是实现党和政府工作持续发展的根本保障。

国家治理能力是运用国家制度管理社会各方面事务的能力。关于治理能力现代化，主要包括三个方面的标准 ❷：首先，从治理主体角度讲，有效的治理，突出

---

❶　引自郑吉峰 . 国家治理体系的基本结构与层次 [J]. 重庆社会科学，2014（4）：18-25.
❷　引自张燕玲 . 如何准确理解国家治理体系和治理能力现代化 [N]. 西安日报，2014-03-15（8）.

强调社会公共事务的多方合作治理。过去我们的社会管理存在一个根本性的问题，就是管理主体的政府一家独揽，市场、社会、民众的力量比较薄弱，甚至缺席，这导致了社会治理的过度行政化，造成了社会资源配置效率的低下。通过改革，从政府与市场关系而言就是要回归市场本位，充分发挥市场在资源配置中的决定性作用，这是治理能力现代化的关键；从政府与社会关系而言就是要回归人民本位，让人民群众以主体身份参与到社会治理中去，实现自我治理，这是治理能力现代化的突破点。其次，从权力运行角度讲，有效的政府治理，必须合理定位政府职能。原来政府承担了其他主体的许多职能，现在要通过简政放权，放权于市场、放权于企业、放权于社会，明确政府与市场、政府与社会权力的边界范围。在此基础上，顺应经济社会发展的形势和要求，推动政府职能向创造良好发展环境、提供优质公共服务、维护社会公平正义转变。最后，从组织结构角度讲，有效的治理，必须以科学合理的政府组织结构为基础。重点是要优化政府职能配置、机构设置、工作流程，完善决策权、执行权、监督权既相互制约又相互协调的行政运行机制，用机制再造流程、简事减费、加强监督、提高效能。

1.1.4 国家治理体系和治理能力现代化背景下的城市规划

城市在国民经济社会运行中起到越来越重要的决定性作用，日益成为建设和提升国家治理能力的重要平台[1]。城市规划作为国家治理的一个重要工具，涉及生态平衡、社会公正、公共服务、社会和谐、政府创新和基层民主等国家治理的重要领域。

十八届三中全会提出，必须切实转变政府职能，深化行政体制改革，创新行政管理方式，增强政府公信力和执行力，建设法治政府和服务型政府。政府要加强发展战略、规划、政策、标准等制定和实施，加强市场活动监管，加强各类公共服务提供。2015 年 12 月，中央城市工作会议在北京举行，习近平总书记强调，要全面贯彻依法治国方针，依法规划、建设、治理城市，促进城市治理体系和治理能力现代化。2017 年 2 月 23 至 24 日，习近平总书记考察北京工作时强调，城市规划在城市发展中起着重要引领作用，要立足提高治理能力抓好城市规划建设。

城市规划是新时期治国理政的重要手段，是综合、全面、系统、协调配置各类资源的重要抓手，是中国现代化治理体系的四梁八柱之一。城市规划体制机制改革在转变政府职能、全面深化改革中扮演着重要角色。当前我国正处于全面建成小康社会、推进新型城镇化和城市转型发展的关键阶段，做好城市工作，事关

---

❶ 引自汪光焘. 关于供给侧结构性改革与新型城镇化 [J]. 城市规划学刊，2017（1）.

国家发展全局和城市发展质量。必须全面深入推进规划体制改革，努力工作，勇于创新，承担起在提高国家治理能力中的新任务、新使命❶。

城市规划是国家空间规划体系的基础和核心组成部分。习近平总书记多次强调城市规划的重要性，城市规划工作者要从国家治理体系建设，特别是空间治理现代化的角度重新认识城市规划的作用。"中央城市工作会议"专题《1978 年以来我国城市发展回顾与总结》中指出：完善空间治理是推动国家治理体系现代化的重要内容。党的十八届三中全会指出要"通过建立空间规划体系，划定生产、生活、生态空间开发管制界限，落实用途管制"。中央城镇化工作会议指出要"建立空间规划体系，推进规划体制改革，加快规划立法工作。"中央分别在《生态文明体制改革总体方案》《十八届五中全会公报》《中共中央关于制定国民经济和社会发展第十三个五年规划的建议》中对构建空间规划体系提出了总体要求。构建国家空间规划体系，城乡规划工作要顺势而为、锐意进取，通过全流程、全方位的改革，使城乡规划真正成为落实生态文明建设的基础保障、建设宜居城市的战略引领、推进治理体系和治理能力现代化的重要途径。

一个城市的治理能力首先体现在有没有规划能力。好的规划，既能够解决城市发展过程中积累的许多社会问题，也能够引领城市未来多年发展的平衡性和发展动力。

治理现代化本质来说就是物质空间更加秩序、规则更加明确的过程，怎么将城市这个物质空间做的更加好，适应人性。

从国家治理角度来讲，城市规划具有配置空间资源、维护空间秩序的社会权力，是国家配置空间资源（土地）的政策工具和重要平台（作用）。

从国家治理的制度安排角度来讲，法定规划具有维护空间秩序的社会权力，制订规则和底线，成为维护空间秩序的法律守护者，这主要体现了总规的功能。

从提升国家治理能力角度来看，法定规划更是土地为核心的城市空间产品的生产者、供应者。通过对各类空间需求进行调查、预判，制定一系列的发展目标、蓝图、政策与行动，实现以土地资源为核心要素的物质空间供给。"生产—再生产—扩大再生产"仍然是我国城市未来相当长时期的主要发展逻辑。这主要体现了控规的功能。

法定规划的守护者与生产者角色比重当前是二八开，长远来看，生产者的角色会弱化，但当前主要任务还是提供物质空间的供给。

---

❶ 引自住房和城乡建设部 . 中国城市规划学会召开贯彻落实习近平总书记视察北京重要讲话精神座谈会，2017.

1.2　供给侧相关经济学理论

1.2.1　需求与供给

需求是指有支付能力的需求，过去经济学界和政府在分析宏观经济问题、寻求解决方法的时候，重点放在需求侧，放在增加总需求的"三驾马车"——投资、消费、出口。当前，增加消费和出口的需求遇到很大的困难，投资回报的边际效率也递减。同时资源越来越紧缺，政府、企业、居民的负债表杠杆率越升越高。

供给是指生产者在某一时期某价格水平上愿意并且能够提供的商品或劳务。总供给由要素投入和全要素生产率共同提高，要素包括技术、劳动力、资本、土地、企业家才能、政府管理等要素。全要素生产率提高，由"三大发动机"决定：制度变革、结构优化（如工业化、城镇化、区域一体化）、要素升级（包括技术进步、知识增长、人力资本提升），其中制度变革是根源性的，制度变革就是改革，是提高全要素生产率的主要途径，结构优化和要素升级也依赖于制度变革❶。

1.2.2　"供给侧"经济学派

"供给侧"经济学派发展脉络：萨伊定律—凯恩斯主义—供给学派—凯恩斯主义复辟—供给管理，揭示了供给侧经济学沿传统经济学发展脉络应运而生的又一轮理性回归及回归中的"螺旋式上升"❷。

萨伊定律的核心观点是"供给自动创造需求"，重视供给、主张自由放任，认为"一种产品的生产会为其他产品开辟销路"，是新古典宏观经济学的思想基础。凯恩斯主义主张国家采用扩张性的经济政策，通过增加总需求促进经济增长，强调政府对经济的宏观调控作用与积极干预，突出了政府赤字支出对总需求的扩张作用。供给学派又称"里根经济学"，重新肯定"萨伊定律"的正确性和重要性，主张大幅度降低税率来对经济增长进行激励、减少政府对经济的干预、私有化。凯恩斯主义复辟，采取需求侧调节和供给侧调节双管齐下，虽然延续供给学派的减税主张，但又主要从需求侧调节来刺激宏观经济增长、减少财政赤字不断增长的困扰。

2008 年"次贷危机"引发金融海啸和全球金融危机后，美国政府对本国宏观经济进行了强有力的"供给管理"。注重运用供给管理的手段调节经济结构、化解经济危机、优化制度供给、谋求长期发展，而不限于货币总量调节或者需求侧调节（贾康）。基本做法包括税收减免；货币政策；发展新兴产业和高端制造业；对

---

❶ 引自吴敬琏，厉以宁等．供给侧改革引领"十三五" [M]．北京：中信出版社，2016．
❷ 引自贾康，苏京春．探析"供给侧"经济学派所经历的两轮"否定之否定"——对"供给侧"学派的评价、学理启示及立足于中国的研讨展望 [J]．财政研究，2014（8）：2-16．

图 2 "供给侧" 经济学派发展脉络

资料来源：作者自绘

特定制造业团队给予资金援助；推进金融、医保、移民领域改革；大规模的公共工程建设；优先安排教育、基础设施和创新支出。

可以认为，东西方对宏观经济的管理都在从需求侧转向供给侧，而供给侧结构性改革是根植于中国实践的"供给管理"。

1.2.3　供给侧结构性改革在中国

中国经济的主要问题不是周期性问题，而是结构性问题。体现在产业结构、区域结构、要素投入结构、排放结构、经济增长动力结构、收入分配结构等六个主要方面。❶ 习近平总书记在谈到中国经济新常态特点时特别强调中国经济面临三大结构调整，即经济结构、增长动力结构、增长方式结构。

吴敬琏提出当前中国供给侧的六大问题：一是供给体系总体上有外向型体征，现在外需减少了，产能过剩。二是过去主要是面向低收入群体的供给体系，没有及时跟上中等收入群体迅速扩大变化了的消费结构。三是过去供给体系仍适应排浪式消费，但满足多样化、个性化消费的能力比较差。四是有些产业的产能已经达到了物理的峰值，价格再怎么降产品也卖不出去，这就是难以消化的产能，该淘汰的产业。五是供给体系总体上是中低端产品过剩，高端产品供给不足。六是企业生产经营成本提高过快，有些方面成本不仅高于其他中等收入国家，甚至高于高收入国家，表现出未富先贵的现象。

2015 年 12 月 18 至 21 日，中央经济工作会议提出了供给侧结构性改革的发展方针，从顶层设计、政策措施直至重点任务，都做出了全链条部署。供给侧结构性改革是党中央"适应和引领经济发展新常态的重大创新，是适应国际金融危机发生后综合国力竞争新形势的主动选择，是适应我国经济发展新常态的必然要求"。是国家正确认识经济进入"新常态"发展形势后选择的国家治理药方，是集合经济、政治、社会、文化、生态五位一体全面深化改革的政策制度框架。围绕

❶ 引自百度百科。

去产能、去库存、去杠杆、降成本、补短板"五大重点任务"，提出供给侧改革的重点内容包括十个方面工作重点的转变：推动经济发展，要更加注重提高发展质量和效益；稳定经济增长，要更加注重供给侧结构性改革；实施宏观调控，要更加注重引导市场行为和社会心理预期；调整产业结构，要更加注重加减乘除并举；推进城镇化，要更加注重以人为核心；促进区域发展，要更加注重人口经济和资源环境空间均衡；保护生态环境，要更加注重促进形成绿色生产方式和消费方式；保障改善民生，要更加注重对特定人群特殊困难的精准帮扶；进行资源配置，要更加注重使市场在资源配置中起决定性作用；扩大对外开放，要更加注重推进高水平双向开放。

这一理论尚未形成系统的理论内容，强调在保持总需求适度的同时，侧重供给方面进行调整和改革。改革的任务从短期看主要针对的是生产质量和效率问题，而从长期看主要是解决如何推动持续经济增长，以满足人民日益增长的社会需求[1]。供给侧结构性改革是当前国家治理转型的重要阶段，是由温饱型向小康型过渡的关键阶段。只有完成结构调整，才能稳定地处于全面小康阶段，这也是向更高的富裕阶段迈进的坚实基础。要消弭过去发展中累积的问题，更要提高国家竞争力，为未来中国走向世界提供城市治理示范。

习近平总书记强调，供给侧结构性改革的根本目的是提高社会生产力水平，落实好以人民为中心的发展思想。在适度扩大总需求的同时，去产能、去库存、去杠杆、降成本、补短板，从生产领域加强优质供给，减少无效供给，扩大有效供给，提高供给结构适应性和灵活性，提高全要素生产率，使供给体系更好适应需求结构变化[2]。2016 年是供给侧结构性改革启动之年，2017 则是攻坚之年。

供给侧改革关键在于明确政府的权力边界，发挥市场决定性作用。

供给侧结构性改革，不是实行需求紧缩，供给和需求两手都得抓，但主次要分明，当前要把改善供给结构作为主攻方向；不是搞新的"计划经济"，而是为了更好发挥市场在资源配置中的决定性作用，明确政府的权力边界，实现由低水平供需平衡向高水平供需平衡跃升。

过去正是由于市场机制的作用发挥得不够，政府干预过多，导致市场不能及时出清，引发各种结构性矛盾。大规模的投资、盲目扩建新城区、强化行政对资源配置的干预等事情不能再干了，而有利于引导社会心理、化解产能过剩、提升技术水

---

[1] 引自陈宗胜，南开大学教授、中国财富经济研究院名誉院长、中国特色协同创新中心特聘研究员．四个方面深入解析　供给侧改革与供给学派区别 [N]．天津日报，2017-02-13.
[2] 引自习近平总书记在 2016 年 1 月中央财经领导小组第十二次会议上的讲话．

平、加快人口城镇化、促进要素自由流动的事情要使劲地干、创造性地干❶。

在经济领域，供给侧结构性改革是为了解决我国经济发展中的结构性问题，转变经济发展方式、调整经济结构、加快培育新的增长动力而提出的。"要让企业去创造有效供给和开拓消费市场"❷。

在政治与制度领域，"当前最重要的是明确政府的权力边界，在行政干预上多做'减法'，把'放手'当作最大的'抓手'。同时，政府要切实履行宏观调控、市场监管、公共服务、社会管理、保护环境等基本职责"❸。技术、劳动力、资本、土地等供给侧的要素投入与全要素生产率提高，既体现在单一企业的尺度上，也体现在城市的尺度上。单一企业主要由市场发挥决定性作用，城市则是由城市规划来发挥引领作用，有效整合供给侧的各类要素（以前的规划主要是整合土地和资本），通过城镇化和区域一体化带动结构优化，推动制度变革（土地制度、生态制度、财税制度、产权制度、行政管理制度等）。

供给侧结构性改革的政策范畴，主要是人口、土地、资本、技术、制度、配套等方面，也都是城市发展的要素❹。当前供给侧结构性改革的重点反映到城市规划关注的几个领域，去产能、去杠杆、降成本主要对应产业升级，去库存主要对应人口市民化，补短板主要对应城市修补和生态修复。十个"更加注重"的五个：城镇化、区域发展、生态环境、改善民生、资源配置也都与城市规划有关。可以说，规划的供给侧改革也是为全面的供给侧结构性改革服务的。通过规划的供给侧结构性改革，使市民需求与城市供给达到一个新的平衡。

2　当前城市规划的供给

城市规划是以土地资源为核心要素提供物质空间供给，满足人民不断增长的物质和文化需求。

城市规划是对各类空间需求进行预判，制定一系列的法定规划与政策，以土地资源为核心要素提供空间供给的一系列行为和过程。

---

❶ 引自七问供给侧结构性改革——权威人士谈当前经济怎么看怎么干 [N]. 人民日报，2016-01-04[02].

❷ 引自七问供给侧结构性改革——权威人士谈当前经济怎么看怎么干 [N]. 人民日报，2016-01-04[02].

❸ 引自七问供给侧结构性改革——权威人士谈当前经济怎么看怎么干 [N]. 人民日报，2016-01-04[02].

❹ 引自汪光焘 . 关于供给侧结构性改革与新型城镇化 [J]. 城市规划学刊，2017（1）.

2.1 国家治理与规划供给的发展阶段

从国家治理的角度划分，1949 年以来可以分为三个阶段，规划的供给同制度环境的变迁紧密关联，是在不断满足人民日益增长的物质和文化需求中建立起来的。不同时期的国家治理目标、法定规划体系、需求特征、供给要求和供需矛盾详见表 1。

国家治理视角下的法定规划发展历程与供需分析（作者自制）   表 1

国家治理阶段划分	国家治理模式	法定规划体系	需求特征	供给要求	供需矛盾
1949-1977（计划经济阶段）	政治巩固与秩序恢复	总体规划 + 修建性详细规划	国家经济恢复发展需求 社会和平稳定发展需求 人民温饱问题解决需求	保证国家重大项目落地 满足国有企事业单位发展 以单位为主体的资源配给	经济发展与人民生活水平改善的矛盾
1978-2001（经济导向阶段）	以经济发展为核心	总体规划—（分区规划）—控制性详细规划—修建性详细规划	工业规模扩张需求 城市规模扩张需求 城市居民住房需求 汽车交通出行需求	城市工业园区规划 新城（新区）建设 快速化联系通道 大规模的土地供应 全覆盖的公共服务设施	日益增长的用地需求与用地规模紧缺的矛盾 经济发展需求与生态环境保护的矛盾 城市快速发展与特色缺失的矛盾
2002 至今（服务导向阶段）	服务型政府	总体规划—控制性详细规划—修建性详细规划	经济效益提高需求 外来人口融入需求 环境保护需求 文化传承需求 互联网产业发展需求 人本理念回归需求	优质的土地供应 选择性的产业发展 高质量的公共服务设施 精细化的功能安排 自我更新与修复的以人类活动为尺度的城市空间 传承文化与历史的精神场所 适应虚拟网络发展的空间布局	粗放发展路径与发展结构改革的矛盾 多样化发展需求与高效率行政管理的矛盾 人的尺度与车的尺度的矛盾 标准化工业生产与个性化文化要求的矛盾 传统城市空间更新改造与未来功能嵌入的矛盾

具体到改革开放以来，控规在空间供给的过程中发挥了基础性的核心作用，是土地供给的直接工具。1990 年代由计划经济向市场经济转轨，产生了土地招商，在 1986 年开展了第一批控制性详细规划的探索，奠定了控规为经济服务、为招商服务、为土地出让服务的一个法律政策基础。到了 2002 年，施行全面的土地出让，控规作为土地出让的法定依据也以国家法律形式明确下来。十八大之后，由于经济、

社会各方面在我们国家快速发展中产生的各种累积矛盾、不均衡，国家治理现代化成为新的时代要求，城市规划也面临自身的供给侧结构性改革。

2.2　两种需求

法定规划的供给需要满足两种需求，第一种是个体人的需求，第二种是整个国家民族的需求，个体人的需求和国家的需求部分不一致。现实是规划供给并没有兼顾人的需求和国家（政府）的需求。

2.2.1　个体需求

需求层次理论是人本主义科学的理论之一，由美国心理学家亚伯拉罕·马斯洛在 1943 年在《人类激励理论》论文中所提出。书中将人类需求像阶梯一样

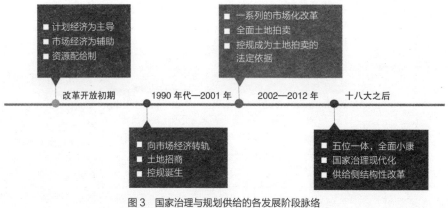

图 3　国家治理与规划供给的各发展阶段脉络

资料来源：作者自绘

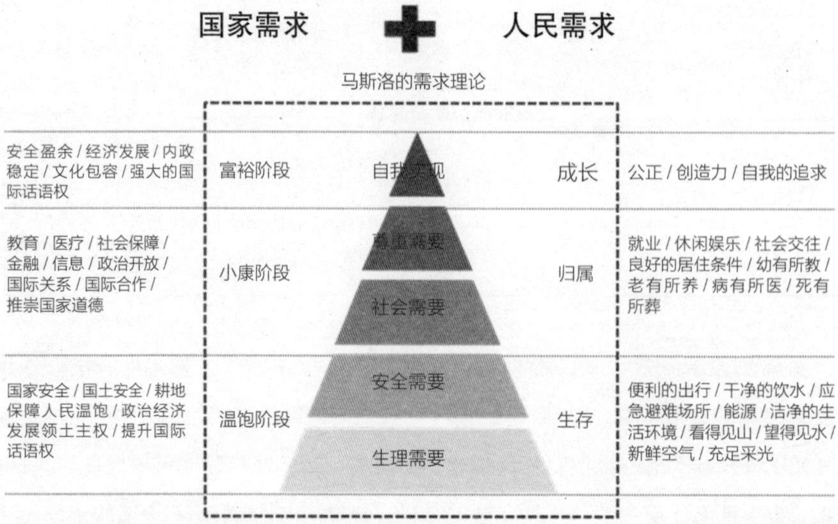

图 4　规划供给与人民需求、国家需求的关系

资料来源：吕乃基《国家的需求层次与国际关系》、苏平《国家行为的需求层次分析》

从低到高按层次分为五种，分别是：生理需求、安全需求（作为自然人的需求）、社交需求、尊重需求（作为社会人的需求）和自我实现需求（更高层次的自我超越）。

生存阶段对应的是生理和安全的需要，包括安全的食物、饮用水、干净的空气、光照条件、基本的居住条件、"看得见山，望得见水"等。不分原始人、现代人，这些需求都是需要首先满足的。

归属阶段对应的是社交和尊重的需要，包括就业、休闲娱乐、购物、良好的居住条件、便利的出行。人不只是生产工具、生产资料，马克思在《资本论》上批判了人的异化，当前许多社会问题的根源，在于忽略了人的社交、尊重的需要。

成长阶段对应的是自我实现的需要，包括公正、创造力、自我的追求。

收入的高低，决定了个人需求的实现程度。规划应该兼顾高中低收入层次的人群，高收入层次的人群有能力通过市场供给实现自身需求，因此规划和政府供给可能需要更多关注低收入层次人群。

规划供给不仅仅是指土地资源的量的供应，而是以民为本、以宜居建设为核心，搞清个人的需求结构、需求空间分布，通过法定规划供给变革引导建设供需分配平衡的城市空间。

2.2.2　国家需求

个体需求之外，还有代表群体的国家需求。国家在温饱阶段的需求是国家安全、人民温饱、领土主权等。在小康阶段的需求是教育、医疗、社会保障、国际合作等。在富裕阶段的需求是安全盈余、内政稳定、文化包容、强大的国际话语权、民族复兴等。

中华人民共和国成立以来，我国是以满足国家需求为优先，追求以 GDP 为代表的国家强盛、国家安全。改革开放以来走的是基于外部的发展道路，这条道路借助跨国资本，牺牲社会或环境方面的利益以满足短期经济利益，地方政府提供低工资标准、顺从的劳力、灵活与积极响应的政府服务、税务减免、无代价的土地及各种公共补贴，但以外部资本促发的出口并不能导致可持续发展❶。以经济效益为唯一追求目标的发展战略，即 GDP 主义下的治理，是改革开放最后这十年出现偏差的很大问题，是产生特大城市病的根源。

十八大之后，国家治理从 GDP 主义转到经济建设、政治建设、文化建设、社会建设、生态文明建设"五位一体"统筹兼顾，平衡人与人、人与自然。"五位一体"总体布局，是中国共产党对"实现什么样的发展、怎样发展"这一重大战略

---

❶　引自 John Friedmann. 规划全球城市：内生式发展模式 [J]. 城市规划汇刊，2004（4）：3-7, 95.

问题的科学回答，最高层次回答了政府的需求。

《中共中央关于制定国民经济和社会发展第十三个五年规划的建议》进一步阐明了党和国家的战略意图，明确了发展的指导思想、基本原则、目标要求、基本理念、重大举措，要求牢固树立创新、协调、绿色、开放、共享的发展理念。

党中央提出在建党百年时全面建成小康社会，"努力使全体人民学有所教、劳有所得、病有所医、老有所养、住有所居"。在建国百年时建成富强、民主、文明、和谐的社会主义现代化国家，做到"学有优教、劳有多得、病有良医、老有乐养、住有宜居"。

中国要实现国家治理体系和治理能力现代化，提升在全球治理体系里的地位和作用，需要向世界输出过剩产能和服务能力。同时需要转向内生式发展，需要保护或提升区域内创造财富的资源复合体的质量，鼓励创新思想和实践 ❶。西方和美国因为没有有效的消化前一波全球化所产生的内部问题，在今天也转向了内生式发展。

2.3　规划供给的四种产品与链条

2.3.1　四种产品

城市规划（法定规划）主要供给四类产品：生态环境产品、公共市政基础设施产品、公共服务设施产品和市场化供给产品。每类产品的供给，都有要遵循的规则或者规范。城市总体规划解决产品布局与数量问题，控规解决产品落地问题。供给的顺序，依次是保障底线，然后是两类公共产品，最后是统筹市场化开发的产品。空间资源供给的优先秩序和比例结构，是城市规划供给的核心关注点。

第一类，生态环境产品。包括森林绿地（生态绿核／区域绿地／生态廊道／组团隔离带／公园绿地）、农田耕地、清洁安全的水体（饮用水源保护区）、干净的空气（环境空气功能区）、光照条件等。这一类产品，主要是遵循自然规律、遵从自然资源的现实分布，划出禁建区、限建区、生态控制线等，比如广州总规的禁建区划定在北部，因为生态用地主要在北部。

第二类，公共市政基础设施产品。包括道路公路、轨道交通（国铁／城际轨道／城市轨道）、客货运枢纽（机场／港口／站场）、公共交通、给水排水、垃圾处理、电力、电信、燃气、综合防灾（消防／地震／火灾／防洪排涝／人防／避难场所／地下空间）等。这一类产品的供给，需要靠近需求中心。像电厂、气源站可以设置在城市外围交通便利地方，但变电站、调压站还是需要靠近负荷中心。线性设施链接末端需求点，

❶　引自 John Friedmann. 规划全球城市：内生式发展模式 [J]. 城市规划汇刊，2004（4）：3-7，95.

形成专门网络。

第三类，公共服务设施产品。包括保障性住房、公办养老、文化（含历史文化保护）、教育科研、医疗卫生、体育、殡葬、行政等。这一类产品的供给，是根据国家标准或地方标准、当地的人口分布与结构来确定具体的区位和数量。

第四类，市场化供给产品。包括商业、商务办公、休闲娱乐、高中低端多样化的居住、工业、研发、仓储物流、航运等。这一类产品的供给，是市场根据预期的租金回报来选择区位，遵循市场理性，而且提供了最多数的就业，但是市场对利润的追求可能会损害公共基础。如果允许开发商自由建房，可能工业商业地全是住宅，而且是高档住宅。

在四类产品中，政府具体供给前三类产品，追求公平、保障底线。市场具体供给第四类"市场化产品"，追求效益，市场理性即资本理性，但市场理性可能会损害其他三类产品的供给。Friedmann（1987）通过对市场理性（Market Rationality）和社会理性（Social Rationality）的划分，对市场经济体制中的规划进行了全面和整体的分析，认为公共领域的规划与市场理性理论无关，而主要对应于社会理性的概念。在资本主义社会中，绝大多数人的生计依赖于私人部门，因此私人部门的固有功能是这种社会所必需的。但是私人部门在市场理性的鼓动下，对利润生产的无限制追求却严重地损害了作为社会生活基础的人际互惠的联系。因此，在 Friedmann 看来，城市规划就应当"刺激和支持资本的利益，但必须阻止那些利益损害到公共生活的基础"。❶

空间资本化所带来的同质化、等级化、破碎化、过度消费等非人性特征，这些特征会通过空间关系、城市空间的使用以及隐藏在背后的资本的控制与支配、城市公共空间的商品化与殖民化表达出来 ❷。

市场追逐利润是天性。问题在于政府的 GDP 主义，过于放纵市场去供给，而忽视了人类的其他需求，忽视了政府自身在其他产品上的供给责任，而产生了一系列的城市病问题。中央的"五位一体"政治理论就是我们的规划原理，我们的规划原理就是搞统筹协调、统筹平衡发展的，不是搞单一最优，不是搞土地财政，而是要综合最优。

2.3.2 供给层次

城市规划的一般供给可以分为三个层次：第一层次供给的是地，即供给建设用地的总量、结构和布局，总规和控规是供给者；第二层次供给的是物，即供给建筑、

❶ 引自 Friedmann., J. 1988. Planning in the Public Domain：From Knowledge to Action. Princeton University Press. NJ.

❷ 引自尹稚.让城市进入人民时代！规划师的价值和规划行业转型.

设施、开敞空间（绿地／公园／广场），修详规和建筑工程是供给者；第三层次是非建设用地和未利用地，土规、各类保护性规划以及法规是主要供给者。法定规划的改革，就是前面管好地、后面管好物。

依据《中华人民共和国城乡规划法》："在城市、镇规划区内以划拨方式提供国有土地使用权的建设项目，由城市、县人民政府城乡规划主管部门依据控制性详细规划核定建设用地的位置、面积、允许建设的范围，核发建设用地规划许可证。在城市、镇规划区内以出让方式提供国有土地使用权的，城市、县人民政府城乡规划主管部门应当依据控制性详细规划，提出出让地块的位置、使用性质、开发强度等规划条件，作为国有土地使用权出让合同的组成部分。未确定规划条件的地块，不得出让国有土地使用权。"由此可见，控规是建设用地的主要供给者。

2.3.3　控规的供给链条

城市规划如果用生产链来解释，对照一般的生产链，控规的产品是具有规划属性的用地。从产品制造一直到投入市场，存在一个全链条，其生产链条可以分为五个环节。

（1）规划研究：是否生产、生产什么，相当于研发阶段。研发阶段是最初始环节，如果不能摸清需求，后面的供给就会缺少科学性。为什么要启动编制或者修改规划、规划的需求主体是什么、需求类型是什么，通过实施评估报告或必要性论证报告解答这些问题，然后通过程序决定是否启动生产，即启动法定规划的编制。

（2）规划编制：是生产产品的蓝图设计阶段，相当于设计阶段。需要设计师分享最佳做法和方案，需要各个领域专业知识的支撑和指导。

（3）规划审批：是决定将蓝图投入生产线，包括了政府决策（如规委会）和部门决策，是最关键的环节。需要按照科学决策内容和程序走，保证成果的科学性、法定化。

（4）土地出让和规划许可：是依据规划签订出让合同，核发用地选址、用地许可、工程许可，是销售环节。

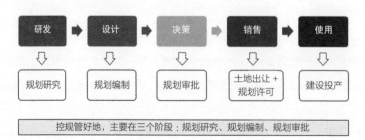

图 5　控规的供给链条五环节

资料来源：作者自绘

（5）建设投产：包括施工、安全、消防、验收、产权登记、以及使用中的管理（如加建电梯）等一系列工作。

规划研究、规划编制、规划审批这前三个环节，是控规管好地的关键。

控规的每一个图层都是供给，传统的控规供给是出设计条件进而指导卖地，因此只剩一张法定图则有用，文本、说明书、现状调查、发展分析作用不大，规划失去了配置公共资源、保证基本公共服务的本源作用。市场和社会是真正的需求方，而且是多样化、个性化、不断变动的。原来的规划供给是僵化的，技术体系还是以涂色块、给指标为主，然后去试错。供和需并不能达到一种动态的平衡。

2.4　规划供给的困境

2.4.1　供给的困境

控规的产品供给当前面临一些困境。首先面临的约束在于土地资源有限性、财政资源有限性、管理人员有限性。

第一，土地资源有限性。过去的 36 年，国家的耕地减少 3 亿亩，每年大体上 800 万亩耕地转化为国有建设用地。18 亿亩耕地红线是刚性约束，建设用地的供应会逐渐紧张起来[1]。另外，城市增长边界的划定，进一步加剧土地资源供给的紧张程度。日益增长的用地需求和有限土地资源供给的激烈矛盾、尖锐矛盾，是当前规划需求和改革需要攻克的关键难题。

第二，财政资源有限性。地方政府的税收是吃饭财政，要靠土地财政提供生态环境产品，公共市政基础设施产品，公共服务设施产品。但土地财政不可维系，全国平均土地拆迁补偿、安置及土地整理后的净收入约占毛收入的20%。地方政府的收入约 14 万亿，其中近 8 万亿与房地产有关，能替代房地产业的税基尚未普遍出现。地方债务沉重，PPP 和地方债置换也只是短期方案。基础设施投资所代表的超量供给，推动了经济快速增长，但这种供给缺少科学性。

第三，人力资源有限性。改革开放近 40 年来，全国城镇人口增长了 5 倍，城镇化率翻了 3 倍，城市建成区面积增加了 6 倍。城市政府管理所面临的复杂性超过以往任何时期，既要管底线、定规则，又要抓生产、维护规则，政府的人力资源有限，又缺少社会主体的配合。

在设计环节最主要的困境在于需求端盲区。

第四，需求端盲区。现状需求信息缺失，无法获得真实信息、信息陈旧、信息孤岛。无法掌握真实的需求结构，对国家需求的认识是清晰的，人民需求是缺

---

[1] 引自黄奇帆 . 关于建立房地产基础性制度和长效机制的若干思考，2017 年 5 月 .

失的；从群体来看，低收入阶层的需求未得到充分保障；中等收入群体迅速扩大，但中低端产品过剩、高端产品供给不足，产品类型单一，不能满足多样化的需求。消费升级，新科技、新经济推动下的产业业态、生活方式变化迅速，产品更新周期加快、多元化、个性化、品质要求提升，对需求变化缺少有效的中远期预测手段，原来的工作思路和方法手段已经应付不了。

需求端盲区情况下，设计单位盲目做概念、对标世界，出效果图，到规划实施的时候矛盾一大堆，需要调来调去。

另外，在机制上，我国不同层级的地方政府之间的关系往往通过主要官员的任免而密切联系在一起，由此产生了下级对上级的层层负责、中央政府对全民负责的政治逻辑。这种政治逻辑可能导致地方政府及其官员高度关注上层（上级政府及其官员）的需求和偏好，而无视辖区内公众偏好和民调。同时，这种政治逻辑是地方政府管理目标较大偏离公众利益、是地方政府部门和官员打着维护公共利益的"幌子"侵占公众权益和私人财产、是政府寻租、腐败长期存在而得不到遏制的根本原因之一。在城市规划中，尚缺少一个畅通的、规范化的利益表达的机制。在过去，城市规划对公共利益的提取主要来自地方官员的主观判断和规划师有限范围内的社会调查。在公众参与规划后，部分公众的利益诉求也成为公共利益信息收集的一个重要渠道。但基于官员的主观判断、规划师有限调查和部分公众的利益表达所获取的所谓的公共利益，可能与城市规划真正倡导的公共利益相差深远。

在决策环节，主要困境在于决策逻辑导致的供给不均衡。

第五，决策逻辑导致的供给不均衡。资源供给有限条件下，城市竞争和市场理性的决策逻辑是以 GDP、以利润为主导，因此营利性产品供给优先且倾向于过量供给、非营利性产品供给滞后且不足。另外，政府做规划是听市场的，在人民和政府之间缺少直达的通道。

在销售环节，主要是面对短周期压力。

第六，销售环节的短周期压力。规划编制完成并法定化后，地方政府要快速进行土地出让和规划许可，要尽快把产品销售出去，但是规划管理人员不足。且不同的产品涉及不同的行业和销售主体，缺少"一张蓝图"，多个规划相互打架，导致产品的销售不能很好地统筹协调，提供给需求端的不同产品之间经常打架，客户投诉不断。

2.4.2　供给的四个结构性不平衡

在规划产品的供给上，存在供给分量、类别、区位和次序的结构性不平衡。这种不平衡也是进行规划供给侧结构性改革的重点。

第一，供给分量。土地资源约束条件下供给总体不足，大城市紧缺，中小城市宽松。2017 年全国计划供应 600 万亩，其中 35% 是在农村的建设用地，剩余 400 万亩的用地分配，大城市的土地供应更紧张，中小城市的土地供应相对宽松 ❶。从全国用地供给来看，最近七八年，建设用地增加 70% 多，常住人口增加 50%，人口密度是降低的 ❷。此外，也存在一二线城市为获得较高的土地出让金，进行饥饿营销。其他中小城市则为抓住房地产市场的热潮，大规模供地。

第二，供给类别。市场化产品的部分闲置和有效需求错配，民生公共服务产品供给不足。以住宅用地的供应为例，从全国范围看，土地和住房供应基本能够满足人们对居住空间的需求，根据国家统计局数据，从 1996 年开始到 2015 年，竣工的住宅面积一共是 361 亿平方米，以 7.7 亿城镇人口计算，人均居住面积是 46.8m²，如计入流动人口，一共是 10.5 亿人，人均居住面积是 34.38m²，超出世界惯例的人居 30m² 宜居水平。根据中国家庭金融调查与研究中心的数据，2013 年全国城镇家庭住房空置率高达 22.4%，空置率代表了供给没有真正进入需求端。但又存在部分低收入群体的居住需求因无法支付市场化居住产品的价格而得不到满足，造成社会问题。此外，地方政府的税收是吃饭财政，要靠土地财政收入提供民生公共服务产品，造成公共服务类、公共设施类产品供给不足，生态环境类产品更是缺乏。

第三，供给区位。公共产品的供给集中在中心城区，市场化产品的供给集中在边缘区域。中心城区的改造成本高、时间长，因此无论大中小城市，追求效益和效率的市场化产品的供给都主要集中在边缘区域，造成城市摊大饼扩张的现象。公共产品本应该与市场化产品配合，但其少量的供给仍集中在中心城区。以广州市为例，其城市中心区域与边缘区域的基本医疗公共服务水平，不但没有随着城镇化水平的提高而更加均衡，其质量、数量和空间差异反而逐年上升 ❸。

第四，供给次序。市场理性逻辑优先，生态环境、地下基础设施供给滞后。市场理性逻辑下的规划供给与公共服务逻辑下的供给，存在挤出效应。GDP 主义主导之下，地方政府对能够带来 GDP 的企业优先供地，低价出让工业用地、商业办公用地。土地财政指导下，为实现土地价值的最大化，地方政府会高价出让居住用地。公共产品和服务的供给，缺少激励和外部监督力量，特别是生态环境、地下基础设施供给滞后。

---

❶ 引自黄奇帆 . 关于建立房地产基础性制度和长效机制的若干思考，2017 年 5 月 .
❷ 引自楼继伟 . 供给侧改革，2016.
❸ 引自叶林，吴少龙，贾德清 . 城市扩张中的公共服务均等化困境：基于广州市的实证分析 [J].
　 学术研究，2016（02）：68-74.

3 法定规划的供给侧结构性改革

在国家治理现代化的理念、供给侧结构性改革的思想、新马克思主义理论的指导下，面对上述链条环节上的困境和四个结构性不平衡，法定规划应该从工程学时代有所进步，其供给侧改革需要建立适应全面小康社会发展阶段的理性规划：新供需理论、方法和标准。

从宏观着眼，要回应中央提出的以人为核心，资源环境空间约束下的绿色生产方式和消费方式、改善民生、市场配置资源的决定性作用等核心关切，法定规划要定底线、定总量、定规则，这也是总规的主要作用。

从微观着手，主要是控规，要差别化地对以土地为核心的城市空间产品的类别、比例、区位、品质、次序等方面进行结构性调整，确立空间资源配给的优先秩序和比例结构，着重在公共产品的供给端补短板，在市场产品的供给端求平衡，在总量供给上紧约束。最终在微观层面满足对空间产品的需求。具体的做法有：

3.1 打通需求端与供给端的"盲区"，建立基本需求调查与市场预测制度

3.1.1 建立强制性的现状与未来需求调查的制度与程序

需求的研究可以向新加坡和我国香港地区学习，可以引入市场力量去做，去研究真实的人口结构和需求。

3.1.2 以"多规合一"的手段整合各类信息

以"多规合一"的手段，整合目前各部门分头编制的各类空间类规划和发展类规划，进而整合政府信息，消除信息孤岛，发挥政府信息的潜力，支撑科学、准确的政府决策，减少决策失误和盲目性，治理能力就渐渐提升了。

3.1.3 规划信息社会共享

要通过新的科技手段，共享社会信息，拓展大数据分析技术在规划领域的应用。

3.2 建立适应新需求水平和需求结构的分层级、多样化产品供给细分标准

当前规划的供给标准，是基于过去统计性质的经验指标。经过三十年快速发展，在全面小康社会，在出现需求分层的同时、出现了许多新需求，复杂问题的应对过于简单化，推崇功能明晰分区的规划理论、城市规划概念、单一的用地分类标准，已经不适应当前的需求现状，因此需要建立分层级的、多样化的产品供给标准。供给标准要适度超前于需求，并主动引导需求、管理需求。

每类公共产品都是由各个专业部门供给的，有自身的组织和运行逻辑，也都在通过随时出台各类政策与五年规划进行着改革。城市规划对各个专业专项的改

革认识不深、没有同步。以教育设施的供给为例，不但有遵循虚拟人口、虚拟服务半径的规划设计技术规范，也有教育部门的学区划分、生均面积、社会投资等政策在起作用。比如供电设施布点，也不是按照服务半径，要是根据电网接通性与需求载荷分布。城市规划的产品供给，也要动态匹配各专业部门所代表的真实需求，不能死守规划标准。

3.3　建立土地、财政、公共服务紧约束下的公共产品供给与生产生活需求相匹配的"增长管理模型"

发展速度过快、规模过大，超出城市承载力，容易导致一系列城市问题。当前土地、政府财政能力、公共服务能力紧约束的情况短时间不会改变，水、电、路都有极限容量，基础设施能力供给不足的时候，就要限制城市建设用地供应。有限资源和能力下的供给，需要建立公共产品供给与生产生活需求相匹配的"增长管理模型"，确立规划的科学理性内涵，逐渐的精准供应、资源配置合理化，保障各专业部门供给的公共产品的落地，解决类别、分量、区位、次序的结构性问题。

3.3.1　建立增长管理模型

首先在一个地块研究需求、研究新的规划供给、解决几个矛盾，然后累积各种不同类型的地块，用许多的简单答案集成一个工具包。交通的需求管理值得学习，道路供给不足时，就需要限制小汽车出行。模型的逻辑关系来自于各个专项，需要学习水利、电力等专门科学，作出量的预测、设施区位选择，各个专项汇总起来，构成对建设用地的总量、结构、区位、类别的具体判断。

3.3.2　存量规划是一个科学调整的动态过程

特大城市，已经进入了存量规划的时代。原有控规是适用于新区、土地出让为主导的规划。存量规划中的控规，频繁调整是必然的，问题在于调整过程是否科学合理，是否与生产生活需求相匹配。

3.4　改变设计决策逻辑，明晰政府在生态环境、公共服务、基础设施等公共产品供给中的主体责任和优先次序

规划设计决策的逻辑需要从市场理性走向新平衡，秉承明晰的社会主义价值观，平衡规划供给与需求，平衡市场化产品的供给与其他产品的供给，明晰政府在生态环境、公共服务设施、公共市政基础设施等三类产品主体责任和优先次序，统筹开发建设。同时规划要配合、落实国家在住房制度、土地财政制度方面的顶层设计。

城市规划第一位要关注和行动的是生态环境，生存是首要的问题。生态环境产品的供给已经刻不容缓，经过多年发展，生存反而变成第一位的问题，干净的水、洁净的空气、充足的阳光，规划需要重新检视、关注和行动。

其次是民生改善，落实以人为核心，包括居住、教育、医疗等公共服务产品。发展是为了民生，以人为核心，怎样才是宜居的生活环境，怎样满足多层次的需求结构，居住、教育、医疗这些公共服务产品需要统筹考虑、协调安排。回归日常生活，赋予空间以真实的生活意义，而不只是资产意义。

最后是基础设施的完善，补足城市发展的短板。市政基础设施，特别是地下基础设施，一直是城市的短板。中央城市工作会议开出了一系列清单，包括海绵城市、综合管廊、城市修补、城市品质提升等，这些工作需要在 2020 年基本完成。

3.5　建立人民的城市，多元主体参与空间秩序的建立、维护

政府决策的价值观会对规划产品研发设计产生根本性的影响。中国已经进入城市时代，城市是国家治理的主要平台，城市治理就是国家治理，需要将供给和治理有机结合起来，建立以人民为主体的供给治理体系，在制度建设上充分体现人民为主体，增强人民在空间生产、空间秩序维护中的参与度和责任感。空间秩序是在多元主体共同参与不断生产、使用过程中共同建立起来的，它的秩序维护也一定要多元，共同维护。

正如国家治理涉及政府、社会、市场三方力量一样，规划是泛政府行为，规划的供给不是政府一家的事情，不能简单地征求社会、市场的意见。规划供给的产品中很大部分是市场和社会负责的，政府供应其他的公共产品、生态环境产品。从政府作为单一主体的"一言堂"转向市场、社会、政府多方主体共同治理。在对人的需求的良好把握之下，多方主体共同编制形成法定规划，进而协同供给。

3.6　在治理结构上要分级、单元式管理

治理结构的分级管理，是指每一层级的空间，要和需求主体、治理主体挂钩。需求主体是市民、居民，治理主体是市、区、街道。

以社会人为核心的、基于行政区划的分级单元管理是反映真实需求、保障空间生产供给、维护空间秩序的恰当的治理结构。市、区、街道作为行政单元，以前是代表一级政府，只是作为功能主体，今后应代表不同层次的社会单元，作为治理主体，和市民、居民等需求主体关联起来。在政府和人民之间，以地区规划

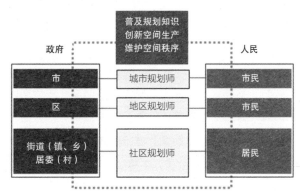

图 6　需求主体与治理主体基于行政区划的分级单元管理

资料来源：作者自绘

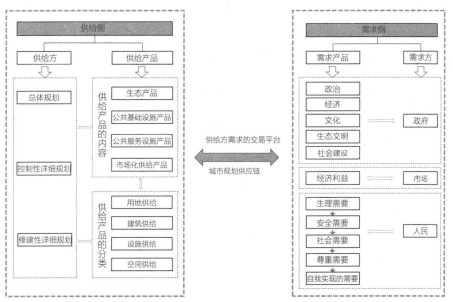

图 7　供给方需求交易平台与城市规划供应链的关系

资料来源：作者自绘

师和社区规划师为核心，建立柔性缓冲、多元参与的平台，作为供给端与需求端的枢纽，普及规划知识、维护空间秩序。这一平台要成为基础广泛、资源充足、向所有人开放的常设合作和协商平台，利用信息和通信技术，和可得的数据方案解决具体问题。地区规划师和社区规划师应该在规划编制阶段，就统筹考虑规划、建设、管理的各类主体，包括企业组织、社会组织、各级政府行政部门。

　　同时，城市规划师和地区规划师可以作为政府内部层级之间沟通的平台，确保上下级人民政府的政策目标保持一致。

4　小结

我国前三十年快速城市化过程中积累了许多城市病，现在城市规划要从物质工程领域进入社会科学领域，但不能抛弃城市规划的工程学基础。我们要以建筑工程学的东西来实践社会经济学的理论，落实国家治理、供给侧结构性改革。城市设计尚解决不了城市规划的根本问题，城市病还是靠城市规划自己去解决，治病的药方不仅仅是工程性的建筑学的药，还得要经济学、社会学的药。

从空间规划到公共政策和公共管理，这方面的工具、基本理论、工作安排还比较缺乏，这是我们要在法定规划里着重去增强的关键内容。控规的严肃性来自于技术上的科学性，要增加分析技术、模拟技术、评估技术，而不仅仅是形态设计。

供给侧结构性改革实质上是改革政府公共政策的供给方式，即改革公共政策的产生、输出、执行以及修正和调整方式。这是中国改革开放近四十年来最深刻的一次政府功能转变。城市规划是政府公共政策的一部分，其编制、法定化、实施以及修正和调整的改革也是供给侧结构性改革的一部分。法定规划的供给侧结构性改革的目标，是满足人民需求和国家需求，建立人民的城市。

参考文献

[1] 刘扬.国家治理的逻辑模式与实现路径:基于财政的视角[J].发展研究,2014(4):23-27.

[2] 薛澜,李宇环.走向国家治理现代化的政府职能转变:系统思维与改革取向[J].政治学研究,2014(05):61-70.

[3] 俞可平.衡量国家治理体系现代化的基本标准[N].南京日报,2013-12-10(A7).

[4] 江必新.国家治理现代化基本问题研究[J].中南大学学报(社会科学版).2014(3):139.

[5] 韩振峰.怎样理解国家治理体系和治理能力现代化[N].人民日报,2013-12-16.

[6] 张燕玲.如何准确理解国家治理体系和治理能力现代化[N].西安日报,2014-03-15(8).

[7] 许耀桐,刘祺.当代中国国家治理体系分析[J].理论探索,2014(1):10-14,19.

[8] 陶希东.国家治理体系应包括五大基本内容[N].学习时报,2013-12-30(6).

[9] 郑吉峰.国家治理体系的基本结构与层次.重庆社会科学,2014(4):18-25.

[10] 汪光焘.关于供给侧结构性改革与新型城镇化[J].城市规划学刊,2017(1).

[11] 住房和城乡建设部.中国城市规划学会召开贯彻落实习近平总书记视察北京重要讲话精神座谈会,2017.

[12] 吴敬琏,厉以宁等.供给侧改革引领"十三五"[M].北京:中信出版社,2016.

[13] 贾康,苏京春.探析"供给侧"经济学派所经历的两轮"否定之否定"——对"供给侧"学派的评价、学理启示及立足于中国的研讨展望[J].财政研究,2014(8):2-16.

[14] 百度百科.

[15] 陈宗胜,四个方面深入解析供给侧改革与供给学派区别[N].天津日报,2017-02-13.

[16] 习近平主席在2016年1月中央财经领导小组第十二次会议上的讲话.

[17] 七问供给侧结构性改革——权威人士谈当前经济怎么看怎么干[N].人民日报,2016-01-04[02].

[18] John Friedmann.规划全球城市:内生式发展模式[J].城市规划汇刊,2004(4):3-7,95.

[19] Friedmann. J. 1988. Planning in the Public Domain:From Knowledge to Action. Princeton University Press. NJ.

[20] 尹稚.让城市进入人民时代!规划师的价值和规划行业转型.

[21] 黄奇帆.关于建立房地产基础性制度和长效机制的若干思考,2017年5月.

[22] 楼继伟.供给侧改革,2016.

[23] 叶林,吴少龙,贾德清.城市扩张中的公共服务均等化困境:基于广州市的实证分析[J].学术研究,2016(02):68-74.

王富海

WANG FU HAI

中国城市规划学会常务理事
学术工作委员会副主任委员
城乡规划实施学术委员会委员
深圳市蕾奥规划设计咨询股份有限公司董事长
兼首席规划师

二八定律与理性规划

　　1897 年，意大利经济学家帕累托偶然发现 19 世纪英国大部分的财富总是流向了少数人的手中。此后，他对不同时期、不同国度的资料分析也呈现出同样的规律：社会上 20% 的人占有 80% 的社会财富，这就是"二八定律"[1]。

　　由于差异性和主次矛盾的存在是事物发展的普遍规律，二八定律逐渐成为各个领域不平衡现象的简称，而不论实际是否恰好为 20% 和 80% 的比例。就传媒业来讲，二八定律呈现如下现象：传媒业的产值 80% 来自技术设备业，只有 20% 来自内容产业（技术法则）；传媒内容业 20% 的产值在新闻，80% 的产值在娱乐（娱乐法则）；20% 的收入来自主业，80% 的收入来自相关商品开发（副业法则）；带来 80% 利润的是 20% 的客户（贵宾法则）；20% 的强势品牌，占有 80% 的市场份额（品牌法则）；在产品同质化的形势下，方便是产品被选中的决定性因素（市场法则）。这些法则，反映了投入和产出之间可能存在的不平衡关系，是决策和经营的重要依据 [1][2]。

　　二八定律揭示的事物发展的不平衡性是客观存在的，其核心是在任何一组分类中，最重要的只占其中一小部分，其余的尽管是多数，却是次要的，在判断和管理中要善于抓住关键的少数，永远不要平均地看待、分析和处理问题，这一点在城市发展上同样适用。历史文化名城名镇之所以吸引人，80% 普遍同质，20% 高潮迭起。大量的城市色彩案例研究表明，城市中面积最大的区域往往不是一个城市对外来者的重点印象区域，反而是那些功能、区位、环境比较特殊的小面积区域决定了人们对城市色彩的整体印象。因此，二八定律可作为城市色彩规划中的主要控制法则（韩冬）[3]。可见，城市规划行业也自觉不自觉地应用到了二八定律，甚至规划行业工作对象与工作方法的关键选择，也十分契合二八定律。但在关键的理论和制度设计上，现行规划却有违客观存在的不平衡性，需要进行理性认识和理性改进。

1　二八定律在城市规划中的既有应用

二八定律与我们熟知的辩证唯物论中有关主次矛盾的论述异曲同工，如何在多重矛盾中抓住主要矛盾？如何在复杂对象中选择关键的工作对象？如何将有限的能力和精力投放在最有效的环节？这些问题已经是日常工作中的常识。受常识的影响，面对极其复杂的工作对象，城市规划工作中的许多方式符合二八定律的特征。

1.1　城市规划工作对象的二八选择——城市空间

城市是多要素复合性有机体，从任何一个角度都可以解释城市并作出规划，多年前听周干峙先生将其喻为盲人摸象，让我感触至深。如今中国快速城市发展后建设效果欠佳，来自各个角度的指责喷涌而出，纷纷认为从他们的角度入手做规划可以拯救城市，甚至一位旅游规划教授号称其要开设"城市医院"！

城市规划作为主观行为，与作为客体的城市之间具有复杂的作用与反作用关系。场所与行为、发展与建设、整体与局部、综合与单项、时间与空间、理想与现实、必然与偶然，城市发展中的上述每一对关系都很难处理，如果把这些选项叠加起来，其复杂程度可称为一团乱麻。在复杂的关系中间，城市规划选择了工作的关键要素——空间，确立了工作的关键方向——塑造理想空间，而将具体影响城市发展但作用机制极为复杂的社会行为进行了弱化处理。这样的选择，客观上符合了二八定律。

尽管城市规划在技术上起源于建筑学，但作为一项独立的专业工作却发轫于工业革命后引发的城市问题。在 17 世纪的英国，面对严重的公共卫生问题，政府并没有将解决问题的方法局限在卫生领域，而是延伸到空间布局。通过空间关系的处理，所要解决的问题从末梢延伸到源头：分割住区以避免流行病传播——建立垃圾收集系统以减少其对人的伤害——生活用水避开污染河道——工厂与住区逐步分开——建立新的交通系统——加强住区生活配套——逐步建立工业 – 服务业 – 居住 – 交通 – 游憩 – 基础设施 – 农业等功能的健康布局关系，由此奠定了现代城市规划的理论和实践基础[4]。也可以说，城市规划以空间作为改善城市的主要对象，是理性而睿智的主观选择。

空间形态是社会行为的投射与切片。研究不同的城市形态切片，寻找出空间上的共同点，概括为城市功能布局的"合理"规律，并归纳出较为理想的形态，将其树立为城市发展的"理想"目标，这就是城市规划原理的基本来源。这种来自于城市空间现象统计分析并通过空间现象的改善来引导城市发展的方法，类似于刚刚兴起的"大数据"方法——放弃对因果和机制的内在分析，直接从数据现象的关联性入手判断现象的走向[5]。这一点，也符合二八定律，甚至走得更远。

当然，城市规划虽然抓住了从空间现象到空间规律这个关键的着手点，但并没有停留于此，而是一直积极探索城市发展的内在机制和规律，尤其在知识爆炸和技术革命的今天，各种研究层出不穷，理论认识不断提升。但城市内在机理的核心在于人类行为，而人类行为受政治、经济、文化、技术等多重影响，是最难以把握的。因此城市规划的诸多探索的价值还是回归到空间，丰富了规划师对于城市空间规律的认知，提高了规划工作从空间上引导城市发展的能力。

1.2 城市规划工作基础的二八选择——城市用地分类

城市规划工作的基础是对城市的认知，但如果以多角度对城市进行复杂化的认知，就难以抓住关键点，规划工作就可能陷入混乱，事无巨细，眉毛胡子一把抓，因小失大，甚至本末倒置。我们知道，城市的起源与发展有多种缘由，从群居需求到宗族秩序，从农具购买到产品交换，从战争防御到驱灾避害，从工业生产到交通运输，从农村统御到国家治理，从宗教信仰到教育培养，从封建割据到殖民掠夺，从帝国争霸到城邦民主。及至工业革命和交通革命后人类进入城市时代，民族革命、技术革命、管理革命、产业革命、知识革命、信息革命、智能革命，人类的行为能力加速突破，国家发展、全球化及国际城市网络、可持续发展等等空间话题层出不穷，城市发展的要素越来越多，城市认知越来越复杂。

许多人尝试过从经济运行、社会治理、生态环境、能量流动等各个角度认知城市的内在机理，并对城市发展进行预测甚至干预。最有力度的莫过于经济学家，从土地经济、基础设施投入、产业经济、住房与公共服务、交通成本、环境价值、市民的经济选择等各方面分析城市并提出政策建议，有理有据，言之凿凿[6]。现行的事关城市发展的许多政策都来自于经济学。但人的活动并非只有经济动因，文化传承并非沿着经济路径，城市空间如果只按照经济规律进行排布可能了无生趣。最近城市生态建设成为热门话题，涉及能源与资源消耗、海绵城市、大气治理等议题，提出以水定城、反向规划等生态优先的具体措施，甚至还有人提出用基本农田锁定城市扩展边界的办法，都具有积极意义，但若循此而为，必将顾此失彼，损害城市。

城市规划对城市内在机理的认知，选择了对城市进行功能分类作为主要路径。100年前，规划师们概括了城市的生产、居住、交通和游憩四大功能，其后逐步扩展为工业、商业服务、公共服务、居住、道路交通、仓储物流、基础设施、公园绿化等功能。这种认知虽然简单，但概括了城市的基本全貌，抓住了人的基本行为和城市运行的关键，依然遵循了二八定律。

城市规划有了认知城市的基本路径，还需要进一步选择简便操作的工具。在以城市空间为工作对象的前提下，规划师们又一次聪明地选择了空间的基本构成——土地，将城市功能投射到其所处的物质基础——土地之上，并给城市土地赋予了一个具有浓厚专业色彩的称呼——"用地"，表示用于城市建设、用于承载城市特定功能的土地，进而提出了城市规划工作中最为重要的基础性工具——城市用地分类。

城市用地分类由大类、中类和小类构成体系，中国现行规范为 8 大类、35 中类、42 小类。小类基本为单一功能用地，中类为主要功能及其基本支撑功能，大类则是地块的主导功能及其配套的相关功能。大类分成中类，中类再细分为小类，环环相套，层层深化，将复杂的城市功能清晰地投射到土地上。以用地分类为基础，规划理论与实践做了三件事：一是对用地功能之间的支撑与依存状况进行定性分析，二是对用地功能之间的配比进行定量研究，三是进一步将人的要素代入进来，研究出各分类用地的人均指标。这三件事，非常洗练地揭示了城市中主要功能—用地—人之间的逻辑、结构与配比关系。集中精力研究较少而关键的要素，以折射的方式映衬复杂的城市运行，二八定律在规划工作的基础环节就得到了良好的发挥。

对城市用地分类的工具理性是规划工作的基础，而对城市用地分类的应用，则是规划工作的核心手段。首先在规划制订方面，总体规划以大类用地为最小单元，反映城市功能布局的大关系，为宏观决策作支撑，并作为各专项系统规划的依据，抓住了宏观层面的主要矛盾；分区规划虽然不再作为法定规划，但在大城市依然是对总体规划的有效技术深化，一般采用中类用地，进一步细化功能布局，并传递到控制性详细规划；而控制性详细规划将用地细化到小类，成为规划管理和城市建设的实操平台，小类用地是现行规划制度的核心单元。在规划管理方面，以小类用地为基础，标定了用地强度、配套基础设施和公共设施、环境要求和景观风貌要求的诸多指标，成为土地产权交易、公共设施配置、基础设施接入和建筑功能要求、消防乃至经济社会等运行与管理的公用操作单元。

可以说，在城市的诸多要素中选择关键的要素——城市用地分类，通过三层次分类系统建立起城市宏观—中观—微观的决策、构建与控制架构，是城市规划行业运用二八定律，对现代城市发展的重大贡献。尤其在近 40 年的中国，城市化步伐迅疾，城市发展迅猛，城市规划抓住城市的关键要素进行直接操作，间接带动城市经济社会发展的工作方式和工作力度，极大地发挥了自身价值。

2　运用二八定律强化规划工作的理性认知

过去 30 多年，中国城市大规模扩张性建设，是国家走上现代化发展道路、重树大国地位、带领人民走向繁荣富强的必由之路，城市规划工作居功至伟。但是我们必须看到，这场几乎奠定了全国城市格局甚至未来规模需求的城市扩张浪潮，也是以粗放、低效和严重的城市病为代价的，城市规划也难辞其咎。尽管有各种各样的客观因素损害了城市规划的科学作用，但我们更应该反思规划行业自身主观上的错误与偏差，二八定律是一条重要的认知路径。

2.1　现行规划制度中与二八定律的偏差

现行规划制度虽然经过两次"规划法"和规划界锲而不舍的研究改进，针对的都是政府对城市发展的意愿、政府对土地的垄断、政府对规划的主导以及政府经营城市的模式。在客观的发展需求和政府的强力推动下，城市建设以快为主，要求城市规划技术简化、许可快捷并权威实施，暴露出许多问题。

——静态蓝图多层法定

宏观层面的总体规划、微观层面的控制性详细规划以及专项规划，层层落实，环环相扣，构成了静态的法定规划立体框架，貌似科学严谨，实为刚则易碎。总规庞大而细碎，一管就 15-20 年，在法规上对控规审时度势修正总规又设置了巨大难度，无疑给地方规划部门挖了大坑，令其经常性地陷于合法性与科学性的两难选择之中。专项规划由相关部门为主体编制，在实操中经常因各种理由（许多是正当的）而变动，而这种变动在现有机制下无法反馈到总规做出及时调整维护，导致法定规划框架的偏差甚至崩溃。

在实施中做出不同程度调整，是城市规划的常规作业，然而为了维护静态多层法定规划的"严肃性"，在规划法规和行政规范上对规划调整行为设计了非常繁复的操作制度，与法定规划框架一样，刚而易折，在实操中呈现了两极分化状态：

一方面，来自政府方的、往往是结构性的改变相对容易——专项规划的调整需求多而程序少，综合规划则经常因为行政决策者的变动而变，要么违规变动而没有追究问责，要么干脆废掉原规划重新编一版——政府方对法定规划常态化的变动，严重影响了规划实施的稳定性。

另一方面，来自市场方的单一地块的改变申请，则需要通过重重关卡。

用二八定律看这两种情况，明显是抓小放大，本末倒置。更严重的是地块开发的主体基本是市场行为，企业作为规划控制的利益攸关方，在决定开发时对于市场需求比预先设定的规划条件更加敏感而理性，在需要改变规划条件时，面对复杂程序往往锲而不舍一道道闯关，政府为此必须要调动大量资源予以应对。某超大城市市长每半个月召开一次规划委员会，依然无法及时处理大量的修改规划条件申请，甚至提出每周一会来应付需求！如此状况，不仅在修改难度上本末倒置，更在行政资源的配置上与二八定律相逆。

　　——匀质覆盖主次不分

　　控制性详细规划作为规划制度的核心平台，被规划法赋予了多方面的职责，特别是作为土地出让、开发条件和空间利益的法定前提，在法律只规定建设行为不能超出总规范围而未规定不能超出近期建设规划范围的条件下，控规只有选择全覆盖一途。另一方面，住建部颁布的控规编审制度中，控规的技术规定是单一而通用的。因此，控规对总体规划确定的城市建设用地进行匀质并且涵盖所有控制要素的全覆盖成为必选。

　　这样，就意味着规划管理针对城市所有地区的法定控制在制度设计上是等同程度的。但在实际操作中，基本把城市用地至少分成重点、一般和复杂三类地区：在重点地区，一般性控规的控制要素和力度是不够的，许多城市开展了城市设计予以补充和强化；在复杂地区，需要同样属于法定规划的修建性详细规划进行技术深化；而对于一般地区，管理的资源平均分配，管制的效果也比较平均化，有秩序无活力，有功能无碰撞，甚至大多城市呈现同样的建设效果，被批为"千城一面"[7]。

　　——控制要素任性求全

　　控制性详细规划自 1980 年代后期诞生至今，一直是业界研究探讨的热点，也不断进行技术与制度创新。在技术上，控制要素不断增加，我将其概括为 5 个"定"：

　　"定性"——按照城市用地分类来确定用地性质；

　　"定线"——土地权属的具体范围；

　　"定量"——容积率、密度、高度、绿地率、停车等；

　　"定边"——退线、间距、出入口、管线等；

　　"定质"——配套设施、道路管线、景观特色等。

　　这些控制要素与指标，是在多年的实践和研究中逐步累积并趋于稳定的，具有较高的共识度。尽管已经相对精简，但对地块还是做出了全方位的限定，使得功能开发、建筑设计和建造使用等各个环节只能循规蹈矩，绝少余地，难出特色。

　　然而行业内的研究者们还在致力于在控规的地块里加挂更多的控制要素，包括：

　　"定形"——建筑体块要求；

　　"定能"——消耗能源的指标要求；

"定水"——耗水、存水、渗水；

"定智"——智慧城市指标；

……

地块控制要素的研究固然具有学术意义，但运用到作为行政许可依据的控规上，必须十分慎重。技术上做加法可以做到极致，却把规划管理推向了无限责任——既然法定规划设定了这些指标要求，任何一项上出了问题，都应当是规划管理的失职！

其实，大道至简。控规中的地块指标要求应当大胆做减法，只用最少、最关键的通用指标，特殊地段加上关键的附加指标，留出更多与市场、与市民协商的余地，并让项目策划和建筑设计有较大的发挥空间。

——单一模式全国通用

"欧陆风"、"复古风"、大广场、大水面、综合体、特色小镇……，这些年，城市建设的"流行病"现象突出，每一种流行物都会席卷大江南北、大中小城。这种想象的主要推动者应当是城市的领导们，不懂城市，更不深入研究自己正在管理的城市的特质，就难以产生地方性"文化自信"，只好稳妥行事，从"众"如"流"。

来自开发企业的跟风现象更加严重，中国地域差异、民族差异、风俗差异下形成了丰富多彩的社区聚居方式，被浓缩成了唯一的模式——楼盘，对外封闭，内部最简单功能自洽，每个楼盘都像是城市中的孤岛——形式千变万化，卖点层出不穷，流行病更加严重，但孤岛的本质没变，顽强地将中国所有的城市占满。

市长们的从众心态引发的是一阵子的流行病，开发商的逐利原则造就的是中国城市几乎唯一的住区模式，而规划行业的某些僵化技术带来的负面影响将很长远。

过去的历史长河中，城市交通是慢行的，因而街道是人性尺度、充满趣味的；未来的城市交通以各类轨道为骨架，以慢行为重点，城市将重回人性尺度，更加丰富多彩。只有20世纪，大规模生产的汽车闯入了城市，大幅度改变了城市的格局与尺度。

所幸的是，人类开始进入"后汽车时代"，将来一定会迎来"反汽车时代"。

不幸的是，中国30年的城市大发展，恰好伴随着30年的汽车大发展。

在这个来不及反思的30年，应对汽车时代、主宰城市格局的是"道路交通规范"中的路网布局——60年前从苏联引进、至今未做原则性调整，只是在主干道、次干道、支路之前加了快速路，只是在路网间距上些微下调——宽马路、稀路网、大街区，几乎席卷全国所有新区新城，还冲进了许多城市的老街区。

按分级方式设置道路网络，意味着低级别道路不能穿越高级别道路，因而无法成网，支离破碎，效能大大下降；意味着只有主干道之间才能互通成网，吸引来绝大部分交通流，不断加宽干道反而加剧矛盾，堵残堵死；意味着干道上的自行车道要么被取消，要么被停车，而支路上的自行车只能以推行爬天桥或地道方式越过主干道，同样的道理，人行道系统也不连续。另一方面，街区尺度过大，服务设施稀疏，慢行不方便，使人们纷纷买车，最终导致汽车停不下、出不去、走不了！这种状况，正在从大城市传染到中小城市，原因正是由于唯一性的路网模式在全国的蔓延。

中央城市工作会议提出城市要"窄路、密网、小街区"，不是管得过细，也不是在现有道路分级体系下加密支路，而是抓住了关键点，直接切中现行路网规范的流弊，将以车为本的城市格局拉回到人性化城市的初心上来。

按照二八定律，20%的道路应当承担80%的车辆出行，这部分道路是快速、便捷而大量的，如果还堵，就要以公共交通来对冲；80%的道路应当是比较均匀的窄路密网，慢速、流畅，与慢行、与街道、与社区友好相处。因此，要落实中央要求，必须从路网规范设定的模式改起，变分级模式为分速、分性模式。

2.2　二八定律与当前城市规划的困境

随着城市在国家发展中的地位提升，随着城市建设在城市发展中的重要性增强，地方政府无不重视城市规划、抓好城市规划，30年来，城市规划行业迅速发展，地位不断上升。

但是，近年来城市建设的问题逐渐暴露，城市病全面爆发，各种骂名纷纷泼向城市规划。与此同时，各种类型的综合规划、专项规划纷纷挤进城市，不断"侵占"城市规划的势力范围和话语权，国民经济与社会发展规划、土地利用总体规划和城市总体规划"三规合一"登堂入室，还有许多切入点如产业、综合交通、生态、低碳、海绵、智慧甚至财政等角度的规划加入，"多规合一"的态势呼之欲出。还有，进入城市更新阶段，面对极为复杂的现状和多元主体的多诉求情形，现行的城市规划工作机制已经出现不适应状况，区级政府的话语权逐步加大，深圳甚至直接将城市更新的规划决策权、组织权和实施权下放到区级政府！

面对"千夫所指"、"群狼入室"和"釜底抽薪"，我们不得不自问：城市规划怎么了？

必须首先澄清一个基本概念：城市规划。其实"城市规划"不等同于"城市 - 的 - 规划"。前者是狭义的，只是一项有明确法律授权且边界清晰的规划工作被赋予了"城市规划"这个称谓，这项工作担负了从空间角度对城市布局和城市建设进行合理统筹安排的职能，并不负责决策、实施和运营维护；后者可以理解为广义概念，包含城市中的任何规划行为，城市的复杂性决定了规划的多样性，城市政府每个部门在职能范围所做的规划也是城市规划，多种规划复合交织是城市的客观存在，而理顺各种规划的关系，不是规划局长（部长）是市长（总理）的职责。

之所以有一个部门独占"城市规划"这个称谓，是因为城市是"复杂多变的巨系统"[8]，任何角度做规划都需要，但必须有人担负牵住关键的"纲"的职责。之所以有名义上的"城市总体规划"，是因为城市规划行业选择了调理城市发展的关键要素——空间，抓住了空间安排的关键工具——用地分类与组合，以此发挥政府统筹城市"的"规划、建设、发展与运营的作用，纲举目张。

上述安排，本是符合二八定律作用的良好秩序，在过往30年行之有效，为什么现在反而受到了来自上下左右的强烈挑战？这里不便展开，仅提出个人理解的要点：

一是现行规划机制是在适应城市扩张需求中形成的，快速、简便、权威，不适应城市成型后内涵式发展特征是必然的。问题在于面向以更新提质为核心的城市再发展需求，面对中央对城市转型发展的期待，规划行业没有在思想上形成改革思路，更没有在行动上有所作为，该坚持的不理直气壮，该改进的没有积极改进，该争取的没有据理力争，以至于陷入被动局面。

二是国家在城市化的"硬质建设期"，沉浸在所有城市铺摊子建设"改天换地"的大场面激情之中，对城市化真正进入"软性攻坚期"准备不足，没有准备从"以经济建设为中心"转向"以城市发展为中心"的战略性转型认识，因而没有宏观制度设计。

三是在大政没有转型的档期，各部门力争在新型城镇化中大展拳脚，各种提法、做法频出，总体上有益于推动城镇化，但由于缺乏系统路线和统筹协调，一时混乱。

四是城市政府没有从直接抓经济转型到抓好城市建设运营促进经济更好发展的路径上，面对来自政出多门的指令，没有协调好"城市的规划"的结构关系，没有坚持维护并强化"城市规划"的龙头地位。

五是规划技术依然停留于描绘未来，不肯"入世"。总体规划宣称改革后依然是空中楼阁，远水不解近渴，更没有在操作层面发挥统筹作用；微观规划依然是预先设定、按图索骥，无视更新时代"现状的权利"，不到利益协调中发挥作用，满足于纸面上自说自话。

面对纷繁复杂的局面，短期内建立起真正"以城市发展为中心"的宏观机制是奢望，但不是无所作为。住建部落实中央精神，提出了两个有重大价值的新抓手——城市设计和"双修行动"，找准了突破转型初期僵局、切实推进城市转型发展的关键点。但个人认为在制度安排上依然没有将这两个抓手摆正位置，培育成为改进工作的制度平台。

城市设计制度问题的关键点不在于是否法定化，在现行法定规划体系中如果"加上"城市设计，相信会造成混乱。关键在于如何让城市设计"挤进"控规，发挥其在微观层面的技术优势，打破控制性详细规划对于建设用地"平板式管制"的做法。按照二八定律，依重要性、关键性和复杂性区分不同地段的管控力度，建立梯度管控格局，城市设计方能在推动城市精细化提升并调动多方力量增强城市活力上大有作为。

生态修复城市修补（"双修"）行动，直面城市现实需求，调动各方力量，渐进式改善城市，搭建了一个简单却十分重要的行动舞台，由规划部门编剧、市长导演、政府和社会共演。这是规划主管部门策划的最有效"入世"的操作平台，但在制度设计上，不能是一场毕其功于一役的"大戏"，而应纳入地方城市规划部门的法定日常工作，撬动市长将不断改善城市质量作为任职的首要工作，成为常态化的"连续剧"。

2.3　用二八定律建立规划工作的操作法则

规划与城市，是一种复杂的交互过程。正如城市设计不是"设计城市"一样，城市规划也不是"规划城市"，不能凭空臆造所谓的"理想城市"，而是审时度势、适度超前地引导城市发展。而规划引导的前提，是必须顺应城市发展的规律，必须与城市管理运行机制相符合，必须与城市各种利益主体结成协商互动的机制。中国城市正在转变发展模式，城市规划机制也必须要调整，并且在许多方面要适度超前于城市转型需求。二八定律揭示了事物的不平衡性，应用二八定律观察城市，就能发现城市发展中的许多不平衡现象，与城市规划追求的协调、均衡、大同等理想差异极大！

即便认识到这种差异，认识到城市的不平衡性，城市规划的目标也不能是修补、弥平甚至消灭不平衡，而是顺应不平衡性的客观特点，积极调整改进自己，逐步提高工作成效。

运用二八定律，我根据自己的感知罗列一下规划工作所面对的重要不平衡现象，提出对策方向：

——在规划地位上，城市本身就是经济社会活动的空间聚集，对空间的调控较大程度地影响城市长远发展。因此在"城市－的－规划"诸多品种和部门中，"城市规划"占据的规划资源投入（机构、人员、费用、程序）不到20%，但在政府推动城市可持续发展的工作中发挥超过80%的功效。这一点，规划界应当非常自信，姑且称之"自信法则"。

——在城市空间中，20%的重点空间决定了城市80%的重要功能，表现了城市的特色与风貌。规划的基础性工作就是把握城市的大结构，确定关键的20%，因此可称为"结构法则"。

——针对20%的重点空间，政府应当花费80%的精力、资源和手段，大力度地做好规划和管理，其余80%用地只需用20%的力度管理，留出弹性接纳来自公众和市场、来自时间的多样性选择。这应当是规划资源配置的"效率法则"。

——在决策模式上，政府可以将城市80%地域的规划控制程度降低，设置底线、制定规则、明确程序，"让市场发挥资源配置的决定性作用"，甚至在使用环节放松管制强度，让业主在一定范围内可以调整房屋用途及外装饰，营造"活的建筑"。规划制度要在结构控制的前提下充分尊重市场理性，焕发城市活力，体现"市场法则"。

——在事权的层级划分上，上级机构重点抓好20%关键性问题的决策，并做好规划传递机制的设计与完善，让下级机构在80%中落实上位意图并充分发挥灵活主动性。这是"授权法则"。

——在作用方式上，当前规划体系以远景目标规划为主导，80%的精力用来建立自上而下、由远及近的目标规划体系，这已经成为根深蒂固的"行业病"。应当反转过来，把80%的规划资源放到行动规划上来，以现状问题为基础，以有限可操目标作为导向，推动城市渐进改善。这是改变规划作用方式的"行动法则"。

——在管制方法上，当前规划管理的依据偏重于个性化的"规划"，不重视制定"规则"，随着行政法治化进程以及规划对城市认知程度的加强，应当逐步调整过来，让"规则"在管理依据中占据80%的分量。让规则管住原则，让设计铸造精彩，是城市规划的方向，应强化"规矩法则"（换个字避免拗口）。

以上"法则"，重点是针对当前规划中常用内容与方法的辨析，未涉及最新的动向。期待有更年轻的同行有兴趣研究二八定律与规划，进一步提出"政策法则"、"数据法则"、"智慧法则"、"科学法则"等。同时更期待同行进一步研究二八定律与城市这个大课题，深刻揭示城市中的不平衡规律，对规划的改进帮助更大。

3　基于二八定律的规划机制改进方向思考

上一部分从二八定律角度剖析了现行规划制度的问题，归纳起来，关键在于两点（重要的20%）：第一，总体规划追求均衡的城市目标，传递到控规进行"平板"式落实，两个层次都背离了城市不平衡的规律，效率低、效果差；第二，规划站在遥远理想之处远程发力"拉动"城市，远不如走进城市参与"推动"城市改善效率高、效果好。

在上一部分的分析中也零星地提出了些许对策，针对前边所谓"关键的问题"，同样可以归纳出规划机制改革的两个主要方向：第一，渐进改善城市；第二，梯度规划管理。

3.1　建立"渐进式规划"模式，推动城市逐步改善

在前30年城市以扩张新建为主题的阶段，规划对城市作用的路径是自上而下、单向而清晰的：设定远景目标—绘制蓝图—条块分解落实—用地划分—项目建设—批后管理，帮助城市迅速拉开框架—征地拆迁—土地开发—招商引资（住宅用地回笼资金，用于滚动开发及补贴工业用地）—公共设施建设。

现在，城市空间扩张进入尾声，意味着政府垄断土地一级市场的局面不再，意味着建设重心从"拉开框架"转入"增容夯实"阶段，再发展的土地资源主要来自二级市场甚至三级市场（指重建用地），规划不再由政府单方面决定，必须与企业、业主和市民协商，甚至规划编制时要花80%的精力用于协商时，原来"目标回溯"式的规划路径，在理论上已经走不通了。

欧洲大部分发达国家在"二战"后的城市恢复扩展期也都采取了目标规划模式，但相继转向不同提法、操作微差而类型相同的近期实操型规划模式，这里统称为"渐进式规划"[9]。

中国这轮城市化的起点低、基础弱、需求大，因此，扩张建设期时间超长。在进入转型期后，扩张的惯性依然很大，原因有三。一是转型的新模式未确立，二是地方政府的路径依赖，三是规划界几乎毫无准备（深圳没地了，北京、上海不准扩了，但三城的总体规划都 - 没 - 有 - 转 - 型！）。

"渐进式规划"，基于城市现状，按照国家大政方针和城市发展决策确立短目标，各方共同协商确定建设需求和供应，由城市规划做出统筹安排，并会同政府综合部门制定实施计划。特点是周期短、任务实、操作强，出现缺位或偏差可以在本期或下期及时调整，短期刚性，长期柔性。按照二八定律，每一期都能抓住城市发展需求的关键点，期际叠加，形成城市发展的理性逻辑。

要转向"渐进式规划"模式，需对现行宏观规划体制做大手术：

——"渐进"是近焦距的，并不代表没有方向、没有目标，但总体规划只需要建立模糊的目标，确定大的结构目标，划定发展的底线与终线边界，不再作为法定规划，但应作为"干到底"的"一张蓝图"，其权威性以其他强力方式认可。在期限上也可灵活，2049、20××均有效，但别同时都做，太浪费。

——近期建设规划的地位应大大提升。要上升到和国民经济与社会发展规划（五年规划）并列为政府施政的"双协调平台"，同时由地方人大审批，强化空间统筹工作在城市发展中的关键作用；要成为城市"多规合一"的统筹平台；要作为微观层面法定规划的依据；要作为"双修"工作的策划平台[10]。

——以"双修"作为渐进式规划的突破口。"双修"是行之有效并已经强力推行的好手段，坚持几年必有大成效，昭示城市规划不仅在纸上，"入世"的效果更大，撬动规划法的再次修改。

3.2 打破控规"平板"，建立规划"梯度管理"制度

对城市建设用地做出 20/80 区分，是宏观层面的大结构安排，落到微观层面还应细分。将二八定律重复使用，二中有八，八中有二，就可以对城市用地做出更多的区分，从分级、分类、分期等角度加以区分与整合，引入"公共度"等指标进行评估排序，对城市建设用地做出梯度分区，再进一步对每一梯度设定规划管制的内容和程序，就形成规划"梯度管理"模型。相对于控规管制力度一致化的"平板"方式，梯度方式最大程度地接近城市用地不平衡规律的现实。以此为基础，一方面可以合理配置规划管理资源，同时更重要的是明确市场配置与调节资源的强度。可以说，"梯度管理"制度有利于政府、市场、公众和规划四者之间建立高效而默契的合作关系，推动城市再发展。

要建立规划的"梯度管理"制度，现行微观层面的规划体制也需做出调整：

——规则优先。要建立完整的微观空间规则体系，并反映梯度管理的具体要求，让执行规则成为规划管理的主要方式。

——城市设计要在梯度管理中发挥较大作用。在重点地区，城市设计的主要要素要纳入到控规中强化管控，在一般地区，城市设计要素要纳入到"规则"当中，少而精，为市场活力留有充分余地。

——修建性详细规划的内容可以为城市设计所替代，其作为法定规划的价值已较小，应可取消。

——城市更新从行为上可以说与城市发展时时相伴，是城市建设的一种常态，在制度上说又是新生事物。90 规划法就把旧区改造与新区建设放到同等位置，但在除了"名城保护"列入制度安排之外，旧区改造没有操作性的制度平台，全部裹进控规。现在城市大部分进入更新状态，建设重心在于维护、修补，在于为提高运营效果而做的许多细致而微的调整，需要规划管理工具的针对性创新。

——控制性详细规划在全国城市已基本全覆盖，尽管粗暴，但也奠定了进入新阶段的基础。新阶段主题词是"维护"。规划法中明确要求规划维护，但维护的

含义是动态的，动态意味着调整，而调整就要触及规划法本身对控规修改所做的骇人规定！因此 8 年来住建部没有对如何做好规划维护做出制度安排，地方也鲜有尝试。新阶段控规不仅要维护，更要改革。要从全面细致平板式管制中科学精明地大幅度回撤，让城市设计进来，让市场近来，让市民进来。

如果说，主管部门推动规划改革，把 80% 的精力放到总体规划上，投入控规制度改革的精力远未到 20%，真正是本末倒置！

微观层面的法定规划（控规）才是城市规划制度的核心，尽快改革完善控规本身以及围绕控规的制度体系，是规划界对城市转型发展建立高度认识（年会研讨）、发挥规划作用（"双修"）并真正落实到机制体制的关键中的关键！

3.3　打破法制化大一统坚冰，试点先行

中国幅员辽阔，地区差异大，城市发展的情况极其复杂，一部规划法、一个规划体系、一套规划管理制度，如何满足需求？何况这个规划机制本身已经不适应经济社会转型的要求？规划改革已经宣称多年，为什么雷声大、雨点小，难有寸进？

最近，住建部推行了若干新的建设举措，"生态城市"、"海绵城市"、"综合管廊"、"三规合一"、"城市设计"、"城市双修"等等，每一个品种都采取了试点先行的做法，顺利推开。

当然，这些举措都属于新增项目、专项行动，相对难度小。而规划改革则是系统性、全局性的，并且是运行多年、行之有效的大体系，因而不仅改革难度大，承担的风险更大。但形势发展已经倒逼，规划行业不进则退，供给侧制度性改革迫在眉睫。

——为什么不能在不同城市搞搞不同内容的改革试点（分散风险），迈出第一步？

参考文献

[1] （意）帕累托. 二八法则：人生和商场杠杆原理 [M]. 许庆胜译. 北京：华文出版社，2004.

[2] Koch R. The 80/20 Principle：The Secret of Achieving More with Less[M]. 2012.

[3] 韩冬. 新城色彩规划与管控方法研究——以连云新城色彩研究为例 [J]. 城市建筑，2013, 12：5.

[4] （英）巴里·卡林沃思，文森特·纳丁. 英国城乡规划 [M]. 陈闽齐译. 南京：东南大学出版社，2011.

[5] （美）维克托·迈尔－舍恩伯格，肯尼思·库克耶. 大数据时代：生活、工作与思维的大变革 [M]. 杨燕，周涛译. 杭州：浙江人民出版社，2013.

[6] （美）阿瑟·奥莎利文. 城市经济学 [M]. 周京奎译. 北京：北京大学出版社，2015.

[7] 王富海. 从规划体系到规划制度——深圳城市规划历程剖析 [J]. 城市规划，2000, 24（1）：28-33.

[8] 周干峙. 城市及其区域——一个典型的开放的复杂巨系统 [J]. 交通运输系统工程与信息，2002,26(1)：7-8.

[9] 曹康，王晖. 从工具理性到交往理性——现代城市规划思想内核与理论的变迁 [J]. 城市规划，2009,33（9）：44-51.

[10] 王富海，陈宏军，邹兵等. 近期建设规划:从"配菜"变成"正餐"——《深圳市城市总体规划检讨与对策》编制工作体会 [J]. 城市规划，2002, 26（12）：44-48.

武廷海
WU TING HAI

中国城市规划学会学术工作委员会委员
组织工作委员会委员
山地城乡规划学术委员会委员
城市规划历史与理论学术委员会副主任委员
清华大学建筑学院教授
清华大学建筑与城市研究所副所长

黄卫东
HUANG WEI DONG

中国城市规划学会城市更新学术委员会
副主任委员
深圳市城市规划设计研究院教授级高级规划师
常务副院长
深圳市决策咨询委员会专家

空间共享及广义公共空间
——"理性规划"的一个努力方向与策略

1　正在发生的城市规划史

在中国城市规划史上，2017 年注定是一个非同寻常的年份！

中国城市规划学会提出 2017 年年会以"理性规划"为主题，针对当今中国城乡建设和规划中存在的种种不符合城乡发展规律、不顾城市发展条件和需要、盲目追求"高大上"以及纯粹从形式和教条出发的种种非理性现象，强调并追求一种合理性的规划。

刚开春，2 月 23 日至 24 日，习近平总书记视察北京，强调城市规划在城市发展中起着重要引领作用，北京城市规划建设要疏解非首都功能、着眼于可持续发展、凸显历史文化的整体价值，人民群众满意度是衡量城市规划建设的最终标准。显然，这是一种理性的规划追求。

4 月 1 日，中共中央、国务院决定设立河北雄安新区。这是一项重大决策部署，是千年大计、国家大事。对于新区规划建设，中央要求坚持世界眼光、国际标准、中国特色、高点定位。显然，这是一种"理性规划"。

6 月 13 日，国际规划大师约翰·弗里德曼（John Friedmann）去世。弗里德曼治学领域广阔，涉及城市和区域规划、规划理论、全球化及世界城市等重大议题，近年来对中国城市发展问题尤为关注。1988 年，弗里德曼出版《公共领域的规划》，勾画 200 年来人类不懈追求美好社会的历史，发现规划师努力追求的是美好的社会，而不仅仅是一个美丽的城市外表。这是一种规划的理性。

回顾正在发生的规划史，我们发现城市规划已经从物质环境建设渗透到广泛的社会生活。《北京城市总体规划（2016 年 –2030 年）》是对北京总体发展的战略引领和刚性控制，包括诸多关键领域，如落实首都城市战略定位，明确发展目标、规模和空间布局；有序疏解非首都功能，优化提升首都核心功能；科学配置资源要素，实现城市可持续发展；加强历史文化名城保护，强化首都风范、古都风韵、时代风貌的城市特色；提高城市治理水平，让城市更宜居；加强城乡统筹，实现城乡发展一体化；深入推进京津冀协同发展，建设以首都为核心的世界级城市；以及转变规划方式，保障规划实施等。雄安新区规划建设是对雄安社会经济文化环境的整体谋划，需要完成建设绿色智慧新城、打造优美生态环境、发展高端高新产业、提供优质公共服务、构建快捷高效交通网、推进体制机制改革、扩大全方位对外开放等七个方面的重点任务；弗雷德曼《公共领域的规划》将 200 年来的规划理论分为四个传统：社会改革（Social Reform）、社会动员（Social Mobilization）、政策分析（Policy Analysis）和社会学习（Social Learning），分析的结论认为：一个健康的社会系统如果要联系认识与行动，不能只依靠其中某个方面，而应该四管齐下。规划是一项社会行为，规划过程绝非超然独立于社会之外单纯的决策过程，规划实施理应成为整个规划过程的一部分。（Friedmann，1987）

　　本文意在面向"理性规划"，简要揭示现代城市规划学术中的社会建设传统，结合中国城镇化实践提出"空间共享"的战略方向，并从"广义公共空间"方面提出相应的规划策略。

2　城市规划中的社会建设传统

　　从 19 世纪末规划先驱者们追求良好的城市环境同时描绘美好的社会，到 1970 年代以来新马克思主义城市学者将空间作为社会产物探讨空间的生产，到当前国际社会关注城市的持续发展提倡"人人共享的城市"（Cities For All）理念，我们可以发现城市规划学术与实践中明显存在一个社会建设的传统。

2.1　物质建设与社会建设

　　现代城市规划源于对 19 世纪中期城市贫民窟问题的思考与应对，值得注意的是，规划先驱者们对城市问题的思考，不仅追求良好的城市环境，而且描绘美好的社会。霍尔（Peter Hall）著《明日之城——一部关于 20 世纪城市规划与设计的思想史》在探讨现代规划运动的根源与特征时指出：

　　　　真正令人感到震惊的是，城市规划运动早期的许多远见，尽管不是全部，都源于在 19 世纪的最后数十年和 20 世纪初盛极一时的无政府主义（Anarchism）运动。霍华德、格迪斯以及美国区域规划协会，还有许多在欧洲大陆的流派都是如此……无政府主义先锋们的远见不仅是要采用非同一般的建设形式，而且是要建设一个非同一般的社会，它既不是资本主义的，也不是官僚社会主义的：它是建立人们之间自愿合作基础上的社会，人们工作并生活于小型自治的共同体之中。❶

早期城市规划先驱者们所意识到的城市及其规划，除了物质形式的城市建设外，还包括社会空间（社会关系）的建设，这是一个十分重要的观念。

2.2　社会空间及其生产

1970 年代以来，新马克思主义学者强调，空间并非纯粹的自然实体，而是由资本投资、经济活动和通信技术共同作用的产物；空间并非先验存在或永恒不变的，而是通过人类的活动所创造、破坏和改变；空间不是社会活动的"容器"，而是社会关系和社会活动的产物，同时空间又生产着社会关系。列斐伏尔（Henri Lefebvre）《空间：社会产物与使用价值》原创性地提出"空间的生产"概念：

> 空间的生产，在概念上与实际上是最近才出现的，主要是表现在具有一定历史性的城市的急速扩张、社会的普遍都市化，以及空间性组织的问题等各方面。今日，对生产的分析显示我们已经由空间中事物的生产转向空间本身的生产。
>
> 空间作为一个整体，进入了现代资本主义的生产模式：它被利用来生产剩余价值。土地、地底、空中、甚至光线，都纳入生产力与产物之中。都市结构挟其沟通与交换的多重网络，成为生产工具的一部分。城市及其各种设施（港口、火车站等）乃是资本的一部分。❷

新马克思主义学者从资本流通与空间扩张、固定资本与空间生产、资本积累与空间整合等方面，揭示空间的生产及其内在的资本积累规律与社会关系变迁。（张梧，2017）从世界范围看，"二战"后随着科学技术的快速进步与广泛应用，社会生产力得到了空前的发展和提高，主要资本主义国家采取"空间化"的措施进行资本转移，一是资本由"空间中的生产"转向"空间的生产"，即直接投资于建成环境，实现"不动产的动产化"；二是国际资本流入发展中国家，通过利用发展中国家劳动力和土地价格较低的比较优势，发展劳动密集型产业，并将其作为出

---

❶　Peter Hall（2001），第 3 页。
❷　列斐伏尔（1979），第 47、49 页。

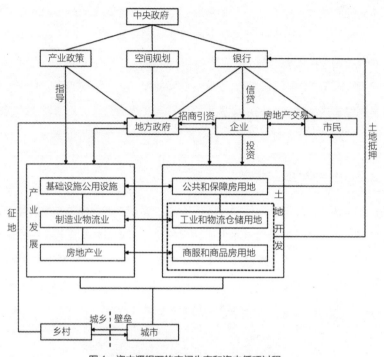

图 1　资本逻辑下的空间生产和资本循环过程

资料来源：武廷海、张城国等（2012），略有修改

口基地和产品市场，也就是所谓的"空间定位"（Spatial Fix）[1]。资本有一种过度积累的恒久趋向，资本空间化的后果却是建成环境的相对稳固，二者之间的张力将带来持续的"创造性破坏"，资本主义体制的固有矛盾就是通过这种"空间化"的策略而得到暂时缓解，垂而不死。（Lefebvre, H., 1976；1991；Harvey, D., 1978；1985）

改革开放以来，中国逐步突破计划经济体制，转向了以经济建设为中心的社会主义市场经济体制。中国融入全球经济，客观上顺应了资本主义"空间定位"的大趋势，并且通过资本、技术、劳动力和土地的结合，走上了"空间的生产"道路，启动了大规模快速城镇化的进程（图 1）。1980—2016 年，常住人口城镇化率由 19.39% 提高到 57.35%。从资本与空间的关联，可以透视过去 30 多年中国城镇化所呈现的"又新又快"的景观，揭示其内在的"资本逻辑"。（武廷海，2017）

---

❶ 哈维提出 Spatial Fix 理论，用来描述资本主义利用地理扩张和空间重构来解决内部危机趋势的动力，通常译为"空间修复"。Spatial Fix，究其实质，乃是资本积累形式，主要包括两个尺度：一是在全球尺度上，资本通过空间"安排"以"解决"自身的危机（实际上是危机的转移，也是资本在全球层面上寻求"空间"的"出路"，刘卫东译为"空间出路"）；二是在地方尺度上，资本通过空间的"固化"，转化为钢筋混凝土等固定资产。总体看来，Spatial Fix 是相对于资本的移动和流动性，包括全球层面的扩张和地方层面的固化，显然这是一个双关语。胡大平在翻译哈维著《希望空间》时，译为"空间定位"，似乎可以兼顾上述两个尺度的动机与含义。

2.3　人人共享的城市及其规划战略

2016 年 10 月，联合国"人居三"大会（第三次联合国住房和城市可持续发展大会）通过《新城市议程》，明确提出"人人共享的城市"理念，呼吁国际社会为人人创造富足优质的生活。

第 11 条：

我们的愿景植根于人人共享的城市理念，指的是平等地使用和享有城市和人类住区，致力于促进包容性，确保当前和后代的所有居民，不受到任何歧视，能够居住并创造公平、安全、健康、方便、负担得起、可复原力强和可持续的城市和人类住区，为人人创造富足优质的生活。我们注意到一些国家和地方政府信奉这一愿景的努力，他们称之为"城市的权利"（Right To The City），被写入立法、政治声明和章程中。

"城市空间发展的规划与管理"一节叙述如何通过规划设计来改变城市的增长方式，提供更加均等的权利和机会。面对经济增长，规划要促进物质关系的改善；面对社会公平，规划要提供每个人均等的权利和机会。

第 99 条：

我们将支持可加速社会融合的城市规划战略的落实，此类战略通过向所有人提出能支付的住房方案，可以享受高质量基础服务和公共空间，从而加速社会融合，加强安全保障，有利于社会和代际互动以及多样性的实现。我们将逐步建立适当的培训和支持项目，支持居住在城市暴力高发地区的社会服务专业人员和社会团体。

城市规划学术发展中社会建设的传统对于我们认识当前城镇化的世界特别是中国城镇化与城市规划的走向，具有重要启发意义。

3　走向空间共享

19 世纪中叶以来，伴随着资本主义工业化的全球性扩展，世界城乡人口格局发生在根本性转变。在 1850 年代至 1930 年代不到 100 年的时间内，主要的欧美国家如英国、德国、美国、法国等先后经历了城市人口超过乡村人口的过程。第二次世界大战后，世界性的城镇化现象日益明显，2010 年城镇人口占总人口的比重超过了 50%。世界城镇化不仅带来了城市数目增多、城市人口、用地规模扩大，同时也带了前所未有的城市空间消费与需求，对人类社会发展带来重要影响。

3.1　资本主义国家对城镇化的干预与集体消费

"二战"前，西方社会主要是一个生产型社会，国家为保障城镇化的平稳发展，建立了以《公共卫生法》为代表的公共保障体制。"二战"后，西方社会开始从生产型社会向消费型社会转型，资本主义国家普遍增强了国家对于城镇化的干预，逐步形成和完善了福利体制，尤其是在空间上通过新城建设、扩大公共住房、完善基础设施等等，形成了资本主义空间的一次"福利转向"。（李郇，2012）国家投资和公共政策在支撑城市空间建设、协调社会人群的空间利益方面发挥的作用越来越大。这个现象，卡斯泰尔（Manuel Castells）称之为"集体消费（Collective Consumption）"。

所谓"集体消费"，与我们熟知的"集体经济"概念不同。"集体经济"是指集体所有制下的、共同生产、按劳分配的经济组织形式，集体消费则是指一种特定的社会消费现象，即"消费过程就其性质和规模，其组织和管理只能是集体供给。"（Castells, M., 1977）住房、基础设施和公共服务等都是典型的集体消费现象。在传统乡村社会中，社会生产、消费都比较分散，集体消费现象并不明显。在城镇化过程中，城市建设要求国家发挥组织、协调以及再分配的功能，集体消费问题也就成为了重要的城市社会问题。

随着城市集体消费机制的不断完善，资本主义的城市危机已经不再表现为明显的社会住房短期和环境恶化，而转化为集体消费中的社会不平等问题。改良城市公共政策、争取城市空间利益，也成为诱发西方资本主义城市社会运动的主要诉求，继续推动着城镇化和社会体制的不断完善。资本主义社会空间的集体消费，在一定程度上缓和了资本主义矛盾，带来了相对的社会稳定；甚至随着经济发展，一些国家走向了所谓的"国家社会主义"道路。这些措施，究其实质，是在资本主义条件下，扩大社会主义成分，或融入社会主义"基因"。（于松，2013）

3.2　社会主义中国需要基于共同富裕走向空间共享

前文已经指出，1980 年代以来，中国开启了大规模快速城镇化。《国家人口发展规划（2016—2030 年）》预测，2030 年全国总人口达到 14.5 亿人左右，常住人口城镇化率达到 70%。顾朝林等（2017）对中国城镇化过程多情景模拟显示，到 2050 年，中国城镇化水平将达到 75% 左右，中国城镇化进入稳定和饱和状态。总体看来，1980—2050 年的 70 年间，中国将完成城镇化的起飞、快速成长和成

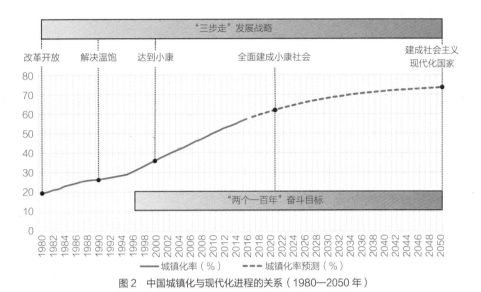

图 2　中国城镇化与现代化进程的关系（1980—2050 年）

图片来源：武廷海（2017）

熟过程，当前正处于城镇化进程的分水岭上。（石楠、武廷海等，2017）

众所周知，1980 年以来中国大规模快速城镇化进程，也是中国走向全面建成小康社会的过程，中国城市（特别是大城市、特大城市）在社会主义建设全局中获得了优势地位，中国已经走向"城市时代"。未来将完成中国城镇化的后半程，在"后小康社会"逐步建成社会主义现代化国家。（图 2）"后小康社会"中国的城镇化与现代化道路，要求在共同富裕的基础上，更加关注社会的公平和正义，特别是容易造成社会贫富差距和城乡差距，走向"空间共享"。

2015 年 10 月，党的十八届五中全会提出，坚持"共享发展"：

> 坚持共享发展，必须坚持发展为了人民、发展依靠人民、发展成果由人民共享，作出更有效的制度安排，使全体人民在共建共享发展中有更多获得感，增强发展动力，增进人民团结，朝着共同富裕方向稳步前进。按照人人参与、人人尽力、人人享有的要求，坚守底线、突出重点、完善制度、引导预期，注重机会公平，保障基本民生，实现全体人民共同迈入全面小康社会。

共享理念的实质，就是"坚持以人民为中心的发展思想，体现的是逐步实现共同富裕的要求"[1] 在此意义上说，后小康社会的中国是"城市时代"，同时也是"共享时代"。

---

[1] 中共中央文献研究室．习近平总书记重要讲话文章选编．北京：中央文献出版社、党建读物出版社，2016 年，第 402 页。

3.3　将人的基本空间使用需求放在优先和突出的位置

坚持以人民为中心，逐步实现共同富裕，这个要求对城市工作具有重要的指向性。2015 年 12 月，中央城市工作会议指出：

> 做好城市工作，要顺应城市工作新形势、改革发展新要求、人民群众新期待，坚持以人民为中心的发展思想，坚持人民城市为人民。这是我们做好城市工作的出发点和落脚点。
>
> 城市工作要把创造优良人居环境作为中心目标，努力把城市建设成为人与人、人与自然和谐共处的美丽家园。

城市工作包括城市规划建设与管理，需要坚持以人民为中心的发展思想，坚持人民城市为人民，中心目标是创造优良人居环境。在社会主义市场经济条件下，结合当前资本城镇化及其问题，关键是要以人民为中心，将人的基本空间使用需求放在优先和突出的位置，将城镇化的主要目的由资本积累转向社会需求，保障基本的人居需求，满足人民多样化与多层次空间需求，实现"城市，让生活更美好"的梦想。

以住房为例。从空间共享的角度看，当前中国住房问题复杂、内涵丰富，有关住房问题的对策要避免简单化和一刀切。空间共享视野中的住房问题，主要有四个方面的内涵：一是全民共享（即"人人共享的城市"），首先要考虑住房供给的对象与覆盖面，尤其是农民住房问题和城市保障房问题；二是全面共享，概括来说住房问题有数量短缺、质量欠佳、分配不均等多种表现形式，共享的内容包括住房供给的数量、质量与分配；三是共建共享，必须考虑空间共享的具体实现途径；四是渐进共享，必须注意解决住房问题的节奏与速度。当前，则要优先考虑住房的居住属性。2016 年 12 月中央经济工作会议要求促进房地产市场平稳健康发展，坚持"房子是用来住的，不是用来炒的"的定位，综合运用金融、土地、财政、投资、立法等手段，加快建立符合国情、适应市场规划的基础性制度和长效机制，既抑制房地产泡沫，又防止出现大起大落。同月，习近平主持召开中央财经领导小组第十四次会议，特别指出：

> 规范住房租赁市场和抑制房地产泡沫，是实现住有所居的重大民生工程。要准确把握住房的居住属性，以满足新市民住房需求为主要出发点，以建立购租并举的住房制度为主要方向，以市场为主满足多层次需求，以政府为主提供基本保障，分类调控，地方为主，金融、财税、土地、市场监管等多策并举，

形成长远的制度安排，让全体人民住有所居。

对于城市规划建设来说，住房是实现住有所居的物质载体，同时也是一种空间产品，住房的建设与供给是空间生产的一种表现形式，这种空间生产的一个重要特征就在于"房"与"地"的内在关联。中国实行社会主义公有制，城市土地国有制与农村土地集体所有制是社会主义公有制的最重要标志之一，因此，住房问题究其根本乃是关乎土地规划利用的问题。要从根本上解决住房问题，就必须将"住房"与"土地"进行综合思考与统筹安排，充分利用价值规律，发挥市场配置资源的决定性作用，这也是改革开放以来中国住房问题得到有效缓解与改善的基本经验。进而言之，城乡住房建设与供给的实质，是通过对"地"（更确切地说是"空间"）的安排（包括选址、规划、设计、建设等）来安置人民（满足人民不断增长的空间需求），从而实现社会的长治久安，这也是中国古代城市规划的优良传统。❶

4 广义公共空间与城市规划

"共享时代"的城市，需要"共享空间"的支撑。共享空间具有丰富而复杂的内容，对城市规划来说，要特别关注"公共空间"（Public Space），并构建相适应的城市空间结构与功能组织模式。

4.1 "公共空间"的价值

公共空间是公共的活动场所，公众都有权进入的地方或领域。在 2016 年 10 月联合国"人居三"大会通过的《新城市议程》中，"公共空间"受到特别的关注。所谓"公共空间"，包括街道、人行道、自行车道、广场、滨水地区、花园和公园等多功能区域，与城市社会生活直接相关。

第 37 条：
　　我们致力于改善安全、包容、可使用、绿色和高质量的公共空间，包括街道、人行道、自行车道、广场、滨水地区、花园和公园等多功能区域，以促进社会互动和包容、人类健康和福祉、经济交流，以及不同族群与文化间的交流对话；设计和管理公共空间，以确保人类发展，构建和平、包容和参与的社会，以及促进共享生活，沟通和社会的包容。

---

❶ 武廷海.城乡规划学科构建的本土文化背景.见：中国城市规划学会 编著.中国城乡规划学学科史.北京：中国科学技术出版社，2017 年（待出版）。

公共空间对城市社会经济发展、城市生态环境、空间治理等都具有重要价值。

第 53 条：

　　我们承诺推进安全、包容、开放、环保和高质量的公共空间，将其作为社会与经济发展的驱动因素，持续发掘其杠杆潜力（包括地产价值）来不断创造社会与经济价值，并有助于商业、公共与私人投资和平等的工作机会。

第 67 条：

　　我们承诺推进建立并且维护更多连接性好、分布合理、开放、多功能、安全、包容、绿色、高质的公共空间，这样能够提高城市对抗灾害和气候变化的抵抗力、降低洪水和干旱风险、降低热浪、提高食品安全、营养、身心健康、居家和周边空气质量、降低噪声，促进有吸引力和活力的城市、人类住区和城市景观的发展，优先特有物种的保护。

第 97 条：

　　我们将促进有规划的城市扩展、城市填充、优先重建、再生和城市地区的改造，包括贫民区和非正式住区的更新，提供高质量的住房和公共空间，促进涉及所有利益相关方的参与式整体推进方法，避免空间隔离，社会经济隔离，以及绅士化，保留文化遗产，预防和遏制城市蔓延。

城市规划战略对公共空间环境质量至关重要，可以通过提供高品质的公共空间和街道网络来提升居民健康和幸福度。

第 99 条：

　　我们将支持可加速社会融合的城市规划战略的落实，此类战略向所有人开放高质量基础服务和公共空间的，提出能支付的住房方案，从而加速社会融合，加强安全保障，有利于社会和代际互动以及多样性的实现。我们将逐步建立适当的培训和支持项目，支持居住在城市暴力高发地区的社会服务专业人员和社会团体。

第 100 条：

　　我们将支持建立精心设计的、向所有居民开放、安全、包容、可达、绿色和高质量的公共空间和街道网络；达到无犯罪和暴力，包括无性骚扰或性暴力；能从人的尺度和度量考虑，最大化地将临街底层建筑商用，以促进地方正式和非正式市场和商业的发展，促进非营利的社区活动，使人们进入公共空间，加强适宜步行和骑行的环境建设，最终提升居民健康和幸福度。

4.2 "广义公共空间"的概念

针对社会主义中国基于共同富裕走向空间共享的发展道路，有必要进一步提出"广义公共空间"的概念。广义公共空间是一个集成各类城市公共服务产品的公共系统，在空间上集成各类廊道形成的网络式空间骨架。

从空间构成要素看，广义公共空间是集成城市公共空间、自然生态空间、城市公共服务、城市基础设施等公共服务要素，以公共价值为导向，提供公共服务产品的城市公共供给系统。

从空间结构形式看，广义公共空间集成了生态廊道、交通廊道、基础设施廊道、公共服务网络，是保障城市生态安全、城市基础设施运行、城市社会发展的支撑系统。

4.3 基于广义公共空间的城市空间结构

建构综合化的公共网络。搭建一个由"公共空间 + 自然生态 + 基础设施"所构成的网络式空间结构。形成城市与自然融合的基底，优先安排城市公共服务和基础设施的发展空间，为人民提供丰富、充裕的城市公共交往空间。

控制便捷宜人的城市尺度。以步行 10 分钟界定街区，骑行 10 分钟界定一个城市创新发展单元。实现城市以慢行可达的基本尺度，提供绿色、共享为特征的公共交通系统。

构建均衡充裕的服务体系。围绕公共空间与公共交通枢纽，布局城市公共服务中心。并形成"公共供给中心"与"街区服务中心"两级公共服务体系，提供公平、均衡、便捷、充裕的公共服务。

预留公共服务发展空间。在各创新发展单元内，预留一定比例的综合公共服务用地，为未来的城市公共服务提供持续发展的动力。（图 3）

4.4 基于广义公共空间的功能组织模式

在城市运行上，通过提供交通网络便捷连接创新功能，提供创新公共产品服务创新人群的特殊需求，提供公共场所实现城市多元文化的交流，以实现城市创新功能的培育与激发创新活力。通过规划，集成各类创新要素与功能，以 10 分钟骑行距离界定空间边界，规模为 2-3 平方公里，内部包含多个社区的功能区域，

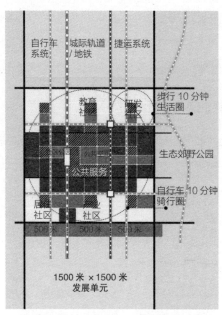

自行车系统　城际轨道/地铁　捷运系统

步行 10 分钟生活圈

教育社区

生态郊野公园

公共服务

自行车 10 分钟骑行圈

社区　　社区

500 米　500 米　500 米

1500 米 × 1500 米发展单元

图 3　基于广义公共空间的城市空间单元示意
图片来源：深圳市城市规划设计研究院

形成"创新发展单元"。

小而密的创新社区。在一个创新发展单元内，环公共服务形成多个小尺度、创新要素密度高的创新社区，实现创新功能与城市高度融合，并创造更多的创新发展机会。

多元混合的功能组织。每个创新发展单元与创新社区，均应有充足的生活、服务、交往、文化、交通等多元功能，聚合多样创新要素，促进交流与融合。

特色化的服务供给。除提供基本公共服务，根据各类创新产业的功能要求，度身定制特色化的公共服务。结合各类创新企业的规模和空间使用特征，建设多样的创新产业空间。

共建共治的建设模式。通过提供 PPP、企业引入、政府主导等多种开发方式建设各类公共产品与产业空间，实现多元共建的城市治理与建设模式。

空间是一个社会生产的过程，它随着生产关系的重组和社会秩序的重构而发生变化，这个论断对于城市公共空间来说同样适用。未来中国在进行社会主义建设过程中，重视城市公共空间，并构建基于广义公共空间的城市框架结构与功能组织模式，这对基于共同富裕走向空间共享的城镇化实践具有十分重要价值，也是城市规划之社会建设传统在中国新型城镇化进程中具体而生动的表现。

参考文献

[1] Castells，M. 1977. The Urban Question：A Marxist Approach. Edward Arnold Publishers.

[2] Friedmann J. 1987. Planning in the Public Domain. Princeton，New Jersey：Princeton University Press.

[3] HABITAT III. NEW URBAN AGENDA，Draft outcome document for adoption in Quito，October 2016.

[4] （英）Pater Hall. 明日之城——一部关于 20 世纪城市规划与设计的思想史 [M]. 童明译. 上海：同济大学出版社，2009.

[5] Harvey，D. 1978. The urban process under capitalism：a framework for analysis. International Journal of Urban and Regional Research，Vol.2，Issue 1–4.

[6] Harvey，D. 1981. The Spatial Fix：Hegel，Von Thunen and Marx. Antipode，13.

[7] Harvey，D. 1985. The Urbanization of Capital. Oxford UK：Basil Blackwell Ltd.

[8] Harvey，D. 2014. Seventeen Contradictions and the End of Capitalism. Oxford University Press，USA.

[9] Lefebvre，H. 1976. Translated by F. Bryant. The Survival of Capitalism：Reproduction of the Relations of Production. London：Allison and Busby.

[10] Lefebvre，H. 1991. Translated by D. N. Smith. The Production of Space. Oxford；Cambridge，Mass：Blackwell.

[11] Lefebvre，H. 1996. Writings on Cities. Wiley–Blackwell.

[12] （美）汉娜·阿伦特. 人的境况 [M]. 王寅丽译. 上海：上海人民出版社，2017.

[13] （法）亨利·勒斐伏. 空间与政治 [M]. 李春译. 上海：上海人民出版社，2010.

[14] （法）亨利·列斐伏尔（1979）. 空间：社会产物与使用价值. 引自：包亚明 主编. 现代性与空间的生产 [M]. 王志弘译. 上海：上海教育出版社，2003：47、49.

[15] （法）米歇尔·于松. 资本主义十讲 [M]. 潘革平译. 北京：社会科学文献出版社，2013.

[16] （美）大卫·哈维. 希望的空间 [M]. 胡大平译. 南京：南京大学出版社，2006.

[17] 顾朝林、管卫华、刘合林. 中国城镇化 2050：SD 模型与过程模拟 [J]. 中国科学：地球科学，2017（7）：818–832.

[18] 胡大平. 都市马克思主义导论. 东南大学学报（哲学社会科学版），2016（3）：5–13.

[19] 胡大平. 地方性空间生产知识——都市马克思主义的理论形态. 理论视野，2017（2）：12–15.

[20] 李邬. 中国城市化的福利转向：迈向生产与福利的平衡 [J]，城市与区域规划研究，2012，5（2）：24–49.

[21] 刘怀玉.《空间的生产》若干问题研究 [J]. 哲学动态，2014（11）：18–28.

[22] 刘卫东，田锦尘，欧晓理 等."一带一路"战略研究 [M]. 北京：商务印书馆，2017.

[23] 强乃社. 论都市社会 [M]. 北京：首都师范大学出版社，2006.

[24] 石楠，陈秉钊，陈为邦，周一星，李国才，卢济威，孔庆熔，王富海，武廷海，刘奇志，张兵，邹德慈. 规划 60 年：成就与挑战 [J]，城市规划，2017（2）：60–67.

[25] 武廷海，杨保军，张城国. 中国新城：1979~2009[J]. 城市与区域规划研究，2011（2）：19–43.

[26] 武廷海，张城国，张能，徐斌. 中国快速城镇化的资本逻辑及其走向 [J]，城市与区域规划研究，2012（2）：1–23.

[27] 武廷海，张能，徐斌. 空间共享——新马克思主义与中国城镇化 [M]. 北京：商务印书馆，2014.

[28] 武廷海. 中国城镇化作为空间实践：机制、价值与调控. 见：北京文化发展研究基地 编著. 北京文化发展报告 2016，北京：北京出版集团公司文津出版社，2017.

[29] 张庭伟. 闻道则喜——读约翰·弗里德曼规划著作的一些心得 [J]. 国际城市规划，2009（S1）：1–3.

[30] 张梧. 资本积累模式的变迁与空间批判话语的嬗变 [J]. 哲学研究，2017（4）：20–26.

[31] 张梧. 资本流通过程与当代空间批判 [J]. 哲学动态，2017（3）：15–21.

杨宇振

YANG YU ZHEN

中国城市规划学会学术工作委员会委员

国外城市规划学术委员会委员

重庆大学建筑与城市规划学院教授

危机、理性与空间：一种解释

摘　要：危机、理性与空间、与空间规划之间存在关联。首先讨论资本积累过程的空间及其危机，进而论述管理型政府与经营型政府主导下的空间生产，并结合较近历史过程讨论；最后阐述理性规划作为危机的应对工具。认为总体的理性指向社会和谐与人的幸福和自由，这首先需要社会与个体的批判性反思和内省。

关键词：危机，资本积累，理性，空间规划

Crisis，Reason and Space：An Explanation

Abstract：There are critical relationships between crisis，reason，space and spatial planning. The crises of capital accumulation and its spaces are discussed，followed with the analysis of two production mode of space dominated by managerialism governance and entrepreneurialism governance. Then the recent decades' urbanization history is explored to explain the relationship between crisis，reason and space. Reason planning as a tool to fix crisis is discussed. It is argued that the general reason is to create the happiness and liberty of human being，which needs the reflexive thinking of society and individual first.

Keywords：Crisis, Capital Accumulation, Reason, Spatial Planning

理性是对问题的回应、思考与行动。问题有当下、长远与永恒之别，也就具有考虑不同时间维度的多种理性，复数的理性，也就没有单一的理性。但一定时期的社会总问题具有某种综合后的普遍运动趋势，因此一定时期的总体理性可能具有某种特性。受限于问题的空间维度，在某个空间维度中的理性很可能在更大或者更小的空间中成为非理性；因此理性具有辩证性。理性涉及社会公平、正义，理性亦就具有合法性的悬疑。

问题与危机产生在社会过程中。从西欧北美历史上看，近 500 年以来，社会过程中的问题逐渐为生产过程中的问题与危机所支配（进而是过度生产带来的市场稀缺引发的危机）；大部分后发的国家，包括诸如土耳其与中国，则是近 100 年间的状况，尽管中间有诸多波动。问题的尖锐化即是危机。危机的应对凸显理性的状态，它的基层价值与内在深层问题，它可能的从容或者捉襟见肘的应对。剧烈危机的出现及其应对往往带来近期理性范式的转变，产生出另外一种理性范式。

空间中包含有社会问题和冲突，是问题发生之处；对空间的介入、改变（切割或合并）、界定、调节、关联或隔离是应对空间中问题的一种手段和方法，也是一种理性过程（但在另外空间层级的角度看，也许是非理性过程）。空间规划就是这一手段和方法在一定空间范围内的工具。也因此，危机、理性与空间、与空间规划之间产生了某些关联。下文首先简要讨论资本积累过程的空间及其危机，进而论述管理型政府与经营型政府主导下的空间生产，并结合较近历史过程讨论；最后阐述理性规划作为危机的应对工具。

1　资本积累的空间与危机

最剧烈的危机产生于生产方式的转换之间。从小农的生产方式向工业化过程转换中，引起洲际、区域、城乡、城市内部空间结构的转变；引发转变过程中新旧生产方式、新旧知识与技术、新老阶层、新旧机构等一系列的冲突、特别是环境耗用问题。拿破仑三世和奥斯曼改造巴黎，按照大卫·哈维的解释，除了要创造出一个壮观的城市与伦敦竞争，最根本的是要生产出一个新空间，将中世纪的巴黎开肠破肚、通体改造，通过新城市空间吸收过剩资本，以应对资本积累的危机。在马克思看来，问题内生在资本生产与再生产的过程中。

图 1 是资本积累的一个简要分析框架。经由资本、组织管理、劳动力、生产工具、生产资料要素理性组合的生产过程，产出劳动产品，进而在市场销售流通，获取货币。货币需要支付生产与消费过程中的各种支出，余下部分即为剩余价值。剩余价值进而再以资本的形式投入扩大再生产，形成资本积累的循环（图中浅蓝色线条标示的流程过程）。如果我们把资本生产与再生产过程中的每一种要素看成都需要占据一定的空间，立刻就会出现克服空间距离成本的基本问题。它是早期工业化中需要应对的基本空间问题，其过程的常用方法和手段成为特定时期的空

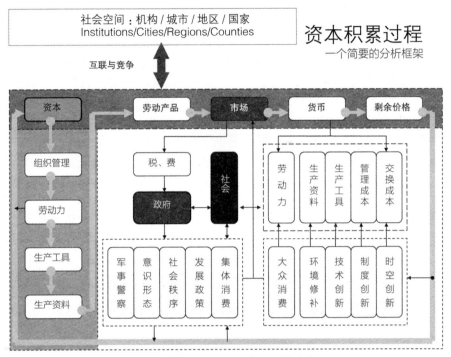

图1　资本积累过程：一个简要的分析框架

间理性模型。"克服空间距离成本"涉及空间使用内容（空间属性）定义和不同属性之间空间关系的两重相互关联的基本问题。而每一种空间属性内部，随社会分工深化，衍化出各种亚属性和亚空间，进而形成"克服空间距离成本"问题的高度复杂性。在一个相对静态的模型中，水平方向上，某一亚空间既存在着与同属性的多个亚空间之间的关系，也同时存在着与不同属性的多个亚空间之间的关系；垂直方向又有着与不同等级空间之间的关系。❶

　　资本积累危机出现在生产与再生产的每一个流程中，不仅是市场总体萎缩导致的总体危机。任何两个或者多个要素间不能有效组合，就是危机出现之时。如资本找不到劳动力，或者劳动力找不到资本；或者生产资料无法有效转变成劳动产品等。空间规划的核心目的之一是促进各要素间的有效结合，形成资本有效积累。但空间规划却越来越难以应对这一目的（或者说，基于工业时代的空间规划

❶ "每一种要素看成都需要占据一定的空间"——这一表述可能会引发疑问。容易理解的是劳动力、生产工具、生产资料、劳动产品这些有形的物。有形物需要占据空间。资本、组织管理、市场与货币，这些抽象的名词和概念，又是如何占据空间的呢？资本、组织管理、市场与货币作为一种被概念化的社会存在，必须依附与某种实体，如人或机构，才可能发挥作用。如资本需要依附在资本家的个体和群体、资本运作机构等才能够发挥其流动的功能（更准确地说，资本附着与生产与流通过程的每一个要素中）；组织管理需要依附在知识与技术人员、相关管理组织机构；市场同样需要人、机构，特别是交易场所。

模型）——根本在于物质空间的相对固定性和资本流动越来越快的速率之间的不可调和的矛盾。

由于资本、知识与技术等这些无形物（尽管需要依附于有形的个体与机构）的流动，相比较大量劳动力、重型生产工具、生产需要投入的大量生产资料等的流动要相对容易。也就意味着在早期工业化中（劳动密集型的生产是其基本特征），劳动力、生产工具与生产资料之间必须紧密结合，尽可能减少可能的空间距离成本；其中，生产资料的不可移动性往往成为支配性的因素，引发资本、组织管理、劳动力、生产工具等向生产资料所在地移动——一个在彼时权衡之下的理性实践，形成早期的工业化空间模型，也是早期的由工业化引起的城市化模型。从这一时期开始，由于各地区的生产资料的比较优势，如 A 地区能够产出比其他地区优质的羊毛、B 地区能够产出比其他地区高质量的煤等等，经由资本积累的竞争过程，开始快速生产地理的不均衡发展和地方性的新景观——一种由生产资料类型引发的差异性景观——进而作为下一个阶段发展的问题与资源（地方历史于是成为生产独特的空间商品的生产资料）。

作为危机的形式——市场的竞争引发两种基本的空间变化。第一，调节生产流程中各要素的空间关系，减少生产过程中可能的空间交易成本。这是生产端的对策与措施。这立即就与各要素的市场价格相关，与各要素共同形成的综合生产成本相关，进而形成多种空间模型。比如，其中一种是，核心要素，资本、管理者、技术人员（除了大量普通的体力劳动者），乃至生产工具和生产资料都是外来，只是在当地生产，产品不在当地销售，而是对外销售，市场在外。改革开放后的东莞发展是该模式典型的一种。这一模式，因前面提到的不均衡地理发展导致的格局而形成——或者说，它继续生产了这种地理不均衡的格局。

资本逐利的本质，使其自觉优化积累过程中的要素配合，提高市场竞争力（它需要通过创新来提高生产的竞争力和生产出新的、更高附加值的产品和市场）、减少成本（生产与消费成本），获得更高的利润。如果市场规模不变或萎缩，而地方不能为其提供市场（此模式中市场往往原来就不在地方），加由生产要素价格的上涨，如土地价格的上涨、劳动力价格的上涨、地方生产生活资料的上涨等，势必导致资本的地方撤离，寻找更适合积累的地点。这是东莞等东部沿海一些城市在 2008 年以后发生的一般性状况，形成产业的空间转移，向中国内陆、东南亚或者印度等国家和地区的空间转移——内陆地区的重庆、河南等部分承接了这拨产业的空间转移。

第二，哪里有大规模的市场，在权衡成本与利润关系后，就将生产本地化，减少产品与消费者之间的空间距离，以占领市场。这是消费端的对策与措施。这一模型中往往是外来资本、知识与技术，其余都是本地要素，利润则是外输的（最后也很有可能转变为本地资本等；核心是利润外输）。曼纽尔·卡斯特多次谈到，西方公司看中中国的不仅仅是廉价的劳动力等生产要素，由于中国巨量的人口规模，更重要的是它无比庞大的市场；"多国公司的目的是要穿透中国这个市场，扩张散播未来投资的种子……它们需要自由地创造自身的供给和分配网络。"（卡斯特，2006，280）中国各城市的大型超市"沃尔玛"是该模型典型的一种。

现实的情况是，前面提到的两种模型相互作用，共同构成生产实践的理性。一方面必须调整生产内部的要素——包括各要素空间之间的距离成本，以提高生产效率——它们是市场残酷竞争的必须；另一方面，需要拓展市场，从规模、类型、交易速度上开拓新市场。货品经由市场后资本者获得的货币，在竞争的压力下，需要用于提高交易效率，即包括交易规模、交易利润和交易速率。更具体说，它首先需要用来支付交易成本，也因此它需要尽可能促进降低交易成本。这导致大概是过去一个世纪中最令人激动却又无比烦恼的变化，巨大程度改变了人类的存在方式。机械交通速度的提升、密集航线的开辟、电报电话特别是互联网的兴起，使得市场的空间范围（规模）和空间密度（交易种类与交易可能性）大大增加，它既增加了交易的速率、生产了新的交易类型，也促进了生产者、经营者更大可能发现消费者；按照哈维的说法，这是一个"时空压缩"的时代。这一进程还将持续下去，在工业时代形成的空间规划模型——作为一种空间理性范式——在现在与未来，在降低交易成本的创新驱动下，在信息时代面临着前所未有的挑战。一个基于地方的相对静态的空间规划模型，要面对高度流动性的严峻挑战。一个由水平与垂直向各层级亚空间关联构成的空间矩阵，其中的某些亚空间由于受到资本的青睐而冲击原有空间矩阵的稳定性。

货币还需要来支付管理成本、生产工具、生产资料损耗和劳动力的工资。这意味着资本者需要通过制度与知识创新来减少管理成本；通过技术创新提供更有效率的生产工具；通过①到它处发现新的、廉价的生产资料（往往转移到后发国家或地区）、②环境修补来应对生产资料耗用问题——环境修补成为资本积累的一部分；通过①降低劳动力工资；②将大量初级劳动岗位转移到低工资地区；③生产大众消费和新类型的大众消费吸纳劳动力工资。

这一过程形成资本再生产的一部分。所有在一般商品生产的过程中造成的问题，都将成为资本再生产的空间，资本积累的新空间——资本能够从任何问题中嗅到生存和利润的空间。在一定空间边界内（如某一个国家）的资本积累，随着生产与再生产过程中带来的社会两极化，进而严重消费不足、市场大规模萎缩的状况，即是危机出现之时。应对资本积累危机只有两种基本方式。第一，如前所述，资本向外拓展，寻找新的同属性类型市场（规模扩大，或者转移，不是属性变化），如从发达国家到发展中国家。它通过"复制"生产过程，在地化生产商品；进而也就意味着它将巨大程度"复制生产流程的空间"——可能结合地方的政策和物理现实而有所调整，进而产生生活方式和观念的变化——被众多学者指称为"移植的现代性"。❶ 第二，在一定空间边界内强化资本再生产的创新，通过技术、制度、市场等创新来生产新的市场、新的消费空间。因此，它必须摧毁原来的空间，生产出匹配创新的空间——New、Neo-、Post、Late 等词语或前缀是西方发达资本主义国家学术界用来表述新状况或不同前期状况的常见词语。

　　哈维进一步深化列斐伏尔关于积累危机与空间的讨论。他提出，危机的转移有几种方式。一种"局部危机"，在某一地区、某一部门内部出现；危机在地区内、在部门内部传递。随即是"转移危机"。当该地区或该部门内部无法应对危机时，就会出现从一个地区转移到另外的地区，如从东部转移到西部，从城市转移到镇乡；从某一部门转移到另外的部门，如从房地产部门转移到金融部门；从消费部分转移到生产部门。最后，当所有转移都失效时，就出现"全球危机"。哈维还谈到了资本积累的三个回路（一般商品、建成环境、社会性花费三个不同属性的市场，也可以把它们看成是三个部门，进而形成前面提到的"转移的危机"）。在一般商品生产遇到危机时，资本将转移到建成环境，这一过程需经过政府对于资本市场的调节；第三回路是进入到社会性花费，如教育、警察等。(Harvey, 1985)

2　管理型与经营型政府

　　政府是调控市场与社会不可或缺的要素，政府本身也需要占据空间。政府通过对市场抽取税、费（这一过程也可以看成政府在市场交易其管理，获得利润的特殊形式），进而再投入到社会生产与再生产的领域，其中包括集体消费、发展政策、维护社会秩序、军事警察以及意识形态等。这是指的集体消费，是一般性公共品的概念；如公有的公园、公共交通、能源、公共安全以及公租房等。而大众消费则不同于集体消费，它是指在市场上销售的大众商品，如商品房。

　　所谓的管理型政府，它并不直接介入资本的生产与再生产过程中，尽管其收取税费可以间接投入资本积累过程。它只是经由对市场的管理（除了维持市场秩

---

❶ 卡斯特尔认为改革开放后中国的高速发展部分地得益于较晚进入全球化经济（late arrival to the global economy）；随着时间流逝，这一优势将逐渐消失，逼迫着中国面对和它先行的邻国们相同的矛盾。见 Castells Manuel. End of millennium. Oxford；Malden，MA：Blackwell Publishers，2000. P336

序，还有经由对不同产业的税率高低调节，选择和调节在地的产业类型），进而生产社会公共品，生产地方社会的生活舒适度和幸福感。

但是由于技术的快速发展，地区与区域交易空间成本的下降，使得资本可以快速进入与撤离，导致地方社会发展的高度不确定性，形成哈维指出的，从 20 世纪 70 年代以来，无论是什么样意识形态的政府，都从管理型的政府转向经营型的政府，以试图保证对资本的一定控制，进而生产可以预估的确定性（Harvey，2000）。城市营销（Urban Marketing）成为一种普遍现象。1974 年成立的新加坡淡马锡公司、20 世纪初以来的重庆的"八大投"❶都是政府管理下的典型的经营型（资产、建设、投资、金融等）公司。这是在总体格局中，地方政府的理性选择与实践。

也就是说，在图 1 中，管理型的政府只占据图表中中左侧的部分；它既不介入市场，也不介入资本的再生产。但经营型政府，同样要进入资本积累的进程。这直接导致了空间属性的复杂性。在前一个阶段，公私关系相对明确。管理型的政府通过收取地方税费建设地方的公共品，也通过"筑巢引凤"，吸引私人资本投入地方生产；公的空间与私的空间属性与边界相对明晰；后一个阶段，往往形成公私合营，政府通过信用担保吸纳大量的私营资本，进而形成混合的公私股权结构。公共品的生产过程中有私人的资本，私人的空间商品生产过程中也可能有公的股权在其中。在经济全球化和新自由主义支配的情况下，理想的政府模型可能是经营型与管理型政府的结合。政府的经营是一种手段，不是目的；经营的目的是为了更好的管理，为地方民众提供更适宜生活的场所，改善公共基础设施、促进公共福利、丰富公共领域的社会生活。

管理型政府主导下的空间规划，往往是根据地方的等级、规模的空间计划性配给生产。一个典型的例子是"二战"期间德国的费杰尔提出的空间配给，这是一个极端理性的过程。他通过对德国 72 个小城市的调查研究，提出 2 万人的城市需要什么样规模的行政、公用、生产等设施，相关建筑又如何布局、需要多少土地等等。他甚至细致到所需的公共厕所、公墓和骨灰盒的数量，是一种均衡化的空间布局生产，更多考虑到空间的使用价值。（见图 2）这种方式存在的一个问号是，基于对过去的研究能否得出对于未来的设想。在相对静态的模型中，这个答案可以是积极的，它可以是基于过去的经验，优化过去的结构，得到更理想的空

❶ 重庆的"八大投"是一个简称，包括不止八家市控公司。如渝富、地产、城投、交旅、高发司、开投、建投、水务、水投。渝富是金控公司，地产是地产运营商，城投是城建公司，高发司与交旅分别是高速公路与城市道路建设的运营商，开投是城市公交运营商，建投是能源运营商，水投、水务是水利与供排水运营商。

序号	公共设施数量	标志	⬛=5 工作人员	用地面积	建筑底层面积概略建筑尺度建筑总面积（每一单位长方体=100m²）
1	娱乐中心		70	5000m²	依层数而异 4450m²
1a	初级法院		37–38	4000m²	600m² 1680m²
2	财政局		58	2800m²	700m² 1700m²
3	劳动局		48	1400m²	720m² 1450m²
4a	区行政局		a60	4100m²	800m² 1950m²
4b	区储蓄所		b33		
5	党部机关		5–6 6–7	1900m²	550m² 1100m²
6	公众会议厅		bewirtschaftung an unternehmer–verpachtet	4800m²	1600m² 2400m²
48	养老院		13	20000m²	1300m² 3000m²
49	公墓		1	130000m²	85m² （70–100m²） （70–100m²） 85m²
50	火葬场		（1）	1000–3000m²	按技术培训制造

图 2 "二战"期间德国的建筑师戈特里德·费杰尔提出的 2 万人城镇的空间配给，1939

资料来源：A.B. 布宁，城市建设艺术史：20 世纪资本主义国家的城市建设 [M]，北京：中国建筑工业出版社，1992：152

间布局与形态。但在高流动性的状态下，这个回答必然是否定的。对于过去的研究很可能转变为生产高附加值商品的一部分——它不是要遵循过去的模式，改良过去的模式以服务于地方民众，而是要将过去的模式转换为可以交易的商品，往往用于吸引外来者。

经营型政府主导下的空间规划，以"生产利润"为基本导向，是一种去均衡化的空间布局生产，更多考虑空间的交换价值，进而形成空间开发强度的曲线与市场竞租价格曲线的重叠，形成优质空间公共品周边高强度开发的基本模型。经营型的政府于是进入两重危机。一是本身成为资产者、进入积累的循环而面对可能爆发的资本积累危机，如前所述，它必须通过克服（Fix）资本积累危机的若干种方法，包括向外的空间扩展（量）和内部空间的创新和结构性转变（质），来生产新的市场。如果我们把城乡看成两个不同的部门，不同生产方式的部门，当城市部门出现经济危机时，往往就出现如前所述的，一种向乡镇、向农村地区的转移；另外的一种，也就是"腾笼换鸟"，通过城市部门空间内部要素的调整，来生产更高的、更有竞争力的积累——但同时，如马克思所言，也生产着潜在的更激烈的危机。另一方面，它还将面对资本积累带来的另外两个难缠的问题，即社会的极化及其带来的公平正义和环境恶化问题，挑战权力的合法性。卡斯特曾经论断，"发展中国家植根于两个相对自主性的前提：面对全球经济的相对自主性使本国公司在国际领域具有竞争力，控制贸易和金融流动；面对社会的相对自主性则压制或限制民主并在生活水准的改进而非公民参与上建立合法性。"（卡斯特，2006，293）

严重危机出现在空间中市场的萎缩；需要结构性调节原有的生产方式以应对危机。大致可以把 1968 年作为现代欧美社会较近的一次转型年，从一种总体理性向另外的一种总体理性的转型；从 1945 年以来的"生产型"社会、生产"生产"的社会向"消费型"社会，生产"市场"的社会转型的特定年份；从"福特制"转向"后福特制"的灵活积累的生产方式；政府从管理型向经营型转变的年份。三年之后，布雷顿森林体系的解体，意味着 1944 年以来的金本位、固定汇率以及和美元挂钩的国际货币体系无能应对新时期的状况。

规划作为应对危机的一种工具，按照尼格尔·泰勒的分析，在两个阶段表现出十分不同的状态。在前一个阶段，"①城镇规划是物质空间形态规划。②城市设计是城镇规划的核心。③城镇规划当然涉及到编制'总体'规划或规划'蓝图'，这种蓝图应以统一的精细程度表达城市土地使用和空间形态结构，形成'终极状态'规划，同时对建筑或其他人工结构环境进行，这种工作最好由建筑师或工程师来完成"。（泰勒，2006，9）而在 20 世纪 70 年代以后，则转向了系统规划、理性过程规划（一个把对象科学化，从系统角度理解对象的变化，一个从方法、手段、过程理解规划）；规划师从建筑师、专业人士转变为具有特殊技能的沟通者、协调者；规划师的基础知识从美学、艺术转向社会学、经济学等；规划从"艺术"转向了"科学"和"社会"，从技术理性更多转向了社会理性。根据温铁军的论述，当代中国社会在 2000 年左右，从之前的资本稀缺型社会进入了资本过度积累的社会。（温铁军，2013）泰勒对于西欧社会前后两个阶段规划的论述、比对和变化分析，可以作为一种借镜 ❶。

3　较近历史的解释：空间相关

表 1 是不完整、有缺漏的"1978–2017 世界、国家与城乡社会与规划大事略表"，每个思考者都可以对这 40 年间国际、国内和行业内的大事有自己的观察和分期判断。四十年间，大致可以分为三个时期。第一个时期从 1978 年到 1992（1994）年（1992 年邓小平南行，推进改革；1994 年时任副总理的朱镕基推动一揽子改革）。第二个时期从 1992（1994）年到 2008 年；第三个时期从 2008 年至今。

第一个时期（16 年）是管理型政府向经营型政府转变的过渡期。1988 年的《土地管理法》规定土地可以作为生产要素进入市场，土地使用权可以依照法律的规定转让。1990 年颁布《城镇国有土地出让和转让暂行条例》，促进了城镇土地的市场化。1980 年设立深圳、珠海、汕头、厦门经济特区；1984 年进一步开放 14 个沿海城市；1988 年设立海南省级特区；1990 年开发上海浦东；同年颁布《城市规划法》并在随后的《城市规划编制办法》规定了控规的内容和编制要求；新区、开发区成为各个城市开发的一种基本模式。以我国港澳台地区为主的资本、技术、管理带动珠三角地区的快速发展。财政包干制是这一阶段中央与地方的财政制度，一定程度上激发了地方政府的积极性，也带来中央财政收入比重下降的问题。

该阶段市场要素虽然有所启动，但在社会生产与再生产过程中不占有重要位置。从规划层面上看，这一时期最主要是①松动了"土地"作为生产一般性商品所需的生产资料的入市，并快速配合与规划立法和相关编制办法，使得可以上市的土地转变为可以生产使用的空间；②"财政包干制"的中央与地方的财税制度，一定程度上促进地方政府，特别是东部沿海地区的地方政府（作为空间生产的主体）

---

❶ 同时也应意识到中、西间的差别。从生产型社会向消费型社会转变、从资本稀缺型社会向资本过度积累转变具有一定的共同的趋势，但各地方社会的政治、经济和文化的差异性，知识和技术的能力、对问题的批判和反思能力的差异等，都导致对问题认知深度的差别，进而是发展路径的不同。

1978–2017 年世界、国家与城乡社会与规划大事略表 ❶　　　表 1

	世界范围	中国国家与城乡社会		主要相关规划或政策
1978–1988	·新自由主义兴起 ·"世界社会史和经济史的革命性转折点" ❷	·乡村：家庭联产承包责任制 ·中央—地方政府财政包干制 ·城市企业"利改税"、股份制改革		·设立特区 ·城市经济开发区
1989	·《历史的终结？》❸ ·《华盛顿共识》	·"历史性的界标" ❹		·高新技术产业开发区 ·《城镇国有土地出让和转让暂行条例》（1990） ·《城市规划法》（1990）
1991–1993	·苏联解体，社会主义阵营解体	·邓小平南行（1992）		
1994–1996	·北美自由贸易区协定 ·世界贸易组织成立（1995） ·世界环发大会（1992）	·汇率制度改革 ·金融制度改革 ·分税制财政制度改革 ·国有企业改革		·城市土地利用规划修编 ·城市总体规划修编 ·《中华人民共和国城市房地产管理法》（1994） ·《城市房地产开发管理暂行办法》（1995） ·《城市规划编制办法实施细则》（1995）
1997–1998	·亚洲金融风暴 ·网络经济泡沫出现 ·全球出现新的地区经济合作	·单位制逐渐解体 ·公共福利与服务的局部退出 ·《个人住房贷款管理办法》（1998） ·《中共中央关于农业和农村工作若干重大问题的决定》（1998）	·住房制度改革 ·医疗制度改革 ·教育产业化与高等教育扩招	·《土地管理法》（1998） ·地方政府土地财政收益与房地产开发 ·竞争中的城市与城市空间发展战略规划 ·城镇体系规划 ·大学城规划与建设 ·概念性城市设计与控规调整 ·分期建设规划 ·各种专项规划 ·新农村建设
2000		·实施西部大开发相关政策 ·提出关于农村与小城镇的发展的相关意见		
2001	·美国 9.11 恐怖袭击			
2002	·欧元正式流通	·中国加入世界贸易组织（2001.12）		
2003–2007	·《北京共识》（2005）	·启动新农村建设，全面取消农业税 ·提出促进中部崛起的相关意见 ·"振兴东北老工业基地" ·通过《物权法》（2007）		·《土地管理法》（2004） ·《城乡规划法》（2007）

❶ 此表最开始使用在笔者的《产权、空间正义与日常生活》一文中。本文对原表有较大增补和修改。

❷ 大卫·哈维在《新自由主义简史》的开篇语和判断。

❸ 弗朗西斯科·福山在 1989 年出版的一本很有影响和引起争议的书，提出了资本主义在全球的胜利。但他后来又出版了《国家的建构》一书，重新修正这一提法。

❹ 引用汪晖的话语："1989 年，一个历史性的界标。将近一个世纪的社会主义实践告一段落"。见汪晖：当代中国的思想状况与现代性问题。此文刊、转载于多处。网络见中国学术论坛 http：//www.frchina.net/data/personArticle.php?id=120

续表

	世界范围	中国国家与城乡社会	主要相关规划或政策
2008–2017	·世界金融危机与经济萧条 ·国际贸易保护主义浮现 ·哥本哈根世界气候大会 ·英国脱欧 ·人居三 ·特朗普当选美国总统，提倡"美国优先" ·民族主义抬头	·"扩大内需" ·"提高竞争力" ·"城乡统筹" ·产业"腾笼换鸟" ·加强"社会管理" ·"改善民生" ·"回购公共服务" ·三家巨型互联网公司"BAT"（百度、阿里巴巴、腾讯）影响、甚至左右社会生产与日常生活 ·"新型城镇化" ·"供给侧结构性改革" ·"一带一路" ·"雄安国家级新区"	·《城乡建设用地增减挂钩试点管理办法》（2008） ·区域规划 ·主体功能区规划 ·"新区"规划 ·城乡土地流转与新农村规划 ·保障房规划与建设 ·乡村规划 ·城乡风貌整治 ·《国有土地上房屋征收与补偿条例》（2011） ·国家级新区（2010 以来密集设置） ·自由贸易区（2013–） ·大数据与智慧城市 ·海绵城市、韧性城市 ·城市双修 ·城市设计 ·特色小镇 / 传统村落

的生产积极性。因为处于过渡期，变革的理性做法是从旧有空间剥离出新的空间，产生新的经济、行政体系运行的空间，以获得更好的经济效益和效率。经济特区、沿海开放城市、省级特区、浦东开发、各地各城市的经济开发区或新区，都是这一"裂生模型"的产物。但"裂生"的办法并不只是在这个时期才有，而是贯穿了整个40 年间，特别在 2008 年以后遭遇世界经济大衰退后，各种国家级新区、自贸区等快速出现。彼时四处开花的开发区看起来似乎是一种不理性的空间实践，却恰恰是一种中央政府制定政策框架下地方政府理性行为的结果。此时地方政府仍然是典型的管理型政府，它要应对计划经济时期遗留下来的大量建设问题，一个不很恰当的比喻是，如西欧各城市地方政府要面对 1945 年"二战"后的大量建设状况。此时"市场"不是问题，提高生产效率和生产量才是问题。

　　第二个时期（14 年）是市场快速发展和进入经营性政府的时期。1994 年的汇率、银行、国企以及中央与地方的分税制等一揽子改革促进了中国的市场化进程。市场化的进程至少是在两个空间层级关系里完成的。第一在中国空间与全球空间之间。汇率、银行制度改革和加入世贸（2001）推进了中国的外向型经济，"出口"成为拉动中国经济最重要的三驾马车之一。"出口"的市场（外向型的市场）拉动了国内一般性商品生产的繁荣（往往在东部沿海地区，以减少商品运输的空间成本），促进了巨量一般劳动力的空间移动（往往来自偏远内陆地区，如四川、河南等；

经济发展的地理不均衡使得在东部地区，一般劳动力能够在市场上找到更好的销售价格），形成世界独一无二的、疯狂的"春运"奇观——进而剧烈改变着原有的城乡关系。

　　第一个层级的贸易顺差部分投入到城市建成环境的投资中，形成了城市建设的繁荣。从其内部机制观察，有其独特的中国特征。分税制的改革和获取土地财政的目的促成地方政府成为地方开发的主体，促成其在政策（甚至一定程度突破政策，开始呈现一定的博弈状态）框架下，修改城市总体规划，以期取得更多的可建设用地（或者说，可交易用地）。该阶段的城市总体规划编制不完全再是上一个阶段基于对地方人口、土地、产业类型、布局等的预测基础之上（一个基于使用价值的过程），而更多考虑市场的要素、考虑获得更多的土地指标，以及内部空间要素的市场化可能性（一个基于交换价值的过程）。此时的土地既作为一般商品的生产资料进入市场，更多的是作为住房等建设环境商品的生产资料进入市场。需要注意的是，这一过程还配合与住房制度改革、医疗制度改革等，将住房需求等推向市场，配合与房地产开发制度、房贷制度，进一步完善了从市场、土地、空间、银行贷款等一系列的资本积累所需的流程。在行政集权与地方政府间高度竞争状况下、在土地财政政策架构下的地方政府圈地行为是其理性的实践。温铁军称此阶段的体制是"中央承担最终风险条件下的地方政府公司化竞争"。（温铁军，2013）此时地方政府已经从管理型政府转向经营型政府；由于国内、外市场总体良好，增量型建设仍然是这一时期的主导状况。1997 年出现的亚洲金融危机、1998 年的网络经济泡沫等外部性的状况，促进了内部增量的空间拓展（应对危机的办法与危机的空间转移），包括提出西部大开发、促进东北老工业基地（区域层面）、农村与小城镇发展（城乡关系）、大学城建设（局部增量）。

　　2008 年以来的世界范围经济不景气持续至今，影响深远。它导致产业在全球、地区和国家内部的空间转移（如从中国东部沿海地区转移到中西部地区；迫使内陆地区的城市政府制定相应的空间规划来承接这一波的产业转移）；也促成了国际贸易保护主义的出现，导致世界范围民族主义（Nationalism）的抬头。外部市场萎缩危机的理性反应是生产内部市场，亦即扩大内需。如前所述，基本方法只有两种，一种是量的增加，一种是质的提升进而带动新量的生产。"新型城镇化"的政策本质上是应对这一轮经济危机的国家理性实践，通过"量"和"质"的提升，来生产更大的市场。它期待通过重要城市的创新来生产优质市场；通过镇乡发展，来生产一般性市场的增量。"一带一路"更是试图通过促进内陆国家与地区的生产要素流动，来生产潜在的巨大市场。值得注意的是，此阶段三家巨型互联网公司、即百度、阿里巴巴和腾讯已经成为影响甚至左右社会生产与日常生活的重要力量。

此时的地方政府仍然是典型的经营型政府，但面临更加复杂、尖锐和综合的社会问题；环境恶化与社会公平正义的基本问题在这个阶段更加凸显。图 1 中前面未经讨论的"社会"要素在生产"资本积累"与"权力合法性"过程中的权重有所增加。

4　理性规划：应对危机工具

马克思在《关于费尔巴哈的提纲》中谈到："人的本质不是单个人所固有的抽象物，在其现实性上，它是一切社会关系的总和"。(马克思，2008，56) 从马克思的角度出发，作为一种人造物的空间也不是其本体的构成，而是存在于与各种空间的关系之中。现代性的特征之一就是，与外部空间（特别是与上一个层级的空间）的关联支配了内部（地方）空间的发展状态，地方不再是内生的发展，而是受制于外部性关联的属性、密度、速率和变化——此处将不同等级或属性的空间关联称之为"空间间性"(Inter-Spatiality)。存在着各种空间间性，问题与危机在空间间性中移动、传递、蔓延、爆发。空间规划同样也不是一个抽象的名词，而是与各种空间关系相关。作为应对危机的工具一种，规划至少要在以下四种空间间性及其复杂关联中实践；规划的理性状态存在于各种空间间性的问题、危机及其相互关系中，不能仅在规划本身内部谈论规划的理性或者非理性。

4.1　四种"空间间性"

第一种是"全球——民族国家"的空间间性 ❶。新自由主义鼓吹经济全球化(去政府管控)、民族主义则提倡加大国家经济边界的控制。当经济危机从某一国家、某一地区爆发，进而通过全球经济网络蔓延到其他国家与地区时，民族国家自然就会理性收紧经济边界，以降低危机带来的破坏，进而造成地区、国家贸易保护主义的浮现 ❷，新重商主义成为民族国家的一种政策实践。规划此时的功用，即是在国家空间边界的外部和内部，开拓市场，促进积累；如前述的"一带一路"就是国家层面的规划，作用于亚洲腹地与东欧的国家与地区。在经济日趋全球化的今日，此层空间间性变化，左右着各个民族国家内部的结构性空间生产。

第二种是"国家—地方"的空间间性。作为民族国家内部的一组最主要的空间关系，此层受制于"全球—民族国家"关系变化的影响，却有自己独特结构，如"联邦制"、"共和制"等。此处更强调中央政府与地方政府间的行政与财税关系。此层关系影响与左右各空间主体的作用，进而再作用于空间规划（如前述的 1994 年

---

❶ 此间性有多重涵义与内容，包括文化、意识形态、军事等。本文此处主要讲经济关系。
❷ 民族主义的表现，还包括收紧移民，将非本国国民的低端劳动力驱逐出境等。

的中央与地方的分税制）。地方政府的规划是在此层空间间性约束下的理性实践。通常来讲，联邦制的国家比起集权制的国家，对地理的不均衡发展有更强的制衡能力。

第三种是"城市—乡村"的空间间性。对于发达的资本主义国家而言，城乡已经成为资本积累的一种空间而不是两种空间，是同一属性的空间。对于如中国等发展中国家而言，它们最本质的不同，是两种生产方式的空间—— 一种是资本积累的空间，另一种大多数仍然是小农生产方式的空间。城市中的经济危机往往通过转嫁乡村而得以缓解。（温铁军，2013）"城市规划"到"城乡规划"，是一种生产方式的空间规划试图向小农生产方式的乡村扩散的表现。农村的规划与建设已经成为近年来的热点；"特色小镇"、"传统村落"等已经成为资本下乡的空间。

第四种较为不同，不是如全球、国家、城市、乡村的不同空间尺度、范围间关系，而是不同空间属性间的关系，即"公—私"之间的空间间性。1994 年后的一系列改革，把部分公共品推向市场，即是"公—私"及其空间关系的一次调整。随着市场化深度增加，以及管理型政府向经营型政府的转变，公私产权关系的交杂、混合（如建设中的 BOT、PPP 等模式），使得"公—私"之间的空间间性比以前任何时期都更为复杂和不容易辨识。社会民主主义的国家通过对私部门的提取高税率，来生产高质量的公共服务与空间。而新自由主义的国家则尽可能减少公部门对于私部门的管制，削减公共福利。不同的"公—私"间性直接导致空间规划的巨大差异❶。

4.2　三个"元危机"

前面谈到，危机越来越出现在资本积累的过程中，但这不是全部。资本积累引发两个直接问题：社会极化与环境恶化。资本积累危机、社会公平正义危机和环境恶化危机是三个"元危机"，其他的次级危机都是三个"元危机"在不同社会和空间亚领域中的分身。卡斯特在《网络社会的崛起》一书中谈到，信息技术广泛的社会应用，将进一步导致社会极化，这加剧了资本积累的危机和合法性的危机。

作为国家政策的"新型城镇化"，是一种调整城乡关系的空间规划。它旨在应对"元危机"（图 3）。"它必须在全球和地区范围的技术更新、产业升级、生产关系调整的状况下，以及在来自其他空间激烈竞争的条件下，处理资本积累危机、

---

❶ 在较近被翻译的一篇文章中，弗里德曼提出了正对亚洲大城市空间规划三个空间层级，及针对整体巨型城市群落的系统性规划、大都市以及 / 或者市政层级的规划、邻里层级的规划。从笔者的观点，弗里德曼简化了空间间性的复杂性。见约翰·弗里德曼，关于城市规划与复杂性的反思，城市规划学刊，2017 年第三期。

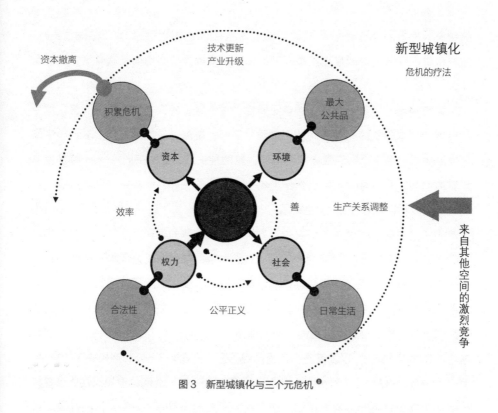

图 3　新型城镇化与三个元危机 ❶

社会极化和环境恶化的基本问题。一方面，它必须促进资本积累，提升交易效率
和获得更高的利润率；第二，它必须应对资本积累、社会生产与再生产过程中出
现的公平公正的问题，改善日常生活的品质；同时，它要面对最大的公共品——
环境（地区与全球）恶化的困境。权力的合法性将建立在资本、社会和环境构成
的矩阵中，在资本积累危机、日常生活和最大公共品构成的基础之上。"（杨宇振，
2016，234）三个"元危机"经由时空过程在四层"空间间性"中运动和交互作用，
形成各个尺度空间中的具体问题，成为空间规划必须应对的对象。

4.3　破碎的理性及其未来

　　作为应对危机的一种工具，理性规划立即遇到对危机产生的理解与认知。只
有认识问题的本质和根源，才有可能找到合理处理问题的方法和手段。由于"空
间间性"的存在，在上一层级空间间性中产生的危机、应对的策略，是"问题—
应对"的理性过程。在许多状况下，这一应对的策略、方法、手段、甚至是口号，
在政府层面，经由上一层空间间性传递至下一层时，却往往不是应对问题的回答，

---

❶　该图引自杨宇振. 新型城镇化中的空间生产：空间间性、个体实践与资本积累 [J]. 建筑师，
2014，（04）：39–47.

而是移植的结果；加上地区的不均衡地理发展，很可能导致"削足适履"甚至是荒唐的状况。

如前所述，理性具有时空过程，有其辩证性。某一空间中的理性，很可能在同时性的或更大或更小的空间中，就是一种非理性。某一空间中的理性，也很可能在下一个时期，成为荒唐之举。现代性的一种特征是，地方空间的状态受制于更大的空间关联（即是一种空间间性）。某空间范围内的理性规划，需要认知更大空间层级中的问题与危机。某一阶段的理性，也需要具有内向的批判性，来审视该种理性可能存在的问题[1]。

当下的困境是，在空间与空间日趋紧密关联的世界里，在"时空压缩"的状态下，在资本加速的生产与再生产状况下，在信息技术史无前例的快速发展过程中，在消费社会中，在虚拟资本的数值不断惊人放大的状况下，在严重的社会极化和在全球变暖的状态下，尖锐问题的爆发层出不穷。此问题一登场不久，下一个问题随即出现，它们构成运动的场景，而不是静态的画面。[2] 长期的计划不再有效。应对一个问题的理性规划，很快又将被应对另外一个紧急问题的理性规划所替代。一个概念刚刚提出，瞬又被另外的新概念所掩盖而黯淡消失。一个需要提出的问题是，局部的理性、片段的理性是构成总体的理性还是不理性？快速登场的、破碎的理性能导向人群的自由与幸福吗？理查·桑内特在《新资本主义的文化》中，回顾了 20 世纪 70 年代以前科层制的社会（生产）结构，一种工具理性生产出来的结构，一种僵化的组织方式（在后来人看来），却也生产着一种确定性和某种社区感，提供更多的公共福利（彼时被认为是"理所当然"的事情）。他进一步调查了新时期的中产阶级，基本结论是，旧的科层制被拆解后，资本的灵活积累，对短时利益的追求、不在意于过去的价值而更重视应对问题的能力（意味着劳动力需要不断地学习新技能）、不断的追新等等，带来的是更多的焦虑。他说："我想与他们争辩的并非是关于他们所说的新资本主义的看法是否真实；社会机构、技能和消费模式确实发生了变革。我想说的是，这些变革并没有让人们获得自由。"（桑内特，2010，11）

重新回到"使用价值"（摒弃完全追求"交换价值"的观念）、回到对"日常生活"

---

[1] 齐格蒙·鲍曼在《现代性与大屠杀》中讨论了"二战"德国的集中营，谈到个人的理性却最终导致灭绝人性的大屠杀。

[2] 因此，在 20 世纪末，有西方学者林欧（Charles Lindblom）提出"混过去"（Mudding through）的理论，认为在充满复杂性及不确定性的公共政策环境中，既然决策过程无法完全合理化，既然决策者及规划者也不可能有完全足够的资讯与知识去做合理的判断，那么为了便于政策的制定及执行，有时候我们只要满足局部合理、短期阶段性目标的达成即可，有时甚至采取应对过去（Mudding Through）的方式也不失为一好的策略。

的关注、提倡专注和"匠人精神"（以及在此中得到的满足感和自我认同）；或者
回到小群体社区当中（在相互间更紧密的关联中——却亦即意味着一种限制——
获得稳定感）、在快速变化中维持相对慢的实践等主张，是些思考者提出的策略。
这些策略是局部的理性，可能短时可行，来应对当下与不远的将来的问题，以获
得在"流动的现代性"状况下的身份认同和意义。它们既可以是空间规划的实践
路径，来应对当下的各种问题；也可以是空间规划者（既作为社会人又作为专业人）
自身实践的方向，以减少煎熬着的焦虑和无助。总体的理性，却是要指向社会和
谐与人的幸福和自由——这需要的却首先是社会与个体的批判性反思和内省。从
这个意义上讲，理性启蒙仍然是一种必要。

参考文献

[1] （美）曼纽尔·卡斯特尔．千年终结 [M]．夏铸九等译．北京：中国社会科学文献出版社，2006．

[2] Castells, Manuel. End of millennium. Oxford；Malden, MA：Blackwell Publishers，2000．

[3] Harvey, David, *The urbanization of capital：studies in the history and theory of capitalist urbanization*，Baltimore, Md.：John Hopkins University Press，1985．

[4] Harvey, David, *. From Managerialism to Entrepreneurialism：The transformation in Urban Governance in Late Capitalism*，in Malcolm Miles, Iain Borden, Tim Hall, （ed.）*The City Cultures Reader*，London and NY：Routledge，2000．

[5] A.B. 布宁，城市建设艺术史：20 世纪资本主义国家的城市建设 [M]．北京：中国建筑工业出版社，1992．

[6] 戴维·哈维，后现代的状况——对文化变迁之缘起的探究 [M]．阎嘉译．北京：商务印书馆，2003．

[7] 马克思，恩格斯．马克思恩格斯选集 1–4[M]．中共中央马克思恩格斯列宁斯大林著作编译局编译．北京：人民出版社，2008．

[8] 尼格尔·泰勒．1945 年后西方城市规划理论的流变 [M]．李白玉，陈贞译．北京：中国建筑工业出版社，2006．

[9] 杨宇振．资本空间化：资本积累、城镇化与空间生产 [M]．南京：东南大学出版社，2016．

[10] 温铁军．八次危机：中国的真实经验 1949–2009[M]．上海：东方出版社，2013．

[11] （美）理查德·桑内特．新资本主义的文化 [M]．李继宏译．上海：上海译文出版社，2010．

杨俊宴

YANG JUN YAN

中国城市规划学会学术工作委员会委员
城市设计学术委员会委员
东南大学建筑学院教授
东南大学智慧城市研究院副院长

城市规划与设计的数字化方法

在当下信息化、数字化、网络化的时代语境中，城市的内涵与形态正在发生日新月异的变革，通过传统的城市规划设计方法对城市空间进行整合和安排变得越来越难。城市规划设计将在数字技术的推动下，应对城市这一复杂巨系统的需求做出方方面面的变革，从而获得新生，逐步发展成为数字化的城市规划设计。

数字化城市规划设计为城市规划学科提供了令人振奋的机遇，也向城市规划设计的理论建构与实践应用提出了新的命题。一方面，数字技术的发展必将导致传统的城市规划设计在理论、方法、内容等各方面发生变化，使之适应数字时代的需要，规划师在实践中的角色会发生何种变化？另一方面，城市规划设计在向数字化技术靠拢的过程也是对智慧城市发展要求的回应，信息技术如何为其实现提供必要的数据支持和技术支持？这些问题都需要我们重新理解和深入探讨。

1　数字化时代的理性规划与设计需求

数字化时代背景下，科学理性的规划与设计也成为了城乡规划进一步发展的需求与目标之一。首先，规划技术平台在发生着根本的变革，地理信息系统、交互式环境、云计算服务、大数据处理等非传统技术平台的兴起和应用，使得规划与设计过程更为理性科学，另外数字化平台及专业软件的普及也使规划师可以有的放矢。其次，规划的方法手段也在逐步数字化和多样化，为规划与设计的理性化提供了可能。调研方法由单纯人工转向借助数字化设备，分析方法由传统的定性分析转向定量分析和大数据分析，设计方法由经验设计转向数字化设计，成果表现也由手绘转向计算机表现、由静态转向多媒体动态表达。再者，随着我国城市化快速发展进入中后期，对城市规划科学性的认识逐步加深，规划决策者不再一味地追求"好"

的规划，而更关注合理的规划，从而促进规划师去学习和应用新的数字化技术方法为规划设计提供更为科学理性的依据。

理性规划应当体现在由调研、分析、设计、表现四个步骤构成的规划与设计的全过程中：调研是规划与设计的第一阶段，数字化方法有利于在调研阶段获得更为全面和系统的资料信息、基础数据以及理性认知，为进一步分析打下坚实基础；在规划分析阶段通过数字化方法可以帮助规划师理性思考，制定科学合理的研究框架，提取和剖析城市发展的核心问题，从而更为科学地决策判断城市未来发展趋势；在设计过程中，数字化方法可以辅助形态设计，使得方案更具科学理性，有助于引导规划实施和管控；在规划表现阶段，结合数字化表现技术，获得更为生动直观的展示效果，让理性规划得到广泛认可。因此，在规划与设计的过程中，规划师必须顺应时代背景的变化，结合数字化软件工具和科学理性的规划思想，建构起完整的数字化技术方法结构。

2　城市规划与设计的数字化方法群

城市规划与设计数字化技术方法结构的建构结合了上述规划设计的四个步骤，根据其尺度及内容的不同，形成相应的四个数字化方法簇群，如图 1 所示，罗列了 16 种数字化调研方法、26 种数字化分析方法、14 种数字化设计方法和 10 种数字化表现方法。尤其是数字化分析和设计方法，既是实现理性科学规划的实用技术，也是数字化时代下规划工作者的必备技能。

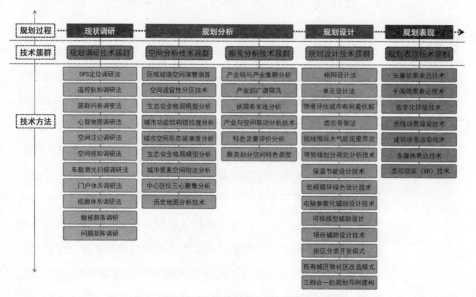

图 1　规划与设计数字化方法群建构
资料来源：作者自绘

3　数字化分析方法

在快速城市化过程中，规划与设计面对更为复杂的空间问题和更为巨大的空间尺度，需要对空间进行更为深入的剖析，数字化技术工具和方法为深入分析研究城市空间提供了实现途径，科学理性地支撑后续设计和规划决策。

3.1　簇群构成

数字化分析方法包括 7 个类别共 26 个技术方法，涵盖了城市规划与设计的分析尺度的多种维度，如宏观区域、城市体系以及中微观的城市形态、场地地形和物理环境等不同层面，同时涉及格局、人口、生态、产业、功能等内容，有助于规划师全面把握规划与设计中各种复杂的时空问题，进而深入分析研究城市空间，为进一步决策规划提供科学理性的依据和技术支撑。在表 1 中列举了包括城市空间格局分析、城市产业空间布局、空间适宜性分区、城市空间特色评价、城市空间形态分析、数据指标分析、场地空间分析等在内的共 7 大类别，以及相关的分析技术方法、技术要点、工具软件和应用领域。

数字化分析方法群　　　　　　　　　　　　　表 1

类别	方法名称	技术要点	工具	应用领域
城市空间格局分析方法	区域城镇空间格局演替测算	通过城镇空间增长轨迹的研究，分析城镇空间发展的规律，进而预测城镇空间的发展方向	ARC GIS MAP GIS AUTO CAD	区域空间结构 空间扩展模式 空间发展趋势
	城市人口格局分布测算	采用蒙特卡罗法，利用随机抽样技术进行统计试验，以求得不同人口分布方案的统计特征值	ARC GIS	人口优化布局
	生态安全格局分级测算	建立完善的生态安全格局模型，使得在其间进行的规划设计不破坏其基本的生态安全	ARC GIS MAP GIS AUTO CAD	城市或地区生态安全格局
	元胞自动机分析测算	基于城市空间发展模拟的 CA 系统来模拟空间复杂系统的时空演化规律，进而预判城市未来发展的趋势和格局	ARC GIS MATLAB	城市未来发展趋势和格局
城市产业空间布局方法	产业链与产业集群分析	对产业链的主导企业、产业链的客体及产业链间的纵横关系进行研究	ARC GIS	产业链及产业集群相关研究
	产业的广谱筛选	分析各类业态需要的发展条件以及该城市地段内的发展特征、资源禀赋、自身能够提供的条件，从中筛选出适宜本地段发展的业态类型群	ARC GIS 筛选矩阵	适宜产业筛选
	产业空间联动分析	对城市产业布局和城市空间结构进行联动分析，实现城市空间经济效益最大化，从而获得更多的效益	ARC GIS	产业布局分析 空间效益分析
	产业的矩阵定位	以城市产业空间功能构成和产业空间辐射的空间范围两种维度形成综合定位矩阵。归纳取舍确定产业空间核心定位	ARC GIS	产业空间定位

续表

类别	方法名称	技术要点	工具	应用领域
空间适宜性分区方法		通过对各空间评价单元的生态保护价值和经济开发需求的叠合，确定其空间开发适宜性类型，提出各种类型区的空间发展方向和管制要求	ARC GIS MAP GIS AUTO CAD	生产力布局、开发适宜性分区
城市空间特色评价方法	城市空间历史地图分析	通过历史地图的建构、解构及重构对其历史空间进行解析，挖掘城市特色	AUTO CAD	城市特色挖掘城市肌理研究
	城市空间特色要素界定	将特色要素按其涉及类别进行聚类，形成若干特色簇群，进而提取各个簇群的代表特色	RGB 叠合 SPSS	城市分类特色要素研究
	城市空间特色定量评价	建立评价模型，对各特色要素的独特性、根植性、认知度、影响度、支撑度、成长性等 6 个方面进行评价分析，得到城市的标志资源	SPSS EXCEL	城市特色要素研究
城市空间形态分析方法	城市空间形态骨架分析	研究城市人文环境与自然环境的关系，挖掘提炼城市的特色资源，并在宏观把握城市空间格局和空间结构形态	ARC GIS AUTO CAD VR	城市特色挖掘城市骨架形态
	城市空间形态的紧凑度分析	以 GIS 为技术平台，对决定城市形态的指标进行分析处理，形成对城市总体形态特征紧凑与否的评价	ARC GIS MAP GIS AUTO CAD	城市形态紧凑程度研究
	城市空间形态的集约度分析	通过空间形态、结构要素和服务功能三个维度构建指标体系，运用数据计算得出城市空间集约利用的评价结果	AUTO CAD EXCEL	优化空间利用模式、空间形态引导
	城市空间形态的空间句法分析	空间句法是建立在图论基础上的关于空间和城市的理论，通过对城市空间相互关系和结构的数量化建模分析，来研究空间组织与人类社会之间的关系❶	ARC GIS MAP GIS MapInfo	要素间结构关系研究
	城市中心的三心聚集分析	通过分析城市人口重心、几何重心及交通可达性重心之间的关系，找出城市主中心的合理区位并预测其变化趋势	ARC GIS MAP GIS AUTO CAD	城市中心区选址及变迁预测
	城市公共设施的希求线分析	由大量同一起点但不同方向、不同长短的希求线构成的放射状图形，用来模拟公共服务设施的近似服务范围	ARC GIS	中心体系布局公共设施布局
数据指标分析方法	指标体系分析	采用逐层解析的方法，将既定目标层层分解，直至分解为最基本的、可用数据直接表示的影响因子，通过对基本影响因子的分析评价来完成对既定目标的分析	ARC GIS	生态安全格局评价、空间分区适宜性评价、空间形态评价
	等级体系分析	通过分析等级体系内的数据指标特征，如首位度和等级差，帮助研究者判断等级体系的整体趋势或某一空间构成单元在等级体系中所处的地位	ARC GIS	城市体系分析、城市规模研究
	错维度分析	在一定空间范围内，通过主要用地类型空间规模与比重的比较分析，反映某一片区内部主导职能的鲜明程度或不同相关片区之间职能结构的分异程度	ARC GIS MAP GIS AUTO CAD	体系结构分析发展定位研究

---

❶ Hillier B. The Hidden Geometry of Deformed Grids : or. Why Space Syntax Works, When it looked as though it Shouldn't [J]. Environment and Planning B : Planning and Design, 1999（2）: 169–191.

续表

类别	方法名称	技术要点	工具	应用领域
数据指标分析方法	大数据分析	大数据指在合理时间内完成对有价值资料的提取、管理、处理并整理成可供经营者科学决策的各类海量数据。所涉及的资料量规模巨大	ARC GIS Spark Tableau	居民时空行为研究、城市交通研究、城市功能分区研究、城市等级体系研究
场地空间分析技术	三维场地建构	基于 GIS 数字化平台的等高线自动提取后建立几何表面模型，即地形图矢量化	ARC GIS MAP GIS AUTO CAD	三维地形图矢量化、地形分析表现
	坡度坡向分析	主要运用 ArcGIS 地理分析软件进行 DEM 的制作，建立不规则三角网后转化为栅格图像，再根据栅格的 DEM 进行坡度分析、坡向分析	ARC GIS AUTO CAD	三维地形分析
	可视域分析	运用计算几何原理和计算机图形学技术解决地形上观望点的可视性问题的方法和技术	ARC GIS ECOTECT	场地空间分析、景点评价
	城市空间物理环境分析	借助城市遥感、城市下垫面测算、空间光照分析、环境噪声捕捉等来分析城市的热环境、风环境、声环境和光环境等	ARC GIS ECOTECT	城市空间环境分析、人居环境评价

资料来源：作者整理

3.2　应用案例：场地可视域分析法

场地可视域分析法即可视域分析（通视分析，view shed analysis），是运用计算几何原理和计算机图形学技术解决地形上观望点的可视性问题的方法和技术，属于场地空间分析的一种。

这里以无锡惠山森林公园景观规划为例阐述该方法在城市规划与设计中的实践应用。规划中欲通过对山顶鸟瞰眺望景观的视觉影响进行分析，希望找出对山顶鸟瞰有视觉影响的建成区，并针对性地进行改造和更新。图 2 为二茅峰顶视觉影响区分析。二茅峰高度为 300 米，为惠山第二高峰。峰顶建有电视塔，是惠山地标之一。由于西侧为高度略高的三茅峰，因此惠山西麓几乎无法看见二茅峰及电视塔。而东北面和南面都可以较清楚地看见。东侧由于头茅峰及龙光塔的遮挡，也看不见二茅峰。图 3 为锡惠公园南入口视觉影响区分析。新入口位于现入口的南侧 300 米。由于与山体距离过近，锡惠公园内对新入口似乎联系不够强烈，没有类似于旧入口"入口—龙光塔—电视塔"的轴线关系。与其错开的头茅峰是新入口的直接引导对象。新入口西侧的沿大池路的一段商业街上也可以较清楚地看见新入口。

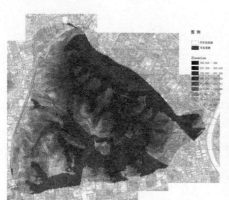 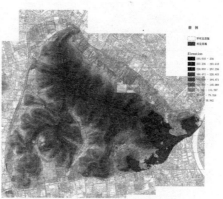

图2　二茅峰顶可视范围	图3　锡惠公园规划新入口可视范围
资料来源：作者自绘	资料来源：作者自绘

4　数字化设计方法

在传统的草图空间设计基础上，由数字化技术带来的新的设计方法，可以更加全面深入地介入规划设计的过程中，使之更加具有针对性和高效化，同时促进理性设计和科学决策。

4.1　簇群构成

数字化设计方法包括5个类别共14个技术方法，应用于不同类型的城乡规划与设计中，如城市总体规划、控制性详细规划、城市设计、风景区规划、历史地区规划、建筑及建筑群设计以及道路交通、景观生态、历史文化等相关专项体系的规划中。数字化设计方法有效地减少了"拍脑袋"和"灵光一现式"的规划设计方案，规避了规划设计决策的偶然性和不确定性。表2中列举了格网设计等4种空间形态深化设计方法、大气能见度等二种景观双向互动设计方法、节能设计等二种绿色城市设计方法、参数化设计等三种数字化辅助设计方法、"三则合一"等三种规划实施控制方法，简述了相关技术要点、工具软件和应用领域。

4.2　应用案例：空间格网设计法

空间格网设计法是在规划设计前建立不同尺度的空间格栅体系，依托计算机自动生成相应的空间格栅，以此为布局设计的依据，使得规划设计成果具有较好的整体逻辑性和空间秩序感。以南京市青龙片区城市设计为例，主要运用空间格网设计法来控制整体街区肌理和路网格局，设计历经空间格网的生成、调整和深化设计三个环节。

数字化设计方法群　　　　　　　　　　　　　表 2

类别	方法名称	技术要点	工具	应用领域
空间形态深化设计方法	格网设计法	建立适宜地形的格网体系，将各设计要素作为独立的层加以考虑，并进行叠加，通过合并、切分、选型等方法进行设计	AUTO CAD Mapinfo	建筑群设计 城市设计
	单元设计法	将一个复杂的城市系统或设计过程分解为可进行独立设计的半自律的子系统，通过模块的分解与集成进行设计	AUTO CAD	城市设计
	情境评估与城市布局最优解	根据不同的发展条件，构筑城市不同的发展情境，在各个情境比选评估的基础上，找出城市发展的最优途径	AUTO CAD ARC GIS	城市设计 城市总体规划
	虚实骨架法	通过轴核空间体系与开放空间体系构建空间的"实"骨架和"虚"骨架，并通过两副空间骨架的相互嵌合，创造出独特的空间景观	AUTO CAD ARC GIS	城市设计 城市总体规划
景观双向互动设计方法	视线圈层的大气能见度界定	景观的观赏与能见度直接相关，结合大气能见度可以形成以视点为中心的不同可见度的圈层，以此为基础可以更好地组织城市天际线及高层布置	Ecotect ARC GIS MAP GIS	景区周边高层布局及城市最佳观景点布局
	等势线划分的视觉分析技术	以栅格的网为基础对网格各交点进行景观打分评价，并以各点分值作为各点高度值，通过 GIS 平台生成三维模型	Ecotect ARC GIS MAP GIS	游览线路规划 景观价值评定
绿色城市设计方法	特殊气候地区保温节能设计技术	通过城市结构、建筑密度、街道网格等外部空间设计，使得城市环境更为适宜，达到保温节能的目的	Ecotect	冬冷夏热地区
	低碳循环绿色设计技术	在减少温室气体排放的基础上实现资源的高效利用，使城市建设不伤害到环境，实现城市建设与环境保护的完美统一	Ecotect ARC GIS	生态城规划 生态社区规划
数字化辅助设计方法	电脑参数化辅助设计技术	选择参数建立程序、将建筑设计问题转变为逻辑推理问题，用理性思维替代主观想象进行设计	Rhinoceros Grasshopper	建筑设计 城市设计
	可视模型辅助设计	通过实时便捷的数字模型对空间方案进行推敲，以数字化的手段直接对模型进行修改，完善设计意图	SKETCH UP AUTO CAD	建筑设计 城市设计
	场所辅助设计技术	从自然环境角度对设计空间提出评价，有助于更好地掌握基地信息，并能有效地结合场地特色做出相应的设计改进	Ecotect	建筑设计 小尺度城市设计

续表

类别	方法名称	技术要点	工具	应用领域
规划实施控制方法	街区分类开发模式	针对各街区的空间形态塑造，提出一种模式化操作的技术方法，通过对相关要素的控制引导，方便城市的规划管理	ARC GIS AUTO CAD	城市设计导则 城市形态控制
	既有城区"微社区"改造模式	在改造更新中，将街区分解为若干具有一定空间特征和社会生活人群特征的街坊单元，并对其进行针对性的改造	AUTO CAD PHOTOSHOP	历史街区更新 传统街区改造
	"三则合一"的规划导则建构	建立统一的控规导则、城市设计导则及历史保护导则管理单元，明确各导则控制要点，形成完整管理体系	AUTO CAD	城市规划管理 历史街区保护

资料来源：作者整理

首先生成街区格网，选择利于建筑布置和设计的正交格网，在对区段本身及周边区域进行分析的基础上，确定大小、方向和定位点以生成格网。青龙片区位于南京仙林，地块内有较好的山水条件，网格的方位考虑地区肌理，以南北方向为主，东南方向部分地块结合地形条件，网格方向向东南偏转。网格大小则参照商业街区区块的大小关系，设置为250米×350米大小的基本网格，网格间留出道路的20米空间，中心主要道路沿地铁线布局，以此将网格定位，完成基础设计格网（图4）。

其次调整街区格网，叠合各级道路网、步行系统和开放空间、绿地和水系、现状建筑物等来进行局部调整。针对青龙片区地形起伏、山水穿插的特征对网格进行进一步的调整。在自然山体的处理方面，沿山体走向的格网街区需要合并位于该区域的各个街区，同时也由于地形山势的影响，整个设计区域的东面网格方向都产生了一定的扭转，呈现出自由有机的形态（图5）。

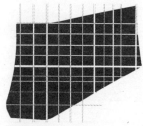
图4　青龙片区方案格网生成
资料来源：作者自绘

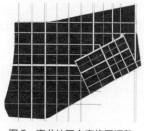
图5　青龙片区方案格网调整
资料来源：作者自绘

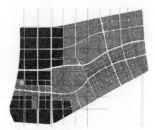
图6　青龙片区设计平面深化
资料来源：作者自绘

最后深化设计平面，通过合并、切分、选型等方法，使格网大小、类型与开发项目的规模及性质相适应，还要合理设定建筑的高度，对重要空间的界面、层次等进行具体设计。在东西两个公共中心处将街区继续细分，一方面是细化街区平面，另一方面也是增加中心区街坊的商业开发强度。山水方面结合其自由的形态与走势将城市步行系统融入其中，完成最终的平面设计（图 6）。

5　思考与展望

可以说，运用数字化方法是追求合理性规划与设计的一个有效途径，在城市空间和规划条件日益复杂的今天，数字化方法能够帮助规划师及抉择者作出理性分析及判断，促进规划成果及判断决策的科学合理性。数字化技术方法不仅有利于揭示城乡发展规律，把握城乡发展方向，保障规划实施，还可以避免许多非理性的人为因素干扰，让城市规划与设计其过程策无遗算、其结果有据可依，从而保证城市规划得到理性思考、理性分析、理性设计、理性决策。反过来讲，数字化方法只有站在理性规划的视角，在合理准确地把握规划设计脉络的基础上，才能成为一套行之有效的辅助规划工具。如果规划师仅靠掌握几种软件技术，而忽视理性的规划思维和统筹的规划思路，是无法做出科学合理的规划的。

笔者以数字化方法簇群为载体，结合规划设计的过程性、阶段性等特点，将数字化方法融入理性规划技术结构主线，然而列举出的数字化方法并非巨无遗漏，相信随着科学技术的进步与发展，规划与设计的数字化方法体系也会得到不断扩充和完善。

郑德高

ZHENG DE GAO

中国城市规划学会理事
青年工作委员会主任委员
中国城市规划设计研究院副总规划师
上海分院院长

陈　阳

CHEN YANG

中国城市规划设计研究院上海分院
城市规划师

战略规划的多元理性模型思考

摘 要：在总结国内外战略规划价值逻辑演变历程的基础上，发现传统的战略规划主要以经济理性为价值核心，而以伦敦、上海、武汉、新加坡等城市为代表的新一轮战略则强调多元理性。笔者提出战略规划应构建以永续发展为核心，经济理性、政治理性、生态理性、社会理性、空间理性协调发展的多元理性模型。在此基础上，对近年来国内外主要城市战略规划中所体现的多元理性进行解释性研究。在当前我国战略转型的新形势下，以多元理性体系为基石，促进战略规划的转型提升，以实现城市与区域的全面、协调与永续发展。

关键词：战略规划，多元理性，永续发展，经济理性，政治理性，生态理性，社会理性，空间理性

Multiple Rational Model–based Thinking in Strategic Planning

Abstract：On the basis of summarizing the evolution of the value logic of strategic planning at home and abroad，it is found that the traditional strategic planning takes economic rationality as the core of value，as well as the new round strategic planning，represented by cities such as London，Shanghai，Wuhan and Singapore，emphasizes multiple rationalities. Multiple rational model is needed to built in Strategic Planning，with the core of sustainable development and coordination of economic，political，ecological，social and spatial rationalities. Accordingly，the explanatory research is made on the multiple rationalities embodied in the strategic planning of major cities at home and abroad in recent years. Under the new situation of China's strategic transformation，the transformation of strategic planning is promoted on the basis of the multiple rational system to realize comprehensive, coordinated and sustainable development of urban and region.

Keywords：Strategic Planning，Multiple Rationality，Sustainability，Economic Rationality，Political Rationality，Ecological Rationality，Social Rationality，Spatial Rationality

1　引言

自 1960 年代起，西方现代理性规划进入蓬勃发展期，摒弃了传统规划中规划师"价值中立"的假设，继而转向对多元利益主体的关注。1980 年代后，受后现代思想的影响，理性规划思想趋于更加复杂、多元与开放。相应地，作为着眼于经济社会长期发展的综合性规划，其价值逻辑也从理想主义转向精英理性主义 [1]，以及之后向更加多元的理性主义的转向，这种多元的理性主义是多利益主体的、多价值主体的、是达成最大公约数的规划共识。这种理性主义的转向过程中，我国的规划实践也经历了这种精英式理性主义向共识性理性主义的转型。

我国战略规划自 2000 年兴起以来快速发展，一些大城市先后编制了约三轮的战略规划，如广州分别在 2000 年、2010 年和 2015 年编制了广州城市总体发展战略规划。第三轮的战略规划是在经济新常态、城市和经济面临转型的背景下新编制的，因此，一些城市这一轮的战略规划名称也发生了变化，例如武汉新一轮战略规划为"武汉 2049"，较前两轮战略规划有很大不同。以往战略规划中，更多的是体现增长主义理念，追求"效率优先"的经济理性助推了城市的跨越式发展，也一定程度上造成了生态与社会价值的整体缺位。当前,我国进入全面战略转型期，"五位一体"系统协调的思想贯穿经济社会发展的方方面面。在此背景下，需要重新认识与思考战略规划的理性逻辑，思考理性主义从增长主义主导、过于经济理性的精英式模式规划转型，寻求理性主义的多元价值观和规划共识，促进城市与区域的全面、协调、永续发展。

2　国内外战略规划的发展历程

2.1　国外战略规划的发展历程

总体看，国外战略规划以发展为主旋律，突出强调提升城市的全球竞争力，协调大城市地区内部大、中、小城市的可持续发展 [2]，规划的价值取向从以经济为主导，到兼顾经济效率与社会公平，再到促进全面协调可持续发展的过程 [3]。

2.1.1　1950-1960 年代，增长主义导向

"二战"结束后，在经济恢复与人口增长的客观要求下，战略规划以积极的"蓝图式"策略，推动空间外延式扩张。当时的增长主义导向特别强调城市的蔓延式增长，故大多采取在城市外围培育"增长极核"的方式，建设新城或设立开发地区。如 1944 年的大伦敦规划提出在伦敦外围建设新城与环城绿带的措施来实现发展愿景。1965 年的巴黎大区规划中，提出了至 2020 年人口从 900 万增长至 1400 万的目标，沿塞纳河南北两岸形成两条主要发展轴线，并规划了多个新城。1968 年日本第二次首都圈规划将经济高速增长的全国枢纽作为东京的发展目标，突破第一次首都圈规划中近郊绿带的布局，设立了新的近郊整备地带 [4]。

自 1960 年代起，人们对蓝图式规划进行反思，规划的科学性与程序正义越发受到重视，由此，系统控制论和理性过程规划在城市规划中开始应用。系统规划强调城市是一个有机整体，城市发展的轨迹有若干条，不应是一个终极蓝图。理性过程规划强调规划也不是一个终极的蓝图式规划，而是一个不断反馈的过程，在格迪斯的基础上强调"调查—分析—规划—反馈"的过程，这是国外理性规划的重要思想。

2.1.2　1970 年代，经济复兴导向

在石油危机的影响下，应对经济停滞、环境问题，"复兴"成为这一阶段的战略规划的核心目标，试图通过构建多中心等方式，促进经济繁荣，提供更多的就业机会。例如 1973 年的哥本哈根区域规划中提出延伸指状结构，并规划了若干新的就业中心。1976 年荷兰第三次环境规划关注内城复兴与高密度化。1976 年日本第三次首都圈规划构建了多中心、分散型的网络结构，试图培育都市核心区与广域都市复合体。1978 年的达斯德哥儿摩区域规划着眼于产业空间的重构，在中心及周边地区培育服务业不断增长，引导占地较多的产业向外围地区发展。

2.1.3　1980-1990 年代，全球化与竞争力导向

1980 年代，在信息技术革命与生产性服务业崛起的背景下，西方经济发展全面复苏。提升金融服务业竞争力、强化中枢管理职能成为战略焦点。受到撒切尔的新自由主义思潮以及反干涉主义的影响，这一时期更加突出市场的主体性作用，政府权力逐渐下放，规划向公共政策属性转变。规划重点更多地放在城市与区域的具体项目上，战略规划的地位有所下降。如 1986 年，大伦敦议会被废除，城市多采用具体的开发计划、城市津贴等形式，而不再依赖于区域战略规划。

1990 年代，在全球化背景下，发达国家产业全球性布局，一般制造业向发展中国家转移的同时，自身更加突出服务业的发展，在空间上呈现出"多中心"的发展倾向。如 1990 年的巴黎大区规划不再强调规模扩张，而更加关注为欧洲的服

务业创造强大的增长极。1999 年的日本第五次首都圈规划则以提升经济活力与可持续能力为目标，构建网络化、多中心的空间组织模式。

2.1.4　2000 年以来，可持续发展导向

2000 年以来，随发达国家进入后工业化时期，可持续发展成为普遍共识，战略规划在关注竞争力的同时，逐步发展为多元目标，更加关注智慧、低碳、文化、社会、和谐、国际吸引力等，试图营造更可持续的生态环境、更公平包容的社会环境与更富弹性的空间。

纽约 2030 针对全球气候变暖的挑战，以及城市土地、水资源、交通、基础设施等方面的问题，提出创造一个更绿色、更美好的纽约的目标，谋求居民生活幸福感与城市竞争力的提升（图 1、图 2）。修编后的纽约 2040 则更加突出社会维度的目标，提出建设一个强大而公正的城市的目标，关注繁荣、可持续与弹性。香港 2030 秉承可持续发展理念，致力于满足当代与后代的多元发展诉求，提供更好的生活品质；这一理念在香港 2030+ 中得以延续与深化。兰斯塔德 2040 突出双维度，致力于建设可持续发展且具有国际竞争力的领先地区。可持续发展目标从突出环境的单一维度，逐渐转向经济、社会、环境等多赢的目标，试图用更加公正与客观的视角看待经济、社会、环境、政治之间的关系。

2.2　我国战略规划的发展历程

2.2.1　2000-2008 年，高增长阶段，以经济理性为主导

改革开放以来，我国经历了 GDP 年增速达 10% 左右的高增长"奇迹"，快速工业化与城镇化下，以速度与效率为核心的"增长主义"渗透于城市发展体系的

图 1　纽约绿道网系统扩张图
Fig.1　The layout of expansion of the Greenstreets System in NYC
资料来源：纽约 2030

图 2　纽约洪泛区公园系统布局
Fig.2　The layout of park assets in the floodplain in NYC
资料来源：纽约 2030

各个领域[5]，相应地，单一的经济理性成为该阶段战略规划的首要价值取向。由于"增长主义"更加强调量的扩张而非结构的优化，在追求空间资源配置效率最大化的逻辑下，战略规划往往呈现出扩张性思维，表现为以工业化为驱动力，以各类产业园区建设为先导，拉开城市骨架，拓展用地空间等倾向。

2000 年，以广州战略为标志，战略规划兴起并快速推广，掀起我国第一轮战略规划编制与研究的高潮。应对全球化背景下广州中心城市地位下降、空间结构制约产业升级、其他城市激烈竞争等问题，广州战略试图凭借经济与城镇化的高速增长，采取跨越式的发展模式，提出"北抑、南拓、东调、西移"的空间战略，并在番禺南沙建设一个 250 万人口的"新广州"[6]，呈现出较为鲜明的经济理性下的扩张特征。随之出现的杭州、南京等一批城市战略规划中，也纷纷提出类似的"跨"、"进"、"拓"、"扩"等空间战略。

总体而言，这一时期的战略规划方法上基于经济增长为导向，以提升城市竞争力为目标，以助推城市空间外延拓展为手段，客观上适应了市场经济快速发展的迫切需求，一定程度提高了规划指导城市发展、引导经济建设的时效性，但对城市景观、生态、社会等方面关注度不足，或仅提出了概念性的"口号"而缺乏实质性措施，一定程度上存在"重物轻人"、"重量轻质"的历史局限性。尽管在2005 年后的战略中开始有了反思，即在扩张的希望有一些质量提升，但从本质上看注重的是扩张的质量，整体价值导向并未发生根本性改变。

2.2.2 2008 年以来，转型阶段，趋于多元理性

2008 年金融危机之后，在经济新常态背景下，我国城市发展面临经济转型和城市转型，经济转型强调要寻找新的发展动力，城市转型则强调"以人为本"、回归人居环境本源。党的十八大做出"五位一体"的重大部署，将生态文明建设与经济、政治、文化、社会建设相并列，标志我国现代化建设进入新阶段。国家发展战略逐步从外向型经济走向外向与内需并重，从沿海走向以"一带一路"为核心的多向开放，从单纯追求经济增长转向促进经济社会全面协调、可持续发展的目标。

在此背景下，新一轮城市发展战略兴起，价值取向由经济主导转向综合协调，规划目标从增量扩张向品质提升转变，规划内容从空间实体转向资源环境、生态、经济、人文、社会与空间要素的关联[7]。这一轮战略规划并非传统扩张型战略的理性集成，而是建立了自身新的理性逻辑框架，强调用长远的价值观指导当下的行动，而非给城市制定一个理想蓝图；超越经济一元理性，以永续发展主旨，在贯彻"五位一体"、"四个全面"的政治理性、提升城市竞争力的经济理性的同时，更加突出与自然共生的生态理性、尊重人的需求与公众参与的社会理性、精明增长与存量挖掘的空间理性。

2009 年版的广州战略突出转型提升的主题，从区域、产业、文化、人居环境、城乡发展等方面相应提出策略。2010 年的深圳 2040 城市发展策略体现出社会与经济并重的价值取向，确立了人性化城市建设与竞争力提升两条主线。2011 年的宁波战略明确提出"从量的扩张走向质的提升"的核心任务，体现了空间理性的引导作用。

2013 年，武汉率先编制 2049 远景发展战略，希望用更长远的价值观来指导当前的行动，政府首先在规划中思考"不能干什么"，然后在强调"能干什么，怎么干"的问题，技术层面则突出竞争力与可持续发展两条线索。在竞争力维度，以全球与区域网络识别城市地位，以二三产发展规律研判发展模式与路径选择，拓展了经济视角的内涵与外延，相应的空间战略也由扩张型向功能提升型转变；在可持续发展维度，突出生态、人文价值，着眼于人的需求，提出"生活圈"、"工作圈"、绿色社区等策略。2015 年启动的上海 2040 在竞争力与可持续发展的基础上，增加了人文魅力维度，规划突出底线约束、弹性适应与内涵提升，并践行"开门做规划"，实现了社会公众、专家和媒体全程参与。

3 战略规划多元理性模型的构建

纵观国际、国内战略规划的发展历程，大致由增长主义导向的经济一元理性逐步向多元理性演化。一元理性往往以牺牲其他维度的利益为代价，来追求该维度效益的最大化。如一元的经济理性追求经济效率与效益最大化，以扩张与增值为天然属性，而偏废了公共产品供给的社会公平、生态环境可承载性；一元的政治理性则体现在公共行政决策效用的最大化，对事实行驶不受约束的裁判权，而忽视了经济效率、公众认同度与空间绩效。

应对当前城市与区域发展的复杂性与矛盾性，战略规划的价值取向更多地着眼于取得多维矛盾的相对统一，实现效率与公平之间的平衡，达到多要素资源配置的最优解，获得内外部的广泛共识与支持[8]，从而促进城市与区域全面协调永续发展。据此，构建战略规划的理性模型，即以永续发展为核心，经济理性、政治理性、生态理性、社会理性、空间理性协调发展的多元理性体系（图 3）。

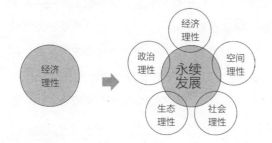

图 3　战略规划的多元理性模型
Fig.3　The model of multiple rationality in strategic planning
资料来源：作者自绘

该模型中的经济理性不在于对经济增长的单一偏好，而更加关注在全球与区域网络中城市竞争力的整体提升，把握新技术革命与新产业革命的发展机遇，通过新动能的挖掘与智慧升级，保持国际引领、导向和控制地位。政治理性以公平公正为价值基石，突出规划的公共政策属性，既不是"规划向权力讲述真理"，也不是"权力向规划讲述真理"，而强调一个共同辩证的发展过程。生态理性表现为人与自然的和谐共生，以资源环境承载力为基本前提，探索资源环境约束下的发展路径，城镇发展从粗放式发展模式向集约式发展模式转变，不断提升城市可持续发展能力。社会理性体现为人本主义的价值取向，对人的生存权与发展权深度关怀，更加注重市民的生活质量与主观感受，体现市民的获得感，突出公众参与而非精英思维。空间理性突出空间容量的底线约束，空间组织的系统协调，空间开发的过程控制，摒弃以往终极蓝图式的规划，以期实现空间资源配置的整体最优。

4　多元理性在战略规划中的运用

4.1　经济理性

战略规划演进中，经济理性贯穿始终。在增长主义时期，经济理性是价值基点；在多元理性下，经济仍然是推动城市永续发展的重要因素。如果战略规划不能促进经济发展，那么其影响力和关注度就会下降。新一轮一些全球城市的战略规划中，更加关注城市的竞争力提升，突出全球网络中的城市支配能力与服务能力的发挥，尤其是创新与活力的引领作用，如东京 2020 提出"世界第一城市（The World's Best City）"的宏伟目标，悉尼 2030 则提出"澳大利亚唯一的全球城市和最大的经济体"的定位。伴随中国经济越来越融入全球化，经济发展进入新常态（美国强调美国优先战略，而中国强调"一带一路"下的进一步全球化），中国城市面临世界城市格局的进一步竞争，中国一些城市必须融入全球城市网络，以增强城市在全球经济格局中的支配与服务能力。这就要求城市进一步的转型和升级，如何实现新旧动力之间的转型，催发经济发展的新动能也成为战略规划的重要考量。

4.1.1　悉尼 2030：澳洲唯一的全球城市与最大经济体

《悉尼大都市区 2030 年发展战略规划》提出"悉尼是全球供应链中的一个重要角色和亚太地区的一个主要港口"、"澳大利亚唯一的全球城市和最大的经济体"，并对标新加坡与新西兰，提出追赶与超越的目标[9]。为实现经济竞争力，战略规划中提出良好的增长管理的路径。在竞争力总目标下，提出增强宜居性、强化经济竞争力、保障公平、推进治理等分目标与相应对策。

4.1.2　武汉 2049：更具竞争力

武汉 2049 中，将"更具竞争力"作为核心目标之一，并从区域格局、关联网络与价值区段、工业化模式规律方面理性分析，强调城市从空间拓展战略向功能提升战略转变[10]。

武汉 2049 战略关注未来的区域经济地理格局，以"核心—潜力—外围"的方法，识别出以武汉、岳阳、长沙、湘潭、九江构成的"五角型地区"经济联系愈发紧密（图 4），与欧洲五角型地区发展模式相类似。关注城市在区域中的关联网络与价值区段，武汉与全球城市的关联网络更高，武汉的层级地位高于长沙与南昌，但对其辐射带动作用较弱，这与上海在长三角网络中所发挥的作用存在差异；武汉在价值区段上的优势在于技术密集型产业，而长沙在于资金密集型，南昌在于劳动力密集型，这解释了武汉做大工业过程中应聚焦技术密集型产业，充分发挥比较优势。

武汉 2049 总结了中心城市的两种发展模式，通过对国家主要城市二三产结构变化规律的分析归纳，发现存在"服务业主导"（北京、上海等城市）与"再工业化"（长沙、合肥等城市）两种模式。对武汉未来发展进行模拟，发现仍需要一定时间的二三产交织，在 2020 年后会出现三产超过二产，由此武汉 2049 提出了武汉产

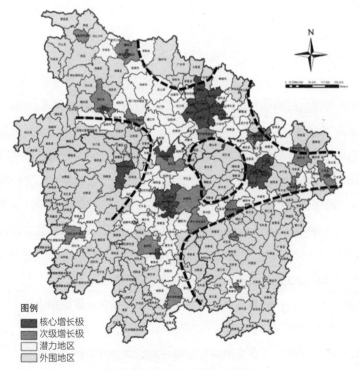

图例
■ 核心增长极
▨ 次级增长极
□ 潜力地区
▦ 外围地区

图 4　长江中游"五角型地区"识别

Fig.4　The identification of 'Pentagonal Region' in the middle reaches of the Yangtze River

资料来源：武汉 2049 远景发展战略规划

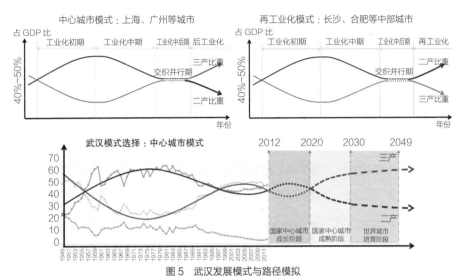

图 5　武汉发展模式与路径模拟

Fig.5　The simulation of model and path of Wuhan

资料来源：武汉 2049 远景发展战略规划

业发展的分步走战略（图 5）。在二三产交织阶段，武汉应促进制造业与服务业共同发展，而后逐步向服务业转变，之后再走向以生产性服务业主导的模式。在现阶段，提出武汉重点应发展创新、贸易、金融、高端制造等功能。

4.1.3　上海 2040：卓越的全球城市

在全球格局重构的历史时期，上海 2040 以"卓越的全球城市"为总目标，从经济理性出发，聚焦既有功能内涵深化与新功能提升，以发挥引领长三角城市群全方位参与国际竞争、开创国际战略新格局的作用。

一方面，在延续以往"四个中心"的基础（金融、贸易、航运和经济中心）上，突出功能内涵的再升级，强调对全球资本的控制力与服务能力。金融中心从传统对内银行业务转向人民币国际化与跨境结算等功能，贸易中心从传统的商品贸易交换中心转向服务贸易中心，航运中心从传统货物运输为主转向航运服务为主。另一方面，关注新的时代背景下转型提升的新功能维度，强化科技创新与文化软实力，提出建设"科技创新中心"与"国际文化大都市"。同时，兼顾多元理性价值，并突出动态化、趋势性判断，提出"更具活力、更加绿色和更富魅力"的多元目标。

4.2　政治理性

政治理性强调公共政策的效用发挥，因规划编制与实施主体的差异性，国外战略规划中涉及较少强调政治理性，多强调市场的作用，而政治理性更多地体现在中国语境中，应为中国政府有着比较强烈的发展责任。受国家治理模式深刻的

影响 [11]，当下战略规划大多遵循国家总体发展要求，规划要贯彻"五位一体"、"四个全面"和"五大发展理念"，聚焦影响城市发展的关键问题，对未来发展做出系统性、全局性与制度性的战略安排 [12]，促进更加系统与平衡的新型增长模式。基于政治理性，更加突出战略引领与刚性管控并重，"不能做什么"与"能做什么"并重，规划也要从"技术语言"向"政策语言"转变，促进公众参与、专家论证、政府决策三方结合，为城市发展决策与施策提供重要依据。

4.2.1 伦敦战略：落实市长愿景的政策文件

2011 年开始编制的《大伦敦空间发展战略》规划作为"市长愿景付诸实践的基石"，体现了较为鲜明的政治立场与政策属性。开篇序言便由市长鲍里斯·约翰逊亲自做序，表达其对伦敦发展的两大愿景：一是着眼竞争力，使伦敦保持全球城市地位；二是着眼民生，使伦敦居于世界最宜居城市之列，满足不同人群的多元化需求，保证人人机会均等（图 6）。市长希望通过规划为开发商带来投资城市建设的信心，为城市与居民带来实际利益。

基于政治理性，该版伦敦战略较以往更加目标明晰，更加强调实施导向。以事权划分为依据，聚焦关键战略问题，对地方管理性事务不设置具体目标、不作微观规划管理，以避免偏离实际行动。从行文上，通篇采用政策条文的体例，条分缕析落实具体抓手，使其成为一份有说服力的政策文件。

4.2.2 武汉 2049：政治诉求下的发展命题

武汉 2049 谋划伊始，城市领导便直接提出了政治诉求：本轮规划不是为了解决具体操作问题，而是一个政治命题。一直以来，政府致力于改善城市环境与

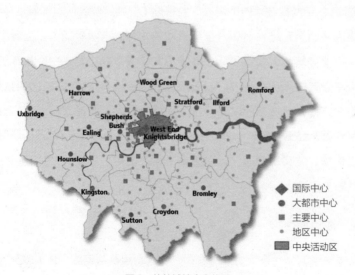

图 6 · 伦敦城镇中心体系
Fig.6　London's town centre network
资料来源：大伦敦空间发展战略

社会民生的事情，比如修马路、建地铁等，但市民似乎并不满意；希望通过战略研究与规划来回答政府"不能做什么"、"能做什么"，以及"怎么做"。与此同时，判识城市发展的两种思路之争，即"做国家中心城市"还是"大力发展工业"。带着这样的命题，战略规划中秉承政治理性与技术理性相结合，剖析特征与规律，很好地回答了上述命题，让规划讲易于决策者接受的"普通话"。

4.2.3　上海 2040："城市病"治理下的人口规模控制

应对资源环境紧约束，上海 2040 提出人口规模和用地规模几乎"零增长"的预期。对此，学界、业界、公众中产生许多争议，认为在资源与机遇高度集聚、现有人口结构尚需优化的现实下，上海人口规模不可能不增长，人口控制似违背城市发展规律。这一争议实际上是经济理性与政治理性之间的博弈。2013 年 11 月，党的十八届三中全会提出"严格控制特大城市人口规模"，这一决策在 2013 年 12 月的中央城镇化工作会议上再次重申；2015 年 12 月，中央城市工作会议着重强调"着力解决城市病等突出问题"并提出若干对策。而京津冀协同的国家战略，突出了北京控制人口，治理大城市病的典范作用。在此语境下，人口调控不仅是技术问题，更是一项贯彻中央决策的重要政治任务。基于此，上海市委市政府提出"守住四条底线"，其一便是"常住人口规模底线"，作为治理城市病的重要抓手，写入"十三五规划"与城市总体规划中。在符合政治理性的前提下，上海 2040 在编制过程中提出在控制常住人口的同时，立足上海服务全国与长三角的实际需求，以"服务人口"为依据配置公共服务设施，以"峰值人口"为依据设置交通与枢纽设施容量，实现了多元理性的兼顾与平衡。

4.3　生态理性

生态理性已成为国内外战略规划的普遍共识，一系列战略规划试图探讨如何处理保护与发展问题，如何实现发展模式的转型，如何彰显生态人文魅力、实现特色发展等，并采取划定生态红线、完善生态网络、引入可感受的自然等具体策略，以实现人与自然的和谐共生、近期与长远发展的和谐永续。

4.3.1　香港 2030+：以可持续发展为总目标

虽然香港的经济发展急需破解资源瓶颈，谋求更多的发展空间，但香港 2030+ 战略仍以生态理性为价值准绳，兼顾当今与长远利益，提出"可持续发展"的总目标。在此基础上，重点关注规划宜居的高密度城市、迎接新的经济挑战与机遇、为可持续发展创造容量三个方面。在具体策略中，一方面，着力保育珍贵的生态、景观及历史文化资源，划定香港全域的环境与生态敏感区，禁止大规模开发建设（图 7）；另一方面，试图创造与再生环境容量，采取主动保育、适当管

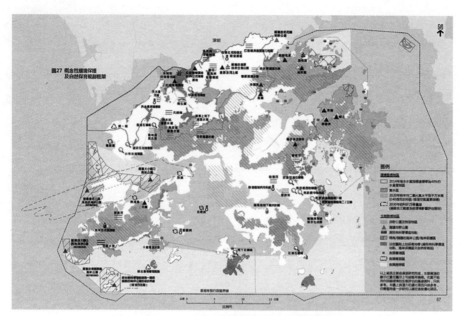

图 7　香港 2030+ 概念性环境保护及自然保育规划框架

Fig.7　Conceptual planning framework of environmental protection and nature conservation in HK 2030+

资料来源：香港 2030+——跨越 2030 年的规划远景与策略

理、合理规划设计等措施，促进智慧交通、绿色与弹性的基础设施建设，倡导低碳、智能型经济与生活模式，提升城市抵御气候变化的能力。

4.3.2　十堰 2049：生态立市，绿色崛起

作为南水北调中线工程水源地，湖北十堰肩负国家生态文明建设的重任。在十堰 2049 远景发展战略中，从生态理性出发，认识到十堰无法在经济总量上与中心城市相比，但生态文化特色资源却有能力谋求全国乃至世界的影响力，从而明确了"不以体量谋发展，而以特色谋地位"的总体思路。规划探讨了如何使十堰的生态人文魅力在区域中享有更高影响力，如何在坚持生态保护的基础上使市民提升生活水平，力求保护好大山深处的这一方净土，彰显生态价值、促进经济转型，谋求绿色发展。

以建设"生态、人文、新经济的绿色家园"为总体目标，十堰 2049 提出保护基本生态格局、提升生态资源品质、构建生态空间体系三大策略。其一，着力锚固生态底线，将全市地域面积的 43% 划定为生态红线保护地区，禁止与保护无关的一切开发建设，推进实施最严格的立法保护。其二，保护国家水源，建设高端水质地区，提高森林覆盖率，从片绿到全绿，优化森林树种，积极发展碳汇经济。其三，构建多层次、网络化、"蓝绿交融"的生态网络，连接公园绿地与郊野公园，推动城市绿色宜居发展（图 8）。

图 8　十堰生态网络规划

Fig.8　Ecological network planning of Shiyan

资料来源：十堰 2049 发展战略

4.4　社会理性

新一轮战略规划突出体现了人本主义的价值回归，更加关注社会、民生、社区及人民性问题。以社会理性为出发点，战略规划致力于社会共识的达成，广泛开展公共参与；强调公平公正，反对歧视，促进社会阶层融合；关注弱势群体及其生存状态，促进形成相对均衡的利益分配格局；关注人的需求变化，营造更健康、更美好的城市生活。与此同时，城市评价的维度也在发生变化，以往全球城市排名往往将经济维度作为首要指标，而现在人文、宜居性指标愈发重要。

4.4.1　新加坡 2030：为全体公民提供优质的人居环境

新加坡 2030 从社会理性出发，以"打造一个全体新加坡人共享的优质人居环境"为愿景，提出建设全球最宜居城市之一的战略目标，期望人们在这里可以舒心地工作、惬意地养育子女、悠闲地生活，体现了浓郁的人文关怀（图 9）。规划着力探索如何在容纳大量新增人口的同时，保持一个优质的生活环境，在策略层面，提出建设优质廉价住房、增加休闲开放空间与康乐设施、提高交通链接能力、打造古今融合的都市文化、营造洁净安全舒适的生活环境等具体措施。

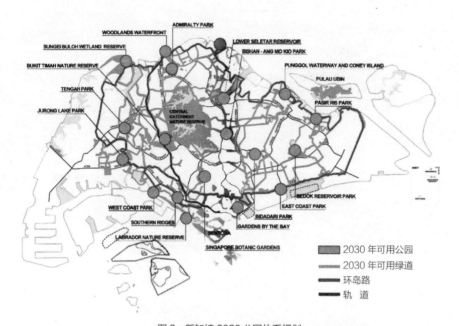

图 9　新加坡 2030 公园体系规划
Fig.9　Park system planning in Singapore 2030
资料来源：为全体新加坡公民提供优质的人居环境——应对新加坡未来人口增长的土地使用规划

4.4.2　首尔 2030：符合民意的城市愿景

新世纪以来，老龄化、少子化、经济放缓、社会阶层分化等问题，而此前制定的规划以增长主义主导，对市民关心的实际问题涉及不足，无法应对新时期来自各层面的挑战，急需调整价值立场，制定新的战略规划。2013 年，新版首尔 2030 战略从目标选择开始，就体现了充分的社会理性取向。首先由公众对核心议题进行提案，专家在已提出的主题范围内进行协调商定，保证制定过程的公开透明，最终将总目标确定为"充满沟通与关怀的幸福城市"（图 10）。围绕这一目标，确定生活质量、城市面貌、均衡发展、城市竞争力、可持续发展等五方面的具体策略，涵盖与市民生活息息相关的方方面面。规划将宏观愿景落实到社区尺度，以各层次的生活圈为单元，使措施更加具体、可感、可操作。

图 10　首尔 2030 核心主题制定过程示意
Fig.10　The determination process of Core themes in Seoul 2030
资料来源：笔者根据相关资料整理

4.4.3　纽约 2040：聚焦社会公平公正

继 2005 年的纽约 2030 后，2015 年最新发布的纽约 2040 将总体目标从"更绿色更美好"转变为"强大而公正的城市"，对社会问题予以更高重视。在社会理性下，聚焦公平公正，规划突出对弱势群体的极大关怀，提出具体的减少贫困人口、

图 11　纽约零伤亡愿景行人交通安全优先示意图
Fig.11　pedestrian traffic safety first of Vision Zero in NYC
资料来源：“一个纽约”规划——强大而公正的纽约

降低过早死亡率、减少种族歧视的目标与指标；全面提升全体儿童的抚养与教育、居民的健康生活方式、医疗保健服务、社会治安、交通安全（图 11）等方面提出具体策略。

4.4.4　上海 2040：构筑以人为核心的"15 分钟社区生活圈"

面对老龄化日趋严重、人口结构更加多元的未来社会，为了完善治理，获得市民的高度认同，上海 2040 提出建设幸福、健康、人文城市的愿景，并落实到社区单元。规划提出了"15 分钟社区生活圈"的概念，建构一个包含一站式服务、开放空间、就业与活力的单元，来推动公共服务均等化、社会各阶层融合与人性化城市空间塑造（图 12）。社区作为城市的基本细胞，与老百姓的日常生活息息相关，做好"生活圈"的文章，可以极大发挥战略的社会效益。

图 12　"15 分钟社区生活圈"的基本功能
Fig.12　The basic functions of '15-minute community-life'
资料来源：上海城市总体规划（2015-2040）

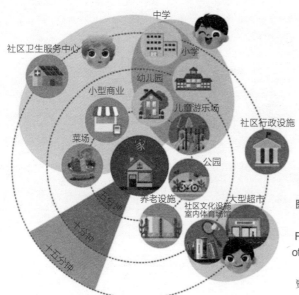

图 13 "15 分钟社区生活圈"服务
设施配置（公众版）
Fig.13 The service configuration
of '15-minute community-life'(the
public version)
资料来源：上海市 15 分钟社区生活圈
规划导则公众版

　　为推动建设落实，上海继而推出《上海市 15 分钟社区生活圈规划导则(试行)》，进一步明确了规划准则、建设导引与行动指引。在印发面向政府与专业机构的技术导则的同时，发布更加亲民的"公众版"，以图文并茂讲故事的形式来解答百姓生活中最关心的居住、就业、出行、服务与休闲的问题，让规划讲"老百姓的语言"(图 13)。例如，以"居者有其屋"来表达多样化、可支付的住房供应体系，以"一起居住好温馨"表述大集中、小分散、混合社区的住房布局模式，以"走街串巷小街区"表述街区尺度与路网组织模式，以"老旧住房换新颜"表述住区改造与风貌塑造。

4.5　空间理性

　　空间理性以实现空间资源最优配置与提升空间绩效为目的，传统的粗放式扩张模式难以为继。在空间理性下，战略规划往往关注空间结构重塑、空间发展模式转型、存量空间优化与提升、基础设施效益提升、生态修复与城市修补等，旨在维护良好的生态人文环境，保持地区的发展活力，维护并促进不同分区、不同层级城镇的均衡增长。

4.5.1　香港 2030+：多管齐下，创造空间容量

　　土地资源短缺是制约香港持续发展的突出问题。2015 年，香港建成区面积占土地总面积的 24%，其中超过四分之一的土地来自于填海造陆，平均人口密度高达每平方公里 2.7 万人，而同期上海为 2.4 万人，北京为 1.3 万人 [13]。可开发空间资源极度稀缺下，空间理性是香港 2030+ 战略的重要基石，如何取得经济理性、生态理性与空间理性之间的均衡值得探讨。

围绕空间容量创造，战略规划中采取多管齐下、稳健且灵活的方式，着重提出五大措施。一是优化土地用途，包括提升存量土地及未开发土地用途，适度增加发展密度，在可行的前提下建设"垂直城市"等措施。二是调整土地用途，包括将不必要占据优越区位的政府机构外迁，腾退土地作为住宅与经济发展用途，妥善使用不适合高密度开发土地等措施。三是创新空间拓展方式，加强地下空间的综合利用以释放地上更多的空间。四是创造土地，包括适度填海造陆，审慎挑选并开发尚未开发的土地，破解立体开发的工程技术问题等。五是开展土地使用周期规划，包括尽早规划石矿场、堆填区及其他"临时"用地的后续用途，加快用作其他有利用途等。

4.5.2　巴黎 2030：提高建设密度，促进功能混合

为了防止城市扩张过多地耗费空间，同时满足住宅、经济活动和都市区设施需求，2012 年编制完成的巴黎大区规划中考虑在已城市化的地区提高建设密度，加强土地的有效率用，扩大城市建设容量[14]，并提出"营造一个紧凑、多核和绿色的大都市区"的空间战略构想。据此，提出进一步加大现有城区密度与混合度，促进形成结构更加合理、网络更加密集的空间组织模式，建立更加密切与便捷的空间联系。这一规划既是战略性文件，也是具体实施文件，表达了巴黎地区的土地使用权状况与优先考虑加高密度的区段。

巴黎 2030 的另一特征是多个建筑与城市设计小组共同参与。鉴于专业背景，策略中往往体现出较强的空间理性。如 MVRDV 小组提出通过调整地方法规，引导业主提出建设公寓、办公楼等计划；Descartes 小组提出提升独栋房屋结构，允许每个独栋房屋业主加建来改善能源效率；Studio 09 小组提出加大独栋房屋区段建筑密度的方式方法；Castro 小组则倡导一种新居住模式，建设塔楼，将地面空间作为公园等。

4.5.3　上海 2040：坚守底线约束，建设用地负增长

对于上海这样的超大城市，空间、土地、水源、能源等城市战略性基础资源极为有限。从空间理性出发，必须促进空间发展模式转型，实现由增量规模扩张到存量效率提升的转变。为此，上海 2040 中提出坚守土地、人口、环境和安全四大底线，至 2040 年，建设用地总量控制在 3200 平方公里以内，实现用地规模的"负增长"。

5　结语

国内外城市与区域发展经历了从追求经济效益为首的增长主义，逐步向经济、政治、社会、生态、空间多维度协调的永续发展转变。相应地，战略规划从着眼

于如何促进增长，描绘空间拓展"蓝图"的物质空间属性，逐步向着眼于如何满足人的需求，解决城市发展面临的多方面问题，实现包容、可持续发展的综合政策属性转变；而战略规划所遵循的价值逻辑，也从单一维度的经济理性向多维度的多元理性体系转变。

在具体的战略规划研究与实践中，以多元理性模型为基础，在取得经济、政治、生态、社会、空间的多元效益均衡的同时，依据城市的特点和发展阶段不同，其发展侧重点也不同，存在对若干维度理性的偏向，但仍遵循共同的、多维度的、系统性的思维与永续发展的价值内核（表1）。

新形势下，我国战略规划方兴未艾，经济动力转型、生态文明建设、社会民生等一系列问题，希望通战略规划来回答。如何从各个维度的理性出发进行分析判断，处理不同维度理性判断下的矛盾，最终形成统筹兼顾的最优解，对当代规划师提出了挑战。刘太格指出规划要有"人文学者的心、科学的脑与艺术的眼"[15]，一定程度上体现了规划需要多元理性的辩证统一与多学科的共同发展支撑。在这个不断辩证发展的过程中，多元理性战略将推动城市与区域走向更加永续的未来。

近年来国内外战略规划的理性体系　　　　　　　　　表1
Rationality systems of strategic plannings in domestic
and overseas in recent years　　　　　　Tab.1

战略规划简称	时间	政治理性	经济理性	生态理性	社会理性	空间理性
伦敦战略	2011	●●●	●●●	●●	●●	●
巴黎 2030	2012		●●	●●	●●	●●●
兰斯塔德 2040	2008		●●●	●●●	●●	●●●
纽约 2030	2007		●●●	●●●	●●	●●
纽约 2040	2015	●	●●●	●●	●●●	●●
芝加哥 2040	2010		●●●	●●●	●●	●●
悉尼 2030	2011		●●●	●●●	●●	●●
首尔 2030	2014	●	●●	●●	●●●	●
东京 2035	2013		●●●	●●●	●●	
新加坡 2030	—		●●	●●	●●	●●●
香港 2030	2007		●●●	●●	●●●	●●●
香港 2030+	2015		●●●	●●	●●●	●●●
深圳 2030	2005	●	●●●	●●●	●●	●●
武汉 2049	2013	●●●	●●●	●●	●●	●●
上海 2040	2016	●●●	●●●	●●	●●	●●●
十堰 2049	2016	●●	●●	●●●	●●●	●●

注：以●数量表示该维度理性的显著程度。
资料来源：笔者根据相关文献整理。

参考文献

[1] 韦亚平，赵民 . 关于城市规划的理想主义与理性主义理念——对"近期建设规划"讨论的思考 [J]. 城市规划，2003，27（8）：49-55.

[2] 吴唯佳 . 面向发展模式的转型：北京 2049 的缘起与进展 [J]. 建筑学报，2010（2）：3-7.

[3] 李迎成，赵虎 . 理性包容：新型城镇化背景下中国城市规划价值取向的再探讨——基于经济学"次优理论"的视角 [J]. 城市发展研究，2013，20（8）：29-33，53.

[4] 智瑞芝，杜德斌，郝莹莹等 . 日本首都圈规划及中国区域规划对其的借鉴 [J]. 当代亚太，2005（11）：54-58.

[5] 张京祥，赵丹，陈浩等 . 增长主义的终结与中国城市规划的转型 [J]. 城市规划，2013（1）：45-50.

[6] 张兵，赵燕菁，李晓江 . 北抑南拓东调西移——走向跨越式成长的广州 [J]. 城市规划，2001（3）：11-15.

[7] 王旭，罗震东 . 转型重构语境中的中国城市发展战略规划的演进 [J]. 规划师，2011，27（7）：84-88.

[8] 胡京京 . 城市空间发展战略规划中社会理性的初步研究。

[9] City of Cities：A plan for Sydney's future：Metropolitan Strategy，2005.

[10] 郑德高，孙娟 . 基于竞争力与可持续发展法则的武汉 2049 发展战略 [J]. 城市规划学刊，2014（2）：40-50.

[11] 左希迎，唐世平 . 理解战略行为：一个初步的分析框架 [J]. 中国社会科学，2012（11）：179-201.

[12] 霍国庆，顾春光，张古鹏等 . 国家治理体系视野下的政府战略规划：一个初步的分析框架 [J]. 中国软科学，2016（2）：156-168.

[13] 数据来源：2015 年城市建设统计年鉴

[14] 巴黎大区地区议会 .2030 年的法国巴黎大区——畅想未来 .

[15] 刘太格：城市规划要做到明智化 . 第二届"深圳东进战略专家研讨会" . 中国规划网 .http：//www.zgghw.org/html/chengxiangguihua/chengshiguihua/20160628/33979.html

杨保军

YANG BAO JUN

中国城市规划学会常务理事
学术工作委员会副主任委员
总体规划学术委员会主任委员
中国城市规划设计研究院院长
教授级高级城市规划师
全国工程勘察设计大师

陈　鹏

CHEN　PENG

中国城市规划设计研究院副所长
教授级高级城市规划师

总体规划中的理性思想与方法

摘　要：科学合理的总体规划，对于促进城市的有序、繁荣、和谐、可持续发展具有重要意义；但在现实中，却存在价值理念、技术方法和体制机制层面的障碍。为彰显总体规划的理性，必须在思想上做到更加尊重规律和以人为本，协调好七个方面的关系，并将五大发展理念贯彻落实在规划的各个环节之中；在方法上要注重既要统筹、更要引领，通过改进技术手段、完善体制机制，以更好地适应市场经济下的不确定性，积极探索面向存量的规划方法，强化刚性内容的有效传递，健全规划的督查和评估制度。

关键词：总体规划，理性，思想，方法

城市总体规划是建设和管理城市的基本依据，是政府重要的公共政策，是一项全局性、综合性、战略性的工作，涉及政治、经济、文化和社会生活等各个领域。编制和实施城市总体规划是实现政府战略目标，弥补市场不足，有效配置公共资源，保护资源环境，协调利益关系，维护社会公平，保持社会稳定的重要手段。总体规划中的"理性"，与所谓规划的"科学性"密切相关，多指规划的指导思想正确，所运用的概念清楚，基础资料准确可靠，各项指标有充分的依据和说服力，规划结果符合事物发展变化的客观规律。然而在实践中，总体规划的理性并未得到充分地应用和体现，无论是在思想还是方法层次，都有很大的改进空间。

1　总体规划中理性的价值

1.1　有利于强化规划权威，促进城市有序发展

近现代城市规划的起源，就在于城市无序发展所带来的各种城市病日益凸显。在当今世界上，只有极少数城市仍然采用"自发建设"的模式，即使是强调"自由竞争"的主流经济学，也承认城市规划

对于减少城市无序建设所带来的负外部性具有重要意义。对于我国来说，能够"以理服人"的城市规划，还可以更加有效地制约地方政府长官意志的过度膨胀和对规划建设的任意干预。

1.2　有利于增强经济活力，促进城市繁荣发展

城市是各类经济活动的空间载体，城市总体规划是建设城市和管理城市的基本依据，是城市土地合理开发利用及正常经营的前提和基础，是实现城市经济发展目标的综合手段。科学的城市总体规划，能够最大限度地盘活土地存量和空间资源，对城市各类资产进行集聚、重组和营运，以实现城市资源配置效益的最大化和最优化，达到经营城市乃至运营城市的良好目标。

1.3　有利于化解社会矛盾，促进城市和谐发展

城市资源的稀缺性和不平等分配导致社会冲突不可避免。如果在增量扩张时期，相关的社会冲突主要体现为征地拆迁，而在存量规划时期，相关的社会冲突将更加多样化和复杂化。科学合理的总体规划，将更加注重现实基础与过程规则，更好地兼顾刚性与弹性，能够有效规避因目标过于单一、实施过于刚性而带来的社会问题。

1.4　有利于合理配置资源，促进城市可持续发展

中国是在以低于世界平均水平的人均资源支撑最多人口国家的最快经济发展，这使得生态环境和资源、能源等制约将成为城市化快速发展阶段的主要瓶颈，此外，大规模城市开发建设导致城市历史文化破坏与城市建设的趋同，许多城市面临外在形象与内在文化双重迷失的"特色危机"。这种广义上的人地矛盾、由于制度转型所产生的社会和经济矛盾、城市建设与传统文化传承的矛盾将构成我国城市发展的基本挑战。只有通过科学合理的总体规划，才能从根本上提高资源利用效率，建立资源集约型、能源节约型的城市经济发展体系，切实保护生态环境，传承城市独特的历史底蕴和文化景观。

2　总体规划中理性的障碍

2.1　价值理念层面

总体规划为城市发展与建设服务，其指导思想也深受后者的价值观影响，长期存在"七重七轻"的问题：

一是重物质空间，轻人文关怀。城市主要为经济增长服务，是制造产品的生产基地，是从事经济活动的空间载体。城市的发展主要是片面追求经济竞争力，而对于人的需求尤其是普通市民的需求关注则明显不够，忽视了发展的目的根本上是为了人的全面发展。

二是重经济发展，轻社会和谐与环境保护。同样源自于片面追求经济目标，使得社会利益阶层愈加分化和固化，社会矛盾日趋激化；区域性环境问题日益严重，却得不到根本上的解决。

三是重数量增长，轻质量提升。城市发展模式以粗放外延式的规模扩张和拉开城市框架为主，建设的重心是新城新区和房地产开发，导致资源和环境矛盾日益突出，房地产出现结构性和区域性过剩，很多城市新城新区的规划建设面积超过实际需要，"空城"、"鬼城"大量涌现。

四是重近期利益，轻长远可持续发展。城市建设过于注重任期内的政绩工程，而且是"看得见、摸得着"的门面工程，近期就能见到所谓成效的"短平快"工程。对于事关城市长远发展、但却未必立竿见影的民生工程、战略性工程，反而有所忽略。这种本末倒置的城市建设，产生大量不必要的浪费，出现许多未经科学论证就匆忙上马的"豆腐渣工程"和"烂尾工程"。

五是重地上建设，轻地下良心工程。城市建设明显向能够短期出形象的地上建设倾斜，而需要大量投入、见效相对缓慢的地下基础设施建设却长期滞后，工程质量与安全也得不到保证，"马路拉链"和"跑冒滴漏"现象普遍，严重影响了城市功能的发挥。

六是重城镇扩张，轻乡村建设。城市对乡村长期剥夺、侵占，大规模的迁村并点、农民"被上楼"等，导致大量"乡愁"遗失，很多地区"城不像城，乡不像乡"。乡村在价值观层面已然迷失，城乡关系变得"非此即彼"、"单向替代"，改造乡村以消灭乡村为代价，"城市问题"被大量移植到农村。

七是重外在形象，轻文化底蕴。虽然城市日益亮丽光鲜，似乎现代化十足，但是很多城市拆旧建新大造"假古董"，或者盲目山寨、拷贝国外经典建筑，丧失了宝贵的文化记忆和文化基因。而缺乏文化传承、缺少文化底蕴的城市，必然丧失特色，导致"千城一面"。

2.2　技术方法层面

一是战略性、前瞻性不足。未充分发挥指导城市长远发展的作用。一些规划在技术上缺乏全局性研究，特别是在国家面临转型发展的形势下，缺乏对国家和区域发展态势的精准判断。一些规划缺乏针对城市自身问题的理性而精准的剖析，也就无法找到妥善解决这些问题的规划"良方"。一些规划缺乏对于城市中长期发展构成重大影响危机的预警意识，如人口老龄化危机、土地扩展模式危机、生态环境恶化危机等。一些规划缺乏应对外部冲击的前瞻性预案，如特殊的气候变化、自然灾害，涉及城市安全的突发性事件等。

二是"刚者不刚，弹者不弹"。总体规划虽然有较为明确的强制性内容，但由于规划成果庞杂，重点不突出，有的内容缺失，有的表述模糊，有的仅仅是相关法律法规中有明确界定的内容被无意义地重复，均难以真正落地实施。同时，对于城市发展前景只做单一情景设想，从城市空间骨架到用地布局都缺乏弹性，布局安排不留余地，以至于面对外部变化时无法自行消化，只能以做"大手术"的方式加以调整，从而导致规划编制频繁，朝令夕改。

三是应对未来不确定性的方法不足。偏重于城市形态和物质规划，而对社会经济发展、市场需求等影响规划实施的外部因素关注不够，对未来的土地利用方式限制过严。侧重于描述远景终极蓝图，忽略规划实施的路径和行动计划。缺乏对规划的执行与反馈，以及反馈后的修正。政府与市场的职能划分未在编制中充分甄别，不利于发挥市场规律在资源分配和使用上的作用。

四是应对存量规划的手段有限。与增量规划注重长远格局和未来景象，主要在于利益分配与平衡不同，存量规划更加注重当前格局和现实情境，主要在于利益分享与补偿，其矛盾更为尖锐复杂。当前总体规划仍然延续以往增量规划的思维，过于强调单一准则和专制的技术理性权威，不够尊重社会多元利益主体的价值取向，更想要"一蹴而就"，而非通过连续性的手段，推进城市的渐进式改善❶。

五是成果表达与公共政策衔接不足。成果表达偏向技术报告，缺乏对相关法律法规、专项规划的正确引用和规范性表达，与政府公共政策的运作要求和程序不相匹配，与其他部门的发展目标和规划不兼容，难以作为政府的政策执行文件。既不便于与政府部门沟通，也不便于向公众诠释和宣传，削弱了公众参与、协商民主和社会监督的参与度。

六是新技术应用有限。传统规划方法对数据掌握不全面，倾向于定性的表述，缺乏定量指标测度。主要问题在于：对现状与趋势的研究不足，对未来的把握不够准确；数据获取方式单一、样本率低、周期长、成本高；数据管理处理能力差，导致信息丢失和判断误差；传统规划技术很难支撑起大尺度的公众参与。因此，必须强化对大数据、空间信息平台等新技术的应用❷。

---

❶ 存量规划更多地需要理性、细心、耐心和恒心，更多的是微空间、微设计、微循环、微更新。
❷ 大数据平台建设为规划管理和公众参与提供了新的工具与方法，比如重庆地理信息共享交互平台，具有卫生应急指挥决策、渡口渡船安全管理、防汛抗旱、水上交通应急指挥等功能。

2.3 体制机制层面

一是政府市场不分。政府与市场各自发挥主导作用的领域未在规划中明确界定。由于城市政府成为经济建设的主体，规划作为公共利益的维护者，也不得不变成经济发展的直接参与者，很多时候成为了政府攫取土地利益、扩张城市规模、盲目加快建设速度的工具，导致一届领导一轮规划的现象，忽略了其提供公共服务、保障公共利益的职能。

二是纵向事权不清。中央和地方政府的事权划分未在编制、审批和监督内容中充分甄别。是上级政府管战略，下级政府管空间和设施配套这种简单分类模式，还是上级政府联合下级政府统筹考虑战略、空间、设施、产业、资源这种面面俱到模式？不同层次的政府事权应当对应哪些规划内容并不清晰❶。

三是横向事权不明。在"条条分割"的体制下，权力重叠和漏洞情况同时出现，城市规划与国土、发改、环保、林业等其他部门涉及空间的规划普遍缺乏系统衔接。仅以城市总体规划与土地利用规划对比来看，两者的用地分类标准不同、用地数据的统计口径不同，采用的坐标系、软件平台往往都不一致，这成为当前市县多规合一工作中主要技术性难题之一。

四是刚性传递不足。城市总体规划中的强制性内容过多过细，需要严格遵守和可以深化调整的内容没有加以区分，偏差较大。在总规—控规—规划许可的过程中，部分强制性内容难以落实。对于违反强制性内容的行为又缺乏监督反馈机制，规划被随意修改的现象普遍。

五是编审周期过长。国务院总规审批过程一般需要三到五年，甚至更长。批复时实际情况经常已经发生了较大变化，规划内容已经难以满足当前需求，城市总体规划的宏观指导作用和国家审批的严肃性、权威性都受到很大的影响。通过审批"大会战"的方式只能解决一时，难以持续。

六是评估维护失效。目前的总体规划评估工作，大部分是为了下一轮总规修编而开展的外生型评估，流于形式。向公共政策方向的转型步履缓慢，难以适应动态发展的市场需求，对于实际建设的指导性较差。

七是监督机制不足。目前城乡规划督察职能由住建部稽查办公室承担，作为事业单位，在履行对地方督察方面权威性不足。并且只涉及国务院批准总体规划的城市，不少省级政府也在尝试建立地方督察制度，二者之间如何联动也还存在

---

❶ 比如，报国务院审批的城市总体规划内容非常繁杂，"从区域到设施点、从城镇到村庄、从社会到经济、从远期到近期、从定性到定量、从布局到实施等宏观、微观、具体的技术方案问题，审查审批的内容太多、太细、负担太重"，反而会陷入"什么都要管又管不住"的泥潭。

问题。同时，督察的内容和技术手段都需要进一步的探索，提高督察效能，并健全督察员队伍的管理机制。

八是公众参与不够。公众对于规划信息认知的普遍缺乏，加上其利益群体组织化参与机制的缺乏，导致公众参与规划的广度和深度都不够。公众参与规划主要分为通知、征询、囊括、合作及授权五个阶段，而我国规划公众参与主要还停留在初步的通知、征询阶段。这不利于加强规划的合理性和可行性，也难以对规划实施起到实质性监督作用。

3　总体规划中理性的思想

3.1　尊重规律，以人为本

3.1.1　协调好物质与人文的关系

城市发展方向从经济压倒一切向经济、社会、环境协调发展，生产、生活、生态空间融合转变，其核心是人的城镇化，即推进农业转移人口市民化，提高城市的综合承载力，推进城市基本公共服务常住人口全覆盖，提高人口素质，关注弱势群体，促进人的全面发展和社会公平正义。

3.1.2　协调好发展与保护的关系

在合理发展中保护，在保护前提下发展，形成保护与发展的良性循环。事实上，生态环境和历史文化遗产不仅不会成为经济发展的牺牲品，而且还可以成为经济发展最具魅力的资源与财富，成为后工业化时代城市真正不可替代的核心竞争力。形象地讲，就是要从挖山填湖，转变为让城市望山见水；从大拆大建，转变为注重城市文化特色。

3.1.3　协调好数量与质量的关系

从重数量增长，到量质并重，趋向于重点关注质量提升；用"精明增长"的理念指导城市发展建设，不能随意超越土地和水资源的适宜承载力，力争实现规模扩张与品质提升、外延发展与内涵发展的合理兼顾。从注重数量和效率转为更加注重工程质量与安全；从以房地产开发为主，转为以大力提高市政基础设施和公共服务水平为主；住房建设要从"住有所居"，转为更加强调"住优所居"，重点是扩大保障房对低收入人群的覆盖面，加大老城区尤其是棚户区改造力度，让"蚁居"、"蜗居"、"鼠居"的人们过上有尊严的生活。

3.1.4　协调好近期与远期的关系

建立健全包括人大监督、公众监督在内的政府投资项目全程监管长效机制，建立决策失误的追究机制。要有"功成不必在我"的心态，甘做"为民造福"的长期性、铺垫性工作，将"显绩"与"潜绩"有机地统一起来。

3.1.5　协调好地上与地下的关系

从重地上形象，到先地下后地上，加强基础设施建设。避免或尽量减少城市建设中的"马路拉链"现象，有条件的地区可推进城市综合管线共同沟建设。

3.1.6　协调好城市与乡村的关系

"城乡一体化"不是"城乡一样化"，不是要抹杀"城乡差异"，而是在尊重"城乡有界"、"和而不同"的基础上，寻求城乡稳定的边界，遵循各自发展的路径，实现城乡之间的功能互补与协调共生。加强对农村耕地以及生态、人文等敏感资源的保护与管控，合理引导与规范"资本下乡"，通过城乡要素的公平交换和城乡资源的公平配置，形成以工促农、以城带乡的新型城乡关系。

3.1.7　协调好形象与内涵的关系

不但要从重形象工程到挖掘和弘扬中华文化底蕴，还要根据不同地区的自然历史文化禀赋，体现区域差异性，提倡形态多样性，防止千城一面，发展有历史记忆、地域特征、民族特色和时代风貌的美丽城市。

3.2　贯彻落实五大发展理念

3.2.1　强化创新空间引领

在经济步入新常态的背景下，创新驱动成为引领下一轮发展的主要动力，创新空间的供给应成为城市空间供给侧改革的方向。在创新驱动阶段，不仅核心技术、创新人才、科研教育机构等要素将成为区域经济增长的主要动力，城市公共空间也将取代各类产业园区成为创新最重要的载体。今后的创新空间，以用户为中心、以社会实践为舞台、以共同创新和开放创新为主体，依托城市和互联网，不仅具有大空间和专门空间，而且发展小微空间，发展创客孵化型、专业服务型、投资促进型、培训辅导型、媒体延伸型的创新产业，真正体现以人为本，具有公共化、品质化、便捷化、多元化、小微化等特点。

3.2.2　强化城乡、区域协调发展

从城市吞噬乡村到城乡共生，从城乡不分到城乡分野，需要现代化的是乡村基础设施，而不是将乡村变为现代化城市的风貌。应当让乡镇融入都市区，发挥其互补性功能，成为都市区综合功能的有机组成部分。打破行政边界藩篱，推进区域协同发展，从更高层面促进资源优化配置。要以京津冀协同发展规划为样板，打破在自家一亩三分地上转圈圈的思维定式，结合城市定位和功能，有序疏解特大城市非核心功能。

3.2.3　强化绿色发展理念

总体规划要综合区域的经济、社会、环境，树立复合生态观。区域经济包括

城市性质职能、区域产业定位、城镇空间布局、区域交通联系等，以"高效"为核心；区域社会包括社会和谐、社会公平、文脉延续、文化发达等，以"宜人"为核心；区域环境包括减量化、再利用、再循环、内部自然环境与外部自然环境相融合等，以"保护"为核心。此外，复合生态观还应包括代际公平的理念，总体规划要审视过去、立足现在、面向未来。

3.2.4　强化对外开放协作

"一带一路"倡议对国家空间格局具有深远的影响。将从单向开放转向海陆双向开放，从梯度开发转向纵深开发，从中心集聚转向门户引领。在海权、陆权的双重引领下，构建内联外通的设施体系，最终形成东、中、西联动发展的新格局。总体规划要强化研究城市在"一带一路"倡议中的新机遇、新使命和新举措，推动产业升级和城市功能提升。

3.2.5　强化社会多元包容

要维护公平与正义。强化社会逻辑，强调用协商、沟通、自我约束来解决矛盾和冲突，从革命论 / 冲突论转向渐进论 / 改良论❶。实现城市的接纳与融合。加快推进市民化，通过提供物质、制度、心理三个基本条件，尽力消除农民工与原住民在利益与情感上的对立。要关注弱势群体的利益诉求与表达。切实解决"看不见的顶层"、"喧嚣中的中产"、"沉默的大多数"等现实问题，才能让社会变得更加平和与平衡。

3.2.6　强化历史文化保护和城市设计研究

中央领导把建筑风貌上升到历史、文化的高度来认识，把它作为提升中华民族文化自信的重要举措，作为实现中华民族伟大复兴的重要内容。在技术响应上，已明确要建立以城市设计为核心的逐级管控体系。在总体规划阶段，就应该确定城市的总体风貌格局与管控要求，为培育优秀城市与建筑文化奠定良好的基础。

4　总体规划中理性的方法

4.1　既要统筹，更要引领

城市规划在城市发展中起着战略引领和刚性控制的重要作用。战略引领作用是指应加强对 2020 年、2030 年两阶段城市发展的战略预判，按照"两个百年"中国梦的奋斗目标，预判和决策城市的全局性、综合性、战略性问题；刚性控制作用是指强化其对下位规划和城市建设的刚性约束，将其作为指导城市规划建设

---

❶ 与社会逻辑相对应的，政府逻辑是以强制为特点满足社会大多数人的利益，崇尚权威；市场逻辑是以自然竞争法则为基础，通过平等交易实现个人利益最大化，强调平等与自由。

管理的法定蓝图。要切实加强这两项作用，关键是要协调好五个关系：

一是协调好综合与专项的关系；正确认识总体规划的综合属性，以城市总体规划指导其他各专项规划，真正起到转型指针、战略纲领、法定蓝图、协同平台的作用。二是协调好指标与边界的关系；从相对粗放的指标管控，走向相对精细的边界管控和区段管控，实现定性、定量、定形、定界、定策等全方位管控。三是协调好刚性与弹性的关系；"太柔则靡，太刚则折"，应在简化、强化刚性内容的基础上，留有适度弹性空间，根据不同情况实施差异化深度的管理，确保其保护的"宗旨"而非"形式"在下位规划中得以落实 ❶。四是协调好增长与形态的关系；从增长管理到形态管理，把握城市发展的骨架和生长规律 ❷。五是协调好平面与立体的关系；从平面的功能分区管理，转变为立体的混合使用管理，以适应后工业文明时代各类功能高度集聚和混合的发展趋势。

4.2　改进技术手段

4.2.1　适应市场经济下的不确定性

一方面要把握适度弹性。可以借鉴新加坡的"白地"管理，通过保持用地功能的适度弹性以应对未来变化。"白色地段"的用地性质由发展商根据市场需求在政府一定规划许可内进行选择。另一方面要建立动态编制体系。可采用"反馈控制"方式，即定期分析内外部的条件变化，评估原有规划是否需要校正，从而更好地"应对不确定性"。要增加总体规划评估的反馈机制，使城市规划建设成为"实施评估—设计决策—运作实施—实施评估"的动态循环过程。

4.2.2　探索面向存量的规划方法

存量规划要在规模锁定、空间结构基本不变的前提下，通过用地结构的调整来实现城市就业、居住、交通、服务等功能的改善。要计算用地转换的财务收益、

---

❶ 为了保留弹性，新建城区要新增强制性内容的框定，主要以定性质、定总量、定结构方式表达。具体坐标在深化过程中可调整；同时在编制成果的文本、图例中注明需要在下位规划中深化落实、准确"落地"的强制性要求。为了保持绝对刚性，对既有强制性内容的认定，即对现状内容以定坐标方式表达，对需增加的内容以定总量、定结构方式表达。

❷ 美国规划学界经过 30 多年的研究和实践，得出以下结论："城市增长不可控，城市形态可塑。"城市增长不可控是指城市空间上的增长是一种市场行为，它追寻的是社会经济发展的意愿，城市政府既不可能"拔苗助长"，也不能"削足适履"，在这个领域，城市政府应适当"放权"，依照市场自发的需求进行空间安排。城市形态可塑是指在同样规模的前提下，不同的城市空间结构和形态在城市运营效率上会有很大差别。城市政府可以规划并引导设施投资向好的城市空间结构发展，最终形成人地和谐、职住平衡、运营高效的城市。在这个领域，政府应当有所作为，引导市场走向秩序。深圳的成功不在于规模预测准确，而在于带状组团结构发挥了意想不到的适应性，组团保持就业与居住大致平衡，但每个组团均有城市的某个主要功能。快速发展时，同时展开；低潮时，集中力量完善某个组团或一两个功能，进退自如。

需要支付的成本，以及怎样分配这些收益、分摊这些成本。存量规划的工作内容可能包括：土地二次开发的更新改造、闲置用地收回或产权回购政策、生态保护区建设用地清退和生态恢复、城市用地内部结构的调整转换等。面向存量的规划方法，其核心是尊重物权、多元共治。比如玉树的灾后重建规划，就是政府、规划师、援建方、灾民四个主体协作式、参与式、渐进式的规划方法 ❶。

4.2.3　强化刚性内容的有效传递

强化刚性内容向下位规划的传递，确保刚性内容可深化、可实施、可检查，这是确保城市总体规划权威性的前提。从住建部关于城市规划督察员的工作安排来看，督察的重点就是总体规划的合法性以及强制性内容的划定和执行情况。

4.2.4　完善成果表达形式

规划文本是总体规划的主要成果，要求提纲挈领、主题明确、简洁明了、思路清晰、用语规范，图件也是规划成果的重要组成部分，它以图形方式将空间分布、数量指标、质量特征、内部结构等通过视觉方式表达出来。规划的成果要让市场和社会能够理解和接受，应当形成具备法律效力的公共政策文本，以及面向公众的宣传版本。

4.2.5　强化新技术应用

建立基础信息数据平台，实施精细化管理。要促进大数据、物联网、云计算等新一代信息技术与城市管理服务融合，提升城市治理和服务水平。通过城市大数据开放、信息共享和集成运用，建设综合性城市管理数据库，发展民生服务智慧应用，并推动形成"用数据说话、用数据决策、用数据管理、用数据创新"的城市管理新方式。

4.3　完善体制机制

4.3.1　协调好中央与地方的关系

在贯彻中央宏观政策的同时，保持地方政府发展的积极性，明确中央与地方在总体规划中的职责分工。中央事权在于全局把握和监督协调，主要是明确指导思想和规划目标，制定国家中长期战略，明确地方必须要落实的规划强制性要求，

---

❶ 玉树规划的具体步骤为——第一步：定产权。建委会组织群众确认院落产权，以最新二调图为准。有出入的院落由国土部门限期补测，群众在最终产权地籍图上按手印确认。第二步：建委会提供准确地籍图后，设计师根据规划要求拓宽道路、布置管线、配置公共服务设施，确定公摊比例，群众理解公摊细则及比例后按手印确认。第三步：设计师重新划分院落，并根据建委会提供的院落户数及群众选择的户型完成总平面图。第四步：建委会组织群众就选择户型的最终施工图予以确认，政府管理部门配合施工单位将确认的住房建成，群众在最终户型施工方案图上按手印确认。

明确国家对地方的监督和考核要求及组织协调跨行政区的规划工作。地方事权在于具体落实和管理实施，主要是落实国家规划意图，制定地方规划，是规划管理和实施的主体。国家和省级政府主要履行监督责任，应当少参与或不参与总体规划中的具体和实施工作，精简规划编制内容，简化规划审批程序。国家和省级政府的监督方式应当具有更加清晰明确的监督要求，比如空间界线管控、负面清单管控等。

4.3.2　协调好政府与市场的关系

在市场对资源配置起决定性作用的前提下，更好地发挥政府应有的职能。政府规划重在通过明确各项标准规范，明确生态环境保护、公共服务设施配置等符合公共利益的各项强制性内容，明确土地等空间资源的用途管制和规划许可的相关要求，明确中长期城市发展目标和方向，给市场稳定预期。政府要逐步退出土地市场开发环节，规范以土地为资本入股的各类城投平台，将工作重心回归到公共服务、基础设施等公共产品提供上，充分发挥市场引导具体开发建设活动的基础作用。

4.3.3　协调好政府与社会的关系

从单一政府管理走向多元共治、多方"同向发力"。首先是规划编制公开化，使政府部门、开发企业、市民共同参与规划编制。其次是公众参与制度化，明确社会公众在规划编制、审批、管理、实施、监督各环节的参与范围和作用。比如，上海市推行的"开门做规划"机制，通过联席会议、意见收集及信息通报等机制，全面落实"开门做规划"的目标，策划安排公众参与的活动，开展对内对外的沟通协调工作。

4.3.4　协调好垂管部门与城市政府的关系

从过去的条块分割走向条块结合，以块为主。地方人民政府是城市规划建设管理的责任主体，负责规划的组织编制和具体实施。地方垂管部门重在专项事务的监督和落实，做好技术指导工作，不参与具体地方管理工作。从城乡规划部门"一书三证管建设"、国土部门"三线两界保资源"、发改部门"政策区划管协调"、环保部门"功能分区保本底"向城市政府统筹协调转变。

4.3.5　健全法律法规与标准规范体系

主要包括以下三个方面：一是加强与相关政策、法律、法规间的有效衔接，完善空间用途变更机制，完善规划建设许可制度，明确政府、市场、企业、个人的责任和义务。二是健全规划法律法规体系，明确城市与乡村统一的规划建设管理制度，完善规划建设许可制度，加大违法规划建设的惩处力度。三是健全规划标准规范体系，修订《城市用地分类与规划建设用地标准》等基础性技术标准，更新各类规划建设标准。

4.3.6　健全规划督查制度

不但要完善督察体制，将规划督查作为政府监察和考核的重要组成部分，还要充实督查内容，对总体规划的强制性内容实现全面督查，更要做到贯通规划流程，从事后督查向程序督查转变，对总体规划的编制、审批、修改和实施进行事前、事中和事后督查。

4.3.7　健全规划评估制度

首先，实现规划评估制度化、常态化，建立起总体规划评估与国民经济发展规划中期评估和制定的协调机制，实现二十年规划与五年规划密切协调。其次，实现规划修改与评估挂钩，将规划期限内的修改与规划评估挂钩，将规划动态维护与规划评估挂钩。同时，规范控制性详细规划的动态维护工作，明确控制性详细规划动态维护不能修改总体规划强制性内容。

5　结语

业内常常自豪于《中华人民共和国城乡规划法》赋予了城市规划明确的法律地位，但这并不能"自动"增加规划的权威性，我们还必须尽力增强规划尤其是总体规划的科学性。正如在一个社会中，法律真正强制约束的其实是少数人，对多数人起作用的其实是道德规范；道德是法律的基础，是法律的评价标准和推动力量，在一个道德沦丧、缺乏自律的社会，再强硬的法律也只能是形同虚设。在总体规划中，科学性就好比规划的道德根基，是人们对规划从理性、从内心表示认可的全部理由；法规性则是国家政权机关对规划的认可，重点重申了其中部分对公共利益有重大影响的事项（强制性内容），并对可能的违法行为和行为人起到威慑和惩戒作用。假如没有足够的科学性，合理性与合法性就会处于紧张的冲突状态之中，法规也会陷入"管也不是、不管也不是"的两难境地。

最后，我们也要正确认识理性的有限。由于知识的分立和进化的不确定性，以及理性本身嵌入在社会结构与历史之中而受到局限等因素，人永远不能获得从整体上控制或者设计社会的能力，社会发展是有机、渐进的过程。对于总体规划而言，无论是目标预测还是过程控制，都不可能完全准确或是恰如其分，而必须尊重社会自发秩序的演进，谦抑而适当地运用我们所拥有的理性。

参考文献

[1]　陈鹏. 从目标导向到底线优先——基于认识论的城市规划发展探讨 [J]. 规划师, 2011 (08): 88-91.

[2]　陈义勇, 刘涛. 北京城市总体规划中人口规模预测的反思与启示 [J]. 规划师, 2015, 31 (10): 16-21.

[3]　董光器. 城市总体规划 [M]. 南京: 东南大学出版社, 2012.

[4]　李建军. 保持我国城市规划学的科学本质——有感于当前我国城市规划实践的若干现象 [J]. 城市规划学刊, 2006 (4): 8-14.

[5]　李晓江. 总体规划向何处去 [J]. 城市规划, 2011 (12): 28-34, 69.

[6]　李晓江, 张菁, 董珂等. 当前我国城市总体规划面临的问题与改革创新方向初探 [J]. 上海城市规划, 2013, 3 (1).

[7]　石楠. 试论城市规划中的公共利益 [J]. 城市规划, 2004 (06): 20-31.

[8]　孙施文. 城市规划不能承受之重——城市规划的价值观之辨 [J]. 城市规划学刊, 2006 (01): 11-17.

[9]　邢谷锐, 蔡克光. 城市总体规划实施效果评估框架研究 [J]. 城市问题, 2013 (6): 23-27.

[10]　杨保军. 直面现实的变革之途——探讨近期建设规划的理论与实践意义 [J]. 城市规划, 2003, 27 (3): 5-9.

[11]　杨保军, 陈鹏. 社会冲突理论视角下的规划变革 [J]. 城市规划学刊, 2015 (01): 24-31.

[12]　杨保军, 张菁, 董珂. 空间规划体系下城市总体规划作用的再认识 [J]. 城市规划, 2016 (03): 9-14.

[13]　赵民, 郝晋伟. 城市总体规划实践中的悖论及对策探讨 [J]. 城市规划学刊, 2012 (03): 1-9.

[14]　邹德慈. 论城市规划的科学性 [J]. 城市规划, 2003 (02): 77-79.

[15]　庄少勤, 徐毅松, 熊健等. 超大城市总体规划的转型与变革——上海市新一轮城市总体规划的实践探索 [J]. 城市规划学刊, 2017 (02): 10-19.

谭纵波

TAN ZONG BO

中国城市规划学会理事
国外城市规划学术委员会副主任委员
城乡规划实施学术委员会副主任委员
历史与理论学术委员会委员
标准化工作委员会委员
清华大学建筑学院城市规划系教授，副主任

公共理性视角下的控制性详细规划

1　理性与城市规划

1.1　理性规划的现实困境

对于接触过西方近代城市规划发展史的人来说，理性规划这个术语并不陌生。它指的是 20 世纪 60 年代在西方一度盛行的规划方法和理论，并以盖迪斯提出的"调查—分析—规划"这一强调过程的规划方法而著名，并至今影响着我国的规划界。因此，从这个意义上来说理性规划被城市规划业内人士所熟知。但是，城市规划实践中的种种乱象和怪象又无时不刻地在提醒着我们，现实中的城市规划无论是编制还是实施，乃至整个体系框架的设计中均存在着大量的"非理性"的行为（孙施文，2007）。有时这种"非理性"的程度甚至超出了一个心智健全的非专业人士的常识性判断的范围。那么，究竟是什么原因导致这种理论认知与现实状况之间的鸿沟？在现实语境中，城市规划有无重新回归理性的可能？其路径在哪里？本篇试图结合控制性详细规划（以下除标题外简称：控规）的实际状况做一个粗浅的梳理。

1.2　从理性到理性主义

理性（Rationality）一词的含义最早可以追溯到古希腊时期，与理智、理由（Reason）同属一个词根，通常指人类为了个体利益的最大化，通过无限接近于事实真相的认知以及冷静地深思熟虑所做出的符合逻辑的判断、决策和行动。作为常识概念，理性经常暗含了"有智慧"（理智）、"讲道理"、"按逻辑"、"可解释"等带有正面含义的评价❶。而作为人类意识，与理性相对应的是感性，在个意义上，理性又被分为"认知理性"和"工具理性"。前者是指个体在对

---

❶　根据维基百科、参考文献（2）等对相关概念的描述整理。

周围世界形成主观信念的过程中在多大程度上符合真实世界，换言之，"主观认知是否反映客观事实？"认知理性又被称为"理论理性"或"证据理性"；后者是指个体实现目标过程的最优化，决定了个体如何进行判断、决策和行动（斯坦诺维奇，2016）。

　　由此可以看出：理性属于人类个体意识的范畴，贯穿于个体利益最大化的全过程，即所谓的趋利避害。但人类又是社会性动物，这种个体的意识模式不可避免地带到社会交往的过程中，形成个体理性之间的矛盾和冲突。亦即个体的理性并不能一定，或者说通常情况下一定不能自然而然地形成群体的理性。由此，又引出了"公共理性"（Public Reason）的概念。虽然对于公共理性的概念并没有一个可以达成完全一致的定义，但可以大致理解为现代民主社会中"公众以公民的身份去建立一种政治体的共同理性"（索罗姆，2011）❶，属于公共事务、政治以及公共管理的范畴。

　　相对于作为常识的理性和虽然上升至哲学范畴但与具体事物密切相关的公共理性概念而言，作为哲学概念中理性主义（Rationalism）渊源的"理性"则伴随着哲学的诞生而存在，与"感性"，"作为思维和存在的矛盾在认知论方面的一个表现，自始就形成人类哲学思想发展的内在动力之一"（陈修斋等，1986）。伴随着西方近代启蒙运动的发展，作为认知论的理性主义与经验主义（Empiricism）成为西方哲学的重大问题之一并形成了相对应的两大哲学派别。相对于经验主义强调建立在感官感知（实验）基础上的理论归纳，理性主义认为人类的认知还可以来源于按照基本原则的推理，并高于感官感知❷。值得注意的是，理性主义与经验主义并非水火不容的矛盾双方，均与现代科学有着深层次的相互影响。

---

❶ 索罗姆将罗尔斯提出的公共理性概念归纳为：（1）公共理性具有所有理性的一般特征，如推理和证据的规则，以及一般共享的信念，常识性推理和无争议的科学方法；（2）适用于涉及基本（政治）结构和宪法根本问题的慎议和讨论；（3）在上述范围内，适用于介入政治辩论的公民和政府官员、参与投票的公民以及实施官方行为的政府官员（索罗姆，2011）。历史上，霍布斯（Thomas Hobbes，1588-1679）、卢梭（Jean-Jacques Rousseau，1712-1778）、康德（Immanuel Kant，1724-1804）、杰斐逊（Thomas Jefferson，1743-1826）、罗尔斯（John Rawls，1921-2002）在不同语境下使用了"公共理性"这一哲学词汇。与罗尔斯强调公共理性的理论限于公民社会政治讨论中的情况有所不同，高希尔（David Gauthier）在1995年发表的"公共理性"一文中将公共理性解释为："理性是（一些）主体的能力"，包括个体和群体，公共理性是指某个特定群体优于组成成员个体并被所有成员个体接受的"单一的公共判断"（高希尔，2011）。也就是说，公共理性与个体理性具有共同特质，在一定的附带条件下形成抽象的单一主体。除特殊说明外，文中涉及与城市规划相关的"公共理性"即指此种含义。

❷ 事实上，依靠推理而不是实验，通过推导来获取未知知识的认知手段主要局限于数学等自然科学领域。

1.3 城市规划的科学性

从认知论的角度来看，城市规划当属经验主义的范畴，而与理性主义的交集甚少。所谓理性规划也与理性主义没有什么必然关联，更多的是现代科学方法论在城市规划领域中的应用。也就是说，在理性规划出现之前，城市规划方法论的主体是非科学（前科学）的。虽然传统城市规划中包含了经验主义认知的成分，但并没有上升到可以与现代科学形成共同语言的程度，更多地停留在非系统的感性判断层面。因此，不可否认，理性规划不仅从方法论上借鉴了自然科学注重实验、讲究因果关系和逻辑的思维方式，也将城市规划带入了在一定程度上可以进行客观评判的领域。

但是，现代城市规划在借鉴科学方法论的过程中更多地强调了对现实状况把握以及逻辑推理的重要性，侧重对现实世界及其运行规律的认知，主要解决属于认知理性范畴，即"是什么？"的问题；例如对城市现状的量化分析以及基于逻辑推理和模型计算的未来预测。但另一方面，由于城市规划包含主观判断，基于价值取向的多解特征，使得其决策过程和实施结果均无法保持符合某种普世标准的唯一性。虽然规划方案优化等工具理性的运用曾一度并且仍作为城市规划研究的对象，但实践中却鲜有单纯依赖逻辑推理和计算确定并实施规划方案的实例。因此，现实中城市规划的科学性反过来成为其权威性备受质疑的"软肋"，造成了有关城市规划科学性的"误读"和"误区"。

1.4 城市规划中的公共理性

城市规划的公共政策属性决定了城市规划的工具理性性质体现在社会群体如何进行判断、决策和行动上。换言之，"规划理性"能否形成，更多地取决于在特定的社会环境下是否存在一种达成群体共同目标，协调群体按既定目标行动的组织架构和机制。在这里，群体的理性替代了个体的理性，而"公共理性"这一术语可以借用近似地表达这一含义❶。对照前述对城市规划科学性的分析，不难看出："规划理性"源自两个方面的理性，一个是影响对现实世界认知准确程度的认知理性，可以解释为现代科学方法在城市规划中的应用；另一个就是关乎社会共同目标达成与执行的公共理性。只有包含着两个方面理性的城市规划才能称得上是"科学"和"公正"的城市规划，即符合"规划理性"原则的城市规划。事实上，即

---

❶ 这里的"规划理性"是指理性思维在城市规划领域中的体现，有别于特指西方战后的"理性规划"。同时参见前述脚注中对本文中使用"公共理性"概念的界定。

使理性规划出现之后，城市规划也无法像自然科学那样完全实现可度量、可量化、可推论和可预测。因此，按照目前公众对城市规划"科学性"的理解和期待，可转借"规划理性"作为体现城市规划科学性的重要标志，但实质上主要体现以往缺失的公共理性的内容。如此，"规划理性"的核心就大致体现在基于公共理性原则的一系列判断和选择中。因此，对于公共理性的探讨就变成了"规划理性"的核心和本质问题。

1.5　理性的价值

在城市规划面对复杂环境和现实利益纠葛时，其理性思维，即"规划理性"的重要性和价值主要体现在三个方面。首先，在认知层面上，城市规划需要对其对象以及所要解决的主要问题有准确和充分的认识，即需要认知理性。其次，在实践层面上，则体现为工具理性，城市规划无论是作为工程技术的合理性，还是作为公共政策的有效性与合法性均与公共理性相关，其本质是减缓社会矛盾和冲突，提高社会运行效率，使城市作为整体是"理性"选择的结果。即唯有公共理性的原则贯穿于城市规划的制定与实施的一系列决策和行动才能保证其对于城市的整体和长远发展产生正面影响。反之，违背公共理性原则的城市规划存在着将城市发展引向歧途，并最终形成畸形城市的风险。最后，在思想层面上，公共理性的理念将城市规划的价值聚焦于社会关系的构建，替代将以量化分析、信息化等现代科学技术在城市规划中应用为代表的"科学"规划作为城市规划的最高目标，从更深的层次揭示现代城市规划的核心价值。

理性的价值对城市规划本身而言，在于将脱胎于主观空间布局观念的城市规划置于理性分析和逻辑框架之下，形成可客观量度和评判的对象；对社会而言，使城市规划成为体现公民意愿和诉求，达成社会共识的重要载体，以实现城市整体发展的最优及公民福祉的最大化。

2　控制性详细规划的诞生

首次正式提出控规的官方文件是建设部 1991 年颁布的《城市规划编制办法》，1989 年颁布的《城市规划法》中并没有涉及。严格地说，控规在 2007 年《城乡规划法》颁布之前并没有获得正式的法律地位。控规的应急登场从一个侧面反映了当时形势的紧迫性。事实上，控规的出现本身也可以视作改革开放后来自规划实践领域的对"规划理性"的客观需求。

2.1　控制性详细规划的早期实践

在《城市规划编制办法》出台前后,类似控规的规划实践已经在上海、广州、桂林、温州、苏州、南京等沿海发达地区陆续展开。改革开放后,外资及社会资本开始逐渐进入城市开发领域,计划经济环境下所采用的详细规划(即修建性详细规划)手段无法应对市场的需求,规划探索随即展开。例如:早在 1982 年,上海市虹桥新区详细规划就借鉴了国外规划法规的技术内容,采用了用地性质、容积率、建筑密度、建筑后退、建筑高度、车辆出入口方位及小汽车停车泊位等规划控制指标,以取代以往以具体建筑布局为核心的详细规划,开改革开放后控制性规划的先河 [1]。另一方面,学界也开始了对市场经济环境下详细规划技术手段的探索,赵大壮(1989a,1989b)等学者通过桂林市中心区详细规划的实践,提出变革固有规划观念,适应新形势的学术观点,强调城市规划应重视城市开发建设中经济因素的研究。同时,温州等地区民营经济的迅猛发展也使得城市政府不得不考虑城市建设中如何利用社会资本的问题,并于 1987 年左右在土地出让的过程中积极引入了控规的技术手段,成为我国较早开展控规实践的城市之一 [2]。

从控规的早期实践案例可以看出,作为规划技术手段,控规的出现有三个突出的特征:①产生于社会经济发展形成的"倒逼"机制下,游离于既存的规划体系;②引介自市场经济发达的国家和地区,如:美国和我国的香港、台湾地区;③侧重规划技术手段的"应急性"采用,较少对规划所处社会背景及适用性进行分析,更缺乏在价值观或哲学层面对规划逻辑的认同。

2.2　控制性详细规划出现的背景

控规的出现源自计划经济体制下所形成的规划手段对市场环境的不适用。由于计划经济体制以及与之相匹配的公有制意识形态强调群体利益,否定个体利益的存在,因此,形成于计划经济环境下的城市规划存在着两大特征:一是城市规划的目的更多地聚焦于工程技术目标的实现,而缺少对城市开发过程中相关群体意愿的基本考虑,即见物不见人;二是缺乏法治观念,以技术权威替代社会契约。这种倾向不仅长期存在于计划经济时期,即便在改革开放近 40 年后的今天,其影响力依然存在。最典型的例证就是我国至今尚未出台

---

❶ 参见 : 参考文献 [10]。
❷ 参见 : 温州市规划局 . 温州市城市规划情况介绍 . 内部资料 . 1993。

建筑法 **❶**，颁布地方性建筑条例的城市也属凤毛麟角。反观西方工业化国家，较早以立法形式对城市开发实施政府干预的手段首推建筑条例等建筑法规。因为在建筑法规中，除对建筑物本身的安全和卫生进行必要的强制性规定外，还需要对建筑物之间的"相邻关系"进行必要的界定，以此来确保居住在建筑物群体中人员的安全和健康以及物权者（包括使用者）的权利。

控规的出现在客观上一定程度起到了界定"相邻关系"的作用，但由于计划经济思维的惯性，以及上述技术"应急性"特征，时至今日控规依然被更多地赋予了技术性属性，而忽视或回避了其作为社会利益以及由此而引发的矛盾和冲突的"协调者"或"裁定者"的角色。在有关控规的讨论中引入公共理性的视角是从根本上解决这一问题的重要途径。

2.3　控制性详细规划的技术来源

虽然难以考证控规到底是借鉴了美国的区划，还是向香港地区法定图则学习的结果，抑或是受到台湾地区土地使用分区管制的影响，但控规直接借鉴了发达国家和地区应对市场经济体环境的规划技术是一个事实。从规划技术演变的角度来看，近代起源于德国的用地分区管制技术形成两大分支，一支是演变为以德国本土的建设规划（B-Plan）为代表的详细规划类型；另一支则是在 1920 年代左右开始广泛应用于北美地区的"区划"（Zoning）技术。由于历史的原因，控规采用了与前者更为相近的表达形式，但所面对的问题以及需要解决的主要矛盾却与后者更加相似，即如何对社会资本主导的快速城市开发实施有效的管控。

另一方面，原有规划体系的惯性思维也深深影响着控规技术手段的选择。深圳市采用"法定图则"替代控规过程中的曲折反复、北京市 1980 年代中期"分区规划"编制中"土地使用分区规划"思想的昙花一现都说明了这一点 **❷**。更重要的是，控规更多地引入了用地分区管制的技术，例如：用地性质分类、建筑容量及形态

---

❶ 此处的"建筑法"指西方工业化国家近代以来普遍采用的用以规范建筑物建设的法律或条例的总称，其主要内容主要涉及两大部分。一部分是有关建筑物本身及内部人员的安全和健康等问题的规定，例如：建筑结构的可靠性、防火、日照通风、必要的设备等；另一部分用以界定建筑物组群中不同建筑物相互之间的关系，或称"相邻关系"，例如：建筑用途、高度、密度、容积率及各种外墙后退等。建筑法（或建筑条例）与城市规划法配合构成完整意义上的城市建设管控法规体系。我国于 1997 年颁布、2011 年修订的《中华人民共和国建筑法》，其内容实质上是有关建筑工程和建设企业管理的法律，与上述"建筑法"不属同一个范畴。

❷ 有关深圳"法定图则"的情况参见：深圳市规划国土局 . 寻求快速而平衡的发展——深圳城市规划二十年的演进 . 1999. 有关北京市"土地使用分区规划"的情况参见：马麟 . 我市率先开展编制"土地使用分区规划"工作以及董光器 . 北京市开展分区规划工作的情况，上述两篇均收录于北京市规划委员会、北京城市规划学会 . 岁月回响——首都城市规划事业 60 年记事（上）. 内部资料 . 2009。

限制等，而把形成这些技术背后的缘由、目的和逻辑统统过滤掉了。在这些被扬弃的内容中有相当一部分涉及公共理性的领域。

2.4 控制性详细规划与公共理性

毋庸置疑，导致控规出现的最根本的原因是改革开放后，以经济体制转型为代表的社会转型。经过逐步过渡，改革开放在经济体制上的目标最终落实在建立社会主义市场经济体制上。这一举世无双的上层建筑与经济基础之间的关系留下了巨大的可解释空间。反映到规划领域，就是规划如何选取个体（利益集团）利益与公共利益之间的平衡点。这个问题不但在控规出现的 1990 年代初的我国找不到可能的依据，即便在市场经济相对成熟的发达国家和地区也没有现成的答案。虽然社会转型中的问题和矛盾不可避免地要上升到哲学层面的思考，但从控规诞生的过程及背景来看，现实与形而上之间存在着巨大的空白，引入公共理性的概念或许是弥补其中缺失环节的重要手段，但产生于西方社会环境与政治制度下的这一概念能否用来作为中国现实问题的分析框架尚需持续、深入的辨析。但至少有一点可以肯定，以往控规实践和研究中试图以技术手段为核心满足市场需求的思维方式属缘木求鱼，是行不通的。

3 控制性详细规划的内容

3.1 控规的技术特征与法理基础 [1]

从上述控规的出现过程可以看出，从表面上看，控规作为规划技术有着应对市场经济环境下城市开发活动的技术特征，与西方工业化国家的类似规划类型有着较强的相似性，或者更加确切地说其技术主要来源于市场化国家和地区。但为什么在西方工业化国家行之有效的规划技术在我国的实践过程中却遭遇重重挑战，乃至与其原有技术特征所达成的城市规划管控效果预期相距甚远？[2]这种状况迫使我们必须寻求控规的法理基础。

基于被普遍接受的城市规划公共政策的属性，控规的法理基础应是基于政府对市场行为的干预，或者准确地说是对市场行为弊端的干预，即：作为主体

---

[1] 这里的"法理"并非真正法律意义上的合法性基础，而是指为达成目标而采取行动的理性是否具有公共属性，即是否出于社会管理真实需求的目的。与"公共理性"形成的思路类似，但没有那么严格。

[2] 对发达国家或地区中类控规技术实施效果的评价不是本文的重点，但其至少在长期的实践过程中扮演了空间管控的核心角色，并形成相对稳定的和可预期的规划技术体系。

的政府，面对城市空间管控对象的"开发者"❶，就用途、强度和形态等城市土地利用要素实施强制性要求的全过程。从理论推导的角度来看，这种政府行使公权力对市场行为实施管控的结果应该是可预期的和令人满意的。但现实城市建设中的乱象又明确地展示着这一理论建构的虚无。那么出现这种悖论的原因可以推测为两种假设，一是这一过程本身不成立；二是这一过程中的某个（或多个）要素出现了问题。

首先，就这一过程而言，与西方市场化国家或地区相比较，虽然基本要素均存在，但过程的实质有很大的不同。控规在我国的出现并非迫于由市场失灵所带来的弊端而引起，而是因为在政府出让土地使用权时，需要为土地"定价"。无论是早期的协议出让，还是后来的"招拍挂"均是如此。这也就不难理解为什么土地使用权出让过程中的"规划条件"成为利益博弈的焦点，并大有取代控规的趋势（于斐，2016）。

其次，在这一过程中政府既是土地使用权出让这种市场行为的当事一方，又是市场弊端的干预者。这使得这一过程中的主要要素发生了相当程度的变化。这种角色的悖论在"土地财政"背景下被不断放大，政府的职能从市场失灵的干预者更多地倾向于通过市场获利的当事人。此外，这种角色的悖论还产生了另外一个副作用，就是控规内容（尤其是容积率）是可以按照市场原则进行"议价"的，一旦政府从市场中获得某种回报又不愿意给予现金补偿的时候，规划内容往往成了"补偿"和"交易"的内容。至此，上述看似完整的规划过程基本被解构，现实城市建设中出现各种乱象也就不足为奇。

3.2　区划制度中的公共理性

作为控规技术的来源之一，美国的区划制度体现出更加明确的价值判断和自价值判断至技术手段渐次展开的清晰逻辑。更重要的是其核心价值被纳入了现代公共理性重点讨论的范畴❷。区划制度自 20 世纪初出现在北美地区起，围绕美国宪法第五修正案中，"不经正当法律程序，不得被剥夺生命、自由或财产。不给予公平赔偿，私有财产不得充作公用"（nor be deprived of life, liberty, or property, without due process of law；nor shall private property be taken for public use,

---

❶ 现实中，由于个人缺少获取城市开发所需国有土地的途径，以营利为目的"开发商"取代了以使用为目的的个体开发者的存在，使得城市开发更趋于逐利行为。这种情况在其他市场经济国家和地区中并不常见。

❷ 区划制度的如下特征决定了其属于公共理性讨论的范畴：（1）对受宪法保护的公民财产自由产生重大影响；（2）具有经议会审议通过后生效的强制性；（3）围绕区划的典型纷争多形成最高法院的判例；（4）无论是学界还是公众均享有对相关问题充分谈论的自由。

without just compensation）的条款，包括联邦最高法院在内的各级法院做出了一系列的判决，试图在保护私有财产与维护公共利益之间做出以宪法为依据的现实判断 ❶。其中，1926 年联邦最高法院在对尤克里德村诉安布勒不动产公司一案的判决中，援引美国普通法中限制"妨害"（Nuisance）的原则，肯定了区划制度在维护公共利益中的积极作用，并首次明确了区划制度不属于宪法修正案中所列"剥夺"（Taken）的范畴，从而奠定了区划制度的法律地位。但同时，联邦最高法院在 20 世纪 80 年代末至 90 年代初的数个判例中，也对地方政府试图通过条例等手段对私有土地进行"剥夺"的行为予以制止 ❷。通过法院判决，一种起于"妨害"，终于"剥夺"的价值判断明确地展示在公众面前，体现了公共利益与个人利益的平衡，亦即公共理性在城市规划领域中的具体体现。

实际上，限制"妨害"的出发点是政府依据地方条例等符合合法程序的规划技术工具，以中立的身份处理城市开发过程中不同土地所有者之间的"相邻关系"，即政府作为主体，面对多元的土地所有者实施土地利用（空间）管控，以维持必要的城市空间秩序 ❸。其暗含的逻辑是：不加约束的市场环境将导致城市空间秩序的丧失，因此需要政府对市场行为实施干预，限制部分支配财产的自由而不违宪。这种涉及宪法根本性问题的讨论与罗尔斯对公共理性范畴的界定高度契合。

3.3 控规逻辑与框架的重构

与区划制度对比即可清晰地看出：虽然由政府制定并实施这一方面同样有着公共理性的某些特征，但控规的核心是实用主义的为土地使用权出让定价，并不涉及社会的基本价值判断，从本质上来说难以划入公共理性的范畴，因而无法体现政治正义的内容 ❹。这种社会基本价值判断的缺失同时会带来某些不利的副产品，如前述控规"议价"行为的出现。伴随城市"三旧改造"、"招商引资"等政府行为的往往是政府面向市场（管控对象）给出的更改土地利用性质、提高容积率等"优惠"政策。从表面上看，政府只是颁布某些政策而不牵扯到公共利益，但实际上上述变更所带来的负外部性最终需要包括政府在内的城市整体（或以相邻者为主）来承担。

---

❶ 相关判例参见：谭纵波.《物权法》语境下的城市规划. 国际城市规划. 2007 年第 6 期. PP127–133。

❷ 同上文献。

❸ 美国普通法中，限制"妨害"行为的理由是："使用你自己的财产时不要损害别人的财产"。不同土地利用性质间的干扰，日照权等通常是常见的"妨害"实例。

❹ 并非主张控规在政治层面是非正义的，但政治正义的缺失显然动摇了其作为体现社会基本价值准则载体的地位，而成为一种非公共理性行为。进而存在被其他非公共理性替代的风险。

因此，在考虑理想的控规框架和内容时，首先需要注入对社会基本价值的判断。即便出于对所有制等特殊国情的考虑，剥离财产权属及相关利益后，城市中不同土地使用者之间仍存在相邻关系这一核心问题。那么通过作为法定规划的控规对相邻关系的清晰界定是保障城市空间秩序的开端，具有普遍意义 ❶。如果说快速城市化时期的增量城市开发对相邻关系尚不敏感的话，那么对相邻关系的处理必将是以建成环境为主要对象的存量规划的核心。不仅如此，将控规的着眼点从为土地使用权出让"定价"转向界定相邻关系可以逐步构建从社会基本价值判断到规划技术工具的完整逻辑，使对规划技术的探讨具有了社会价值判断的支撑点和出发点。虽然与罗尔斯定义的公共理性尚存在差异，但至少向着公共理性的形成迈出了一大步，成为名副其实的公共政策。

在解决了政府干预市场行为过程本身的问题后，对于过程中要素的问题——政府身兼市场干预者与市场交易参与者双重身份的问题亦可通过确定优先顺序的方法加以改善。即在现实土地产权制度下，作为国有土地所有者的身份要服从于通过公共政策制定干预市场行为的角色。政府首先是规则（控规）的制定与执行者，然后才是土地收益的获益者，前者是公共利益的代言人和公共政策的制定与执行者，是无私的；后者是按照市场准则，通过市场获益的无限接近个体的利益方 ❷。

4　控制性详细规划的实施

4.1　控规制定与修改机制

控规的实施包括了从规划决策到规划执行的全过程。与控规的实质性内容在一定程度上偏离了政府对市场实施干预这一理念的状况类似，现实中，围绕控规实施的各个环节也存在某些背离公共理性原则的倾向。

首先是控规的法律地位问题。虽然 2007 年《城乡规划法》将控规列入了法定规划体系，使控规的编制和实施有法可依。但是无论是编制义务、审批义务、审批主体与对象乃至违法的判定与处罚均存在与公共理性相悖的情况。其中，由政府自身编制、审批并实施的相对封闭的决策和运行机制不但与城市规划本身的公共政策属性相悖，更与公共理性的原则相距甚远。在控规决策主体上，近年来许多城市相继组建城市规划委员会来辅助政府对控规的决策，彰显决策过程的民主

---

❶ 除上海等个别城市外，迄今为止我国尚缺少包含界定城市土地利用相邻关系内容的建筑条例或建筑法规。这一职责在相当程度上无意识地转由控规承担。
❷ 关于通过土地使用权出让市场获益，但用于公共财政支出的论调仍无法否定政府作为获益者的利益冲动。在此不做详细讨论。

和反映民意，但除深圳等少数城市外，城市规划委员会的委员由政府内部各部门的代表组成，外部人士参与程度较低，实质上成为"政府部门联席会议"的情况客观存在，除增加"集体决策"这一形式外并无实质性改变（陈锦富等，2009；刘丹等，2007）；在控规实施对象上，控规的作用方常常被聚焦于开发商个体，在开发商强烈的博弈冲动之外，包括周边土地利用者在内的公众常常被置于局外，政府也缺乏将自身纳入控规约束的自觉。控规尚未发挥"社会契约"的作用，其形成的过程也缺乏对社会共识的必要反映，因而使源自程序正义的法律效力有所欠缺。

其次，控规在实施过程中被频繁修改的现象也成为被诟病的主要方面（夏林茂，2005；张晓荕，2014）。但事实上，在国家层面上通过立法等手段限制政府在行政过程中"自由裁量"的努力一直存在。2003年《行政许可法》中确立的"透明公开，程序法定"的原则以及2007年《城乡规划法》对包括控规在内的规划修改法定程序的强化都证明了这一点。在这种情况下，控规仍被频繁改动的原因除现实利益因素外，控规本身缺少基本价值立场，可议价，实施过程过于封闭等特征也是重要原因。在2007年《城乡规划法》收紧城市规划修改程序的环境下，控规的所谓"弹性"被大量提及，试图用"技术手段"弥补控规实施过程中形式上的不修改与实质上的内容频繁变更之间的矛盾，规避较为严格的规划修改程序[1]。这使得控规的实质性修改过程较制定过程更加隐蔽，从而背离了公共理性的大方向。

4.2 控规实施过程中的公共理性

在有关控规实施过程中被频繁修改问题的讨论中，控规内容的"科学性"是一个常常被提及的问题，其大致逻辑是：由于控规内容的"不科学"或"弹性"不足，因而导致了控规被频繁修改[2]。事实上，这是有关控规问题讨论中最大的误区。因为，首先控规所解决的并不是一个具有唯一答案的科学问题，控规所体现的是由社会共识引导达成的社会契约，而不是科学答案。甚至控规的控制指标的合理值都是一个具有一定变化幅度的相对概念；而控规所引发的利益分配更涉及社会成员间的公平和社会正义问题。对比公共理性的概念，可以说控规的核心实质上是一个公共理性应用的问题。任何所谓"科学"的计算与推导都无法证明控规是基于公

---

❶ 例如：采用"街区"控规与"地块"控规两段式的内容表达（夏丽萍等，2010；盛况，2008），在编制控规时为容积率等规划控制指标留出超过实际需要的"余地"，借鉴新加坡规划中所谓"白地"的规划手法（黄经南，2014），乃至回避控规的正式批准，仅参照执行等。
❷ 这一类的论文较多，例如：（颜丽杰，2008）。

共理性选择的结果。相反，公共理性原则的运用（哪怕只是部分的运用）才是使控规回归正轨的正确方向。

鉴于控规涉及对开发者以及利益相关者财产与利益的干预，关乎社会成员间的公平，相较于实质正义，程序正义的意义更加重大。例如：就某个地块的容积率具体赋值是否合理而言，该地块与周边相同性质的地块是否保持一致，赋值对周边其他地块是否产生额外的负面影响，以及赋值的过程是否公开、透明，利益相关者是否具有理论上的平等话语权？ [1]2007 年《城乡规划法》及相关部门规章给出了较为详细的控规修改程序也说明程序正义的重要性，但如果不解决上述实践中规避法定控规修改程序的问题，《城乡规划法》的立法宗旨将无法得到贯彻落实。

本质上，控规的实施是控规作为社会契约的缔结和兑现过程，即包括政府、开发者及其他利益相关者在内的社会成员按照预先同意并签署的契约——控规实现其具体约定内容的过程。而社会契约是社会共识的具有法律意义的表达形式。达成社会共识需要如下条件：①参与各方平等的地位和话语权；②过程公开透明与第三方纠纷解决机制；③参与各方获得较非共识状态下等价甚至更多的利益[2]。将这些条件转译为控规实施的情况即：①控规对政府、开发者及其他利益相关者具有同等的约束力，而非对任何一方的单方面制约；②控规的实施与监督除过程本身公开透明外，需要引入诸如"委员会"乃至法院等仲裁机构处理纠纷；③与没有控规时相比较，控规的实施对遵守并执行控规的所有参与方带来实质性的利益[3]。换言之只有在满足这些条件下，控规的实施才能真正得到落实。

4.3　以"制衡"为核心的控规决策与修改

控规的实施过程既然是社会契约兑现的过程，其决策与修改必然涉及公共理性。或者说公共理性是达成社会共识，形成社会契约过程中的工具理性。按照公共理性所形成的控规是契约缔结各方之间有关各自利益的一种平衡状态。如果将控规的决策看作是这种平衡状态的形成，那么控规的修改就是修改前的平衡状态向修改后平衡状态转移的再平衡过程。在这种一系列平衡与再平衡的过程中，城市规划的价值目标能否实现？即依据公共理性所形成的结果是否符合城市规划本身维护城市长远利益与整体利益的价值目标？

---

[1] 实践中如何公平地体现利益相关者之间的话语权是一个棘手的问题，在此不作深入探讨，而将之归结为理论上的平等。

[2] 基本原理参见卢梭对"社会公约"的论述（卢梭，2011）。

[3] 此处的"利益"是广义的，可能是直接的经济利益，也可能是秩序井然的城市空间环境等福利，抑或是"管理有方"等舆论评价或上级认可。

城市整体利益并非是一种抽象的利益，而是由城市中每一个利益相关个体的利益所组成的。依照公共理性所达成的社会共识和契约——控规既是利益相关个体之间相互"制衡"的结果，也在客观上形成了一种平衡状态。这种"制衡"模式下再平衡过程的高成本在一定程度上起到维护规划"稳定"的作用，从而客观上起到实现规划价值目标的作用。当然，控规作为仅涉及城市局部的规划，存在产生整体负外部性的可能。

另一方面，城市的整体利益除特定地域范围的维度外，还存在时间维度的问题，即城市的长远利益。依照公共理性所形成的控规并不能自动实现维护长远利益的目标，必须新增一个前提条件，即参与者利益的长期存在。在与控规相关的各方参与者中，政府与规划范围内的居民相对长期稳定存在，虽然政府的长期存续与政府工作人员的任期、居民的迁徙等问题仍可深入探讨；现实环境中，开发商的情形较为复杂，总体上来看相较于政府与居民不属于长期存在的利益相关者，换言之，更具追求短期利益的动机，虽然在某些状况下，品牌意识与经营模式会对这种动机构成某种制约。因此，在控规决策阶段需要注意到参与各方追求长期利益愿望的不均衡，并考虑对追求短期利益者的额外制衡（也可以理解为是一种长期利益的体现）。

综上，基于公共理性所达成的社会共识以控规的形式体现为社会契约，并在利益相关各方之间形成相对稳定的"平衡"状态，与城市规划追求城市整体利益和长远利益的价值目标是相近的。

5　控制性详细规划的理性回归

利益离我们很近，而哲学很远。面对现实中紧迫的城市问题、快速城市化所形成杂乱空间与环境的整治、城市开发中几近疯狂的利益博弈，讨论城市规划哲学多少有些奢求的意味。但是，从上述控规的产生及发展的过程中不难看出，城市规划技术在实践中所遭遇的困境和出现的偏差，在很大程度上恰恰是源自缺少哲学思考的结果。因为哲学层面的思考决定了我们对客观世界正确认知的程度以及应对现实问题时决策的合理（理智）程度，是任何技术都无法取代的！政策上的顶层设计离不开明确的社会价值取向，而公共理性的理念恰恰为明辨城市规划中的社会价值取向提供了理论框架和判别工具。哲学思考关注认知—判断—决策—执行过程中逻辑一贯性的问题，它为现实问题本质的发现建立起逆向回溯的有效路径。在刻意以高尚目标掩盖利益本质越来越成为利益维护惯常手段的环境下，这种基于哲学思考的逻辑构建为城市规划摆脱利益纠葛的泥潭，正本清源提供了一种新的可能性。"规划理性"所表达的是有关以公共理性为代表的理性在城市规划中被应用的程度（或暗含与之相关人员运用理性的能力），是一种思想方法，而非具体问题的应对方案，因此对"脱离实际"、"可操作性差"等标签无需辩驳。总之，"公共理性"所提供的哲学思想方法为深度剖析城市规划领域中的现实问题提供了一种理性思维工具，为我们从混沌的现实中渐次辨明问题的本质，朝着解决问题的方向努力提供了坚实的基础。

　　回到控规领域，公共理性的理念为控规真正成为政府维护公序良俗，干预市场失灵的有力工具提供了哲学依据、理论框架和基本逻辑。依照公共理性的理念，控规的实施主体是经由市民授权的城市管理者（政府）；控规的目标是在较长时期内实现城市整体秩序与福祉的最优化和最大化；控制的对象是包括管理者在内的所有城市开发建设活动相关者的行为，其内容为"全体市民"所接受且经得起目标检验和公开质疑；控规的决策与修改依据事先约定的公开程序经由"全体市民"同意，其实施过程也始终处于第三方机构与社会舆论的监督之下 ❶。

　　控规的公共理性之路就摆在面前，走？还是不走？这是个问题。

---

❶ 这里的"全体市民"是一个抽象概念，并非指包括城市中的每一个人。

参考文献

[1]　孙施文.中国城市规划的理性思维的困境 [J]. 同济大学.城市规学刊,2007(2):1-8.

[2]　(加)基思·斯坦诺维奇.决策与理性 [M].施俊琦译.北京:机械工业出版社,2016.

[3]　劳伦斯·B.索罗姆.陈肖生译.构建一种公共理性的理想 [M]// 谭安奎编.公共理性.杭州:浙江大学出版社,2011:15-44.

[4]　大卫·高希尔.陈肖生译.公共理性 [M]// 谭安奎编.公共理性.杭州:浙江大学出版社,2011:46-67.

[5]　陈修斋.欧洲哲学史上的经验主义和理性主义 [M].武昌:武汉大学出版社,2013.

[6]　(美)约翰·罗尔斯.政治自由主义(增订版)[M].万俊人译.南京:译林出版社,2011.

[7]　(英)尼格尔·泰勒.1945 年后西方城市规划理论的流变 [M].李白玉、陈贞译.北京:中国建筑工业出版社,2006.

[8]　赵大壮.桂林中心区控制性详规得失.中国城市规划学会 [J].城市规划,1989(3):16-19.

[9]　赵大壮.适应新形势,变革固有规划观念——桂林规划反思 [J].中国建筑学会.建筑学报,1989(6):4-12.

[10]　上海市虹桥新区详细规划.城市规划资料集第 4 分册控制性详细规划 [M].北京:中国建筑工业出版社,2002:124-125.

[11]　于斐.昆明以规划条件为核心的城市空间管制研究.申请清华大学工学博士学位论文.2016.

[12]　陈锦富,罗文君,于澄.基于科学与公正的双轨制城市规划委员会探讨 [M]// 中国城市规划学会.城市规划和科学发展——2009 中国城市规划年会论文集.天津:天津电子出版社,2009:35-45.

[13]　刘丹,唐绍均.论我国城市规划的审批决策以及城市规划委员会的重构 [J].社会科学辑刊,2007(5):90-93.

[14]　夏林茂.北京市"控规调整"中的技术与政治性因素分析.申请清华大学工学博士学位论文.2005.

[15]　张晓苐.当前我国控规"修改"状况解析——以某省会城市为例.申请清华大学工学硕士学位论文.2014.

[16]　夏丽萍,程蓉.上海市控制性详细规划编制体系介绍 [M]// 同济大学.理想空间 No.39:控制性详细规划创新实践.上海:同济大学出版社,2010.

[17]　盛况.刚柔并济——对北京街区层面控规的认识与思考 [M]// 中国城市规划学会.生态文明视角下的城乡规划——2008 中国城市规划年会论文集.大连:大连出版社,2008:1-5.

[18]　颜丽杰.《城乡规划法》之后的控制性详细规划——从科学技术与公共政策的分化谈控制性详细规划的困惑与出路 [J].城市规划,2008(11):46-50.

[19]　(法)卢梭.社会契约论 [M].李平沤译.北京:商务印书馆,2011.

张 松

ZHANG SONG

中国城市规划学会学术工作委员会委员
规划历史与理论学术委员会副主任委员
国外城市规划学术委员会委员
同济大学建筑与城市规划学院教授

城市的可持续性与理性规划

改革开放以来，伴随着工业化进程加速，我国城镇化经历了一个起点低、速度快的发展过程。1978~2013 年，城镇常住人口从 1.7 亿人增加到 7.3 亿人，城镇化率从 17.9% 提升到 53.7%。伴随着城镇化的快速推进，推动了国民经济持续快速发展，带来了社会结构深刻变革，促进了城乡居民生活水平全面提升，取得的成就举世瞩目。与此同时也出现了一些矛盾和问题：人口城镇化和市民化进程滞后；城镇空间分布和规模结构不合理，与资源环境承载能力不匹配；城市管理服务水平不高，"城市病"问题日益突出；自然历史文化遗产保护不力，城乡建设缺乏特色等 [1]。

为了切实解决制约城市科学发展的突出矛盾和深层次问题，2016 年 2 月，中共中央、国务院印发了《关于进一步加强城市规划建设管理工作的若干意见》，在其指导思想中明确指出："牢固树立和贯彻落实创新、协调、绿色、开放、共享的发展理念，认识、尊重、顺应城市发展规律，更好发挥法治的引领和规范作用，依法规划、建设和管理城市" [2]。那么，何谓城市发展规律？城市发展过程中又有哪些规律可循？

本节文字通过梳理国内外相关理论和研究成果，围绕城市的可持续性（Sustainability）这一基本特征，也是以往比较忽略的一个方面展开深入分析，进而探讨促进城市可持续发展的策略和路径，在城市问题理性和规划方法理性等方面挖掘历史成因，以及中欧之间的观念差距，也为完善我国城市规划法规制度，依法规划、建设和管理城市提供一些思考与线索。

---

[1] 中共中央、国务院，国家新型城镇化规划（2014~2020 年），2014
[2] 中共中央、国务院，关于进一步加强城市规划建设管理工作的若干意见，2016

1 城市可持续性的认知

1.1 城市的自然属性

"城市是一个有机生命体"的概念、埃利尔·沙里宁（Eliel Saarinen）的有机疏散（Organic Decentralization）理论，国内城市规划师和规划研究人员大概都是非常熟悉的。但当我们制定城市规划设计方案时，真正将城市作为一个有机整体对待的情形恐怕并不多，或者只有城市的绿地系统、河道水系、基本农田以及郊外森林等，才会被作为有机生命体对待，通过规划划定绿线、蓝线加以维护、管理。

对于城市建成环境则将其作为工程设施和经济增长工具，随意进行拆除、改造、建设或经营。正如芝加哥社会学派代表人物罗伯特·帕克所指出的："城市，尤其是现代美国城市，乍看上去根本不像是毫无人工痕迹的自然生长之物，因而人们很难将其看作一个生命体（Living Entity）。例如，大多数美国城市的平面布局都像一个棋盘，它的距离单位就是一个个方格式的街区。人们很容易被城市的这种几何外形欺骗，以为它是一种纯粹的人工构造物，可以像一个积木搭建的房屋一样，将其任意拆分和重组。"（罗伯特·帕克，2016）

英国生物学家、城市规划理论家帕特里克·格迪斯（Patrick Geddes）从生物学、社会学的角度来研究城市，弥补了机械主义的理性缺陷——忽视人的自然性和社会性。事实上，人是环境的一部分，环境也是人的一部分。我们的活动是在环境的刺激下形成的，我们的思想也是环境的产物。人的活动表现为与环境中的其他力量的相互作用。更进一步说，人并不是置身于环境之外对环境进行思考的（杜威，2005）。

在欧洲，常常将城市作为第二自然对待，认为城市社会是"自然"遭到破坏的结果，自然被作为"第二自然"的城镇和都市所取代，被代表未来世界的"普遍都市化"所取代（Dear，2004）。"文明起源于自然，自然塑造了人类的文化，一切艺术和科学成就都受到自然的影响，人类与大自然和谐相处，才有最好的机会发挥创造力和得到休息与娱乐"，"人类必须充分认识到迫切需要维持大自然的稳定和素质，以及保护自然资源"❶。城市作为人类文明的成就，自然环境、地形地貌是其基础性本底。

城市生态是由自然环境、人工环境以及人的生活状态所叠加形成的复杂系统。美国华盛顿大学城市设计和规划系玛丽娜·阿尔贝蒂（Marina Alberti）教授在其

---

❶ 联合国，世界自然宪章，1982

新著《城市生态学新发展——城市生态系统中人类与生态过程的一体化整合》中
指出："城市生态系统是复杂的、具有适应能力的动态系统，城市生态系统的弹性
是由人类与生态功能之间的平衡所控制。"而且，城市和城市化地区是由人类作为
支配主体的复杂人类—自然耦合生态系统。由于人类将自然景观转化成由人类主
宰的高度人工化的环境，所以，人类实际上通过改变生态系统及其动态创造了一
系列的新的生态环境（玛丽娜·阿尔贝蒂，2016）。

1.2　城市化与全球环境

众所周知，城市化改变了生物自然栖息地、物种组成、改变了水文系统、能
量流和营养循环。尽管城市发展对生态系统的影响发生在地方层面，但这种影响
却引起了更大范围的环境变化。由城市化引起的环境变化影响了人类行为及其变
化，也影响了人类健康和幸福（玛丽娜·阿尔贝蒂，2016）。

近年来，欧洲学者发现城市是可持续发展的关键所在，城市化进程导致人与
城市的关系更加密切，需要像对待自然环境那样重视建成环境的保护。一方面，
城市带来了问题，日益严峻的气候变化威胁，城市是大规模生态足迹和温室气体
的重要制造者；另一方面，城市也蕴藏着无限机遇。传统城市都被认为兼具魅力
和可持续性的，城市中各目的地相距不远，尺度适宜步行和骑行，大量人口聚居
在同一区域内为公共交通创造了可能，城市所提供的复杂多样的文化、社会和商
业活动更是城市的魅力所在（马茨·约翰·伦德斯特伦等，2016）。

著名城市规划理论家彼得·霍尔爵士（Sir Peter Hall）指出，城市被认为是建
设更加可持续世界的基本单位。城市正在并将继续从根本上影响环境的发展，环
境也反过来会影响城市的发展。可持续性问题不仅仅关乎环境，很多经济过程和
社会形势也越来越呈现出明显的不可持续趋势。因而，在城市化的过程中，需要
从人和环境两个维度来考虑可持续性。对于街区、城市和它们所在区域来说，不
仅仅经济与社会活力让人无法确定，这些地方的环境活力也一样充满了未知性。
而目前正在推进的城市化进程对全球环境也造成了一系列的威胁（安德鲁·塔隆，
2017）。

1.3　可持续城市及空间

1990 年代 Haughton 等人提出的可持续城市（Sustainable Cities）概念，力
图以全球尺度的生态持续性，来平衡地方层面的人类需求和市民愿望。城市是自
然环境整耗和退化的焦点，如果要想获得一个可持续的世界，我们就必须从城市
开始。位于这一观念中前列的问题包括土地使用、水资源、不可再生材料和能源

消耗，减少污染、废弃物容纳和回收利用，以及城市环境质量和适应性（丹尼斯·罗德威尔等，2015）。

可持续城市是一个整体性概念，把城市看作一个动态的、复杂的生态系统，其中的一个核心目标就是基于功能、结构和社会多样性，来获得平衡的和自动调节的社会经济和环境组织。将自然环境、建成环境和文化环境作为资源和财富对待，力图对其进行保护、提升和改善（丹尼斯·罗德威尔等，2015）。可持续性城市空间具有精神文化的意义，包含空间公正、尊严、可达性、参与和权利保障等重要原则。根据 Foley 和 Webber 等人的研究成果，可持续性的城市空间是人们对传统城市空间发展模式的一种反思，是解决当前城市所出现的问题的需要，是改变传统城市空间结构发展以物质、经济导向为主的状况，改变粗放、蔓延、无序城市发展模式的有效途径（张中华等，2009）。

2　城市及城市规划的理性

2.1　对城市和规划的理性认知

同济大学童明教授认为，理性的含义不言自喻，它与人在行为中的主观性、随意性相对照，与不以人的意志为转移的客观规律有关联。在近代哲学史中，理性是一种与普遍规律相联系的概念，按照哲学概念中的理解，如果对现代城市规划理性主义作出一个定义，那么就是通过对城市运动发展规律的认识和掌握，对城市作出合乎于城市发展规律的规划。

20 世纪 30 年代，在西方社会凯恩斯主义（Keynesianism）影响下，主张国家干预经济行为的思想对城市规划领域产生了很大的影响。这个阶段的规划思想存在两方面的转变：①城市规划不是一种以个人经验为基础的行为，也不是以个人理想为目标的行为，城市规划是政府的职能。规划应当以全体人民的幸福与社会总体福利水平的提高为目标，因而城市中所出现的社会不平等问题和公众在政治中的参与成为城市规划的主要问题。②人们开始以一种有机进化的观念来看待社会的发展，规划也不再被看作是一种静态蓝图的绘制过程，而是一种持续不断的动态行政决策行为。因而，科学决策（Scientific Decision）在随后的阶段中逐步成为城市规划的理想目标（童明，1998）。

现代城市规划产生的初衷是改变资本主义土地及财产发展过程中出现的无效性及不平等性，慢慢又发展为对健康有序城市的实际追求，对理想社会秩序的理论叙说。按照 CIAM 原理建设的城市是救世主，其建设目的是解决私人肆虐利用所带来的弊端以及城市和社会危机（Dear，2004）。

代表人物勒·柯布西耶的规划思想在他 1931 年提出的"光辉城市"规划方案中有充分体现，后来对现代城市规划基本问题的进一步探讨中，逐步形成了理性功能主义的城市规划理论。勒·柯布西耶的《光辉城市》所构想的理性城市否定个性和历史意义，把所有城市都变成普通的类型。集中体现了他的规划思想的《雅典宪章》，最为突出的内容就是提出了"城市的功能分区"理论，这一以机械结构为原型的"功能主义"空间组织方式，使得现代城市规划在空间上达到了近乎完美的程度，也使城市规划理论达到了一个前所未有的理性高度（丁宇，2005）。

2.2　现代主义的规划理性

实用理性主义者主要关注主体（个体或群体内部）行为的合理性（Reason），德国社会学家与思想家马克斯·韦伯认为"一种形式上的合理应该称之为它在技术上可能的计算和由它真正应用的计算程度；相反，实质上的合理应该是一种以经济为取向的社会行为方式"（韦伯，1997），他把理性分为形式理性与实质理性，前者考虑方法与效用，后者考虑结果与评测。另外，韦伯认为价值判断的来源是非科学的，是文化、传统、社会地位和个人爱好的产物，而在现代化进程中，只求以何种手段达到效益最大化的计算行为——工具理性，压倒了追求道德、目的、价值等目标的行为——价值理性（曹康、王晖，2009）。

英国区域和城市规划理论家、城市规划师迈克尔·迪尔（Michael J. Dear）在《后现代都市状况》中认为，我们正津津乐道于"理性时代"，因而理所当然地围于现代主义的遗产当中。这是因为：①人在本质上被视为经济意义上的存在，因此经济活动的合理安排会给人生活的其他方面带来满足感。②从本体论和认识论角度看，世界观由客观主义、理性主义、机械论、还原论、唯科学主义所决定。③在工业社会中，所有工作的设计和组织依据的都是标准化、官僚化和集权化 / 等级化的原则。④在人与自然打交道的时候，现代主义奉行的是人类中心主义（即人类被看作自然界中的"灵长"），且受工具理性的主宰（也就是说，朝着一定的目标或所谓的"成功"活动迈进）。⑤现代主义把生活划分到如此程度，以至于家庭生活、工作和精神生活等都变得支离破碎（Dear，2004）。

2.3　可持续发展决策与理性

巴西圣保罗大学 Ivan Bolis 等学者为了探索"我们是在以可持续的方式做决策吗？"这一现实问题，通过梳理理性和可持续发展相关的 151 篇西方学术文献，发现当前决策模式多为工具理性的逻辑所主导，这种逻辑存在过度关注个人主义利益的倾向，亟待变革。

基于可持续发展相关决策中涉及理性思想的大量文献的综合系统性分析，可以发现与可持续发展相关的四种理性的贡献和局限性：①工具理性（Instrumental Rationality）的决策准则以效用价值最大化为目标，决策结果往往是实现了功利性的计算，并以个体利益为导向。②有限和程序理性（Bounded And Procedural Rationality）是基于结构化程序的决策过程，以减轻人类认知的局限性，即使可能并不一定绝对是最好的，但对决策者来说是满意的。因为人类是在不确定性和缺乏信息的背景下做出决定的。③交往理性（Communicative Rationality）通常基于理性论证，主体间沟通所产生的共识与合作，决策结果容易为被参与决定的行为者所接受。④实质理性（Substantial Rationality）是一种基于价值导向的理性行为，决策结果基本符合个体价值观和信仰（Ivan Bolis 等，2017）。

Ivan Bolis 等人还认为，未来需要理性主义提供另一种决策模式来促进可持续发展，应当包括：①将可持续发展的价值纳入决策的实质理性；②促进可持续发展的合作与协调的交往理性；③建议考虑人类的认知属性和可持续发展所固有的复杂性的有限理性。

3　城市现代性与理性化空间

3.1　城市社会的现代性

现代性作为一种普遍深入的意识形态在持续发展着。在现代性的背后有一种哲学在支配作用，这就是自笛卡儿以来的西方主流思维方式与价值观念。这种哲学在主客二分基础上对主体性的张扬以强化了的人类中心论，构成现代性思维基石的一部分。在这里，人是世界的主体，外在的世界作为客体而成为人类改造的对象。街道和交通没有空间和时间的界限，它们挤进城市的每一个角落，把整个环境变得像是乱糟糟的、移动的一团麻。……理性存在于个体之中，但当这些个体被聚集到一起时，社会秩序的无政府状态的非理性就产生了（Dear，2004）。

现代社会是一个分化的社会，它不是一个整体，而是各个领域的总和。对于现代社会来说，两个最有效的分化动因是经济资本和文化资本。"现代社会的明显事实是大城市的扩大。机械化工业给我们的社会生活造成的巨大变化在任何地方都不如在城市中显得更明显。"城市既是人的现代性体验的主要场所，也是经济、政治和文化生活的活动中心（马尔图切利，2007）。

对都市无限制地向四周蔓延、扩张这种"高成本"、"破坏性"现象的厌倦，对紧凑型社区的渴望，渴望一切都能够聚集在步行范围内，这两者共同促成了新城市主义（New Urbanism）规划理论的诞生。霍华德的花园城市，在被重新包装以后作为根治当代都市病的灵丹妙药而贩卖。新城市主义理论的热销在很大程度上源于人们对城市规划这一职业的热切怀念，其热切程度甚于知遇救星（Dear，2004）。在中国，新城市主义理论虽已为城市规划师们所熟悉，但并没有在城市规划设计中产生太多的实际影响，"新城市主义"概念为少数房地产开发项目的品牌营销所使用了，这其中还有所谓"造城"、"造镇"理念的宣传与推广。

3.2　汽车时代的城市空间

勒·柯布西耶所谓的汽车时代"新型人"的方法——这种方法在 20 世纪成为了城市规划的范式了，这种典型转换也预示了街道的消亡（Dear，2004）。今天汽车已经如此普遍地存在于我们的生活中，致使我们往往忘记它们对我们的生活方式产生的持续影响。关于汽车对日常生活的影响，法国社会学思想家亨利·列斐伏尔（Henri Lefebvre）为我们提供了一个有趣的解释。……虽然我们没有认识到，但是我们的日常生活在很大程度上是由"汽车文化"形塑的。对于列斐伏尔而言，汽车以及随之而来的结果，柏油公路和停车场都对城市生活产生了巨大影响，以一种严峻的理性方式重塑了城市空间。

"汽车已经……征服了日常生活，并将其法则强加于日常生活之上。"城市空间的诸多方面都受到"汽车文化"殖民化的影响，其结果是理性化的组织和规划的"几何空间"获得了胜利，它受到崇尚专家统治的城镇规划者与其他公职人员的拥护，他们和汽车制造商以及其他各种利益集团联手共同将城市区域变成了巨型高速公路和停车场（戴维·英格利斯，2010）。

3.3　理性化的日常空间

环境是塑造一种文化的基本因素，对文化的研究需要考察环境本身。同时，文化作为人的一种生活方式，塑造了人与环境的基本模式，因而也成为导致环境问题的重要因素（魏波，2003）。戴维·英格利斯认为，日常活动的形塑不仅受个人社会地位的影响，而且受人们身处其中的文化情境的影响。在复杂的现代社会中，每个人生活于其中的文化情境都是多元的、并且是交叉重叠的。在很大程度上，我们每天身处的地方其本身就是一种文化的体现，在其中，理性、非人格以及效率是人们行动的核心原则。就这样，城市的地方特征和文化特质被抹杀掉了（戴维·英格利斯，2010）。

正如作家韩少功在《阅读的年轮》中尖锐地指出："水泥和玻璃，正在统一着每一个城市的面容和表情，正在不分南北地制定出彼此相似的生活图景"，"现代工业对文化趋同的推动作用，来得更加猛烈和广泛，行将把世界上任何一个天涯海角，都制作成建筑的仿纽约，服装的假巴黎，家用电器的赝本东京——所有的城市，越来越成为一个城市"。这是因为"城市规划首先要考虑的是经济，其次是社会和人，最后才是审美。"美国城市洛杉矶的历史一直是和房地产联系在一起的，土地投机成为了持续发展的动力。大都市的形成并不是规划的结果，而是依靠承包商的判断力。洛杉矶的城市形态是史无前例的，是对选择的极好写照（Dear，2004）。

发展虽然是一个感性生活世界的话语，但同时也具有形而上的意义。"发展"是一个让人心潮澎湃的字眼，它常常被理解为现实生活的改变和愿望的实现。对于更好生活的追求总是人类活动的驱动力，于是它激起了人们对未来的某种期待。……而发展的不可持续往往与这种非理性的驱使有关系（魏波，2003）。相应地，伪后现代主义整容术正成为流行趋势：商业区被设计得优雅、别致、生机勃勃，城市环境正在整个儿高度装饰、装点、美化。这就是所谓的审美化的蔓延。"让生活更美好"是昨日的格言，今天它已经变成了"让生活、购物、交流和睡眠更加美好"（韦尔施，2002）。

4　城市保护与可持续的城市形式

4.1　精致规划理论的空洞化

可持续发展和公众参与这两个理念对城市学科的发展是至关重要的。在未来，大城市中对汽车使用的严格限制将成为一种生活理念和生活方式，这种长期控制无疑也会有利于公众健康，而建造更多的道路只会增加交通负担（芒福汀，2004）。从持续发展角度处理交通问题，在城市中心区将会出现越来越多的步行区❶。令人遗憾的状况正如布洛沃（Blower）所指出，对于维护公共利益、理性地调配土地使用、提高和保护环境这样一些不甚具体明确的目的，城市规划师似乎不太关心。这些目的只是观念和价值性的东西，不需要任何特殊的技能。与其接近的是意识形态，而非一种职业……从特殊技能和知识，以及对具体目标的笃求这个意义上来说，人们很难看出城镇规划如何构成一种专业。就这样，作为专业性的城市规划这一概念被废除了（Dear，2004）。

今天，现代主义思想原则的基础已被削弱，其内核已被抽空，并为一般与之展开竞争的强劲认识论思想所替代；同样，在早期城市规划理论中所包含的传统

❶ 参见郭湛，停车演义：伦敦停车位配建政策大逆转 ... 由下限改为上限，一览众山小——可持续城市与交通，http : //chuansong.me/n/1954435742625

逻辑也已经被蒸发掉，在新的单一原则尚未确立的情况下，多种理性或非理性的城市规划学说相互间展开竞争，争相去填补这个空隙。于是，规划师处境窘迫，落难为一个辩护者，即为使政府和市民社会在创建环境过程中的行为得以贴上"合理"的标签，从理论上为它们证明与辩护。与此同时，规划的过程本身已程式化为一些受工具理性影响的"琐事"。我们似乎在创造一种真正后现代规划模式——精致的、只起装饰点缀作用的规划理论（Dear，2004）。

事实上，现代主义城市规划的独特之处在于它是一个"空瓶子"，任何人都可以把自己的主张和含义放进去。……历史虚无主义和空间虚无主义特性同时又掩盖了现代主义最大的缺陷，即，现代化的政治经济同现代性的文化精神分离开来（Dear，2004）。

4.2　保护与发展的矛盾

历史保护与发展真的如此充满矛盾、而且不可调和吗？还是说，保护也是一种发展方式，抑或是一种更好的发展方式？美国设计理论家凯文·林奇（Kevin Lynch）认为"保护本身是一种道德，而具有此类特征的环境更加适宜居住。"他认为自然环境和资源保护是保护未来，历史文化遗产保护是保护过去，是对过去创造成就的尊重。因此，在他关于城市形式一系列研究成果中，特别强调了城市形式的生态价值、文化意义和美学感受，并较早提出了通过城市规划设计来管理变化（Managing Change）（林奇，2016）。

从宽泛的环境意识上来看，"保护"与"可持续性"有着平行的含义，并且被频繁交换使用。可持续发展作为人类发展的主题，要把环境问题同经济、社会和文化发展结合起来，树立环境与发展相协调的新发展观，这样的思维是将保护与发展联系起来的纽带。自然环境、人工环境和人文环境是一个有机统一体，是人类社会过去、现在和未来的连接体，也是城市生产、生活和生态之间平衡或融合所形成的肌理和生境。作为整体的人工环境（建成环境），作为文化生态斑块的城市，也是一种真正的栖息地（A Genuine Habitat），需要切实保护、维护和管理。

发展本身是一个极其复杂而又充满矛盾的社会变化过程，它包括经济的增长、社会结构的转变、人类生活质量的提高和个人价值的实现等。发展的可持续性意味着发展不是暂时的而是恒久的，它不仅着眼于现在而且包括着未来。不断恶化的生态环境持续地威胁着人类的生活质量，也使得后代人一出生就遭遇了不公平。环境危机不仅威胁当代人的生存和发展，而且更损害着后代人基本的生存条件。所以，考虑今天的环境问题也是考虑未来人的权利和利益（魏波，2003）。

4.3 欧洲城市的"绿色"发展

1990年，欧洲议会发表的《关于城市环境的绿色文件》(以下简称《绿色文件》)，是唤醒环境意识的一个转折点。"环境"作为一个宽泛的概念，包含了从交通到水处理、从废物排放到历史特征这样一些行动和关注事项的网络系统。这样一个宽泛的定义的好处之一，是显示了政策领域之间的相互依赖，例如，如果通过拓宽道路来解决汽车拥有者数量增加的问题，这一方面会牵涉到对历史建筑和城市景观的保护；另一方面，也牵涉到环境健康问题（爱德华兹，2003）。

为了维护生态多样性以及人类的健康和舒适，《绿色文件》确定了欧洲城市所需的、有利于过渡行动和政策转变的要点，涉及城市规划、城市交通、历史特征、自然环境、城市水资源管理、能源消费、城市垃圾处理与循环利用等七个重要领域。在城市规划方面，要求成员国放弃土地使用中的分区原则；在城市小汽车并不是必不可少的物品；要对被污染的城市土地进行重新利用；此外不仅要对工程项目，而且针对政策、规划和方案也要进行环境评估，这也是文件所强调的重点之一。在城市交通方面，提倡从投资道路建设转向扶持公共交通发展。

在维护城市的历史特征方面，《绿色文件》认为，欧洲的特性是建立在小城镇和城市的基础上的，这些地方是欧洲共同体丰富的文化多样性和共享历史文化遗产的重要标志。在自然环境方面，为了提高城市地区的视觉感受、改善城市的微气候以及减少空气污染。《绿色文件》建议市政当局通过"绿色"规划，在城镇中保护并增加空地。

1993年8月欧共体正式签署生效的《马斯特里赫条约》是对欧洲环境立法的强化，"环境"和"可持续发展"这两个关键词在条约中多次出现，标志着欧洲思维方式的实质性转变。《马斯特里赫条约》确立了以下主要目标和政策方向：①维持、保护和改善环境品质；②保护人类健康；③鼓励对自然资源谨慎和合理的使用；④促进在处理全球性环境问题方面的国际合作机制。条约认为，城市和乡村规划、土地使用规划和水资源管理等事务，应当与欧洲的环境法保持一致，欧洲的任务是"促进经济和社会平衡以及可持续发展"（爱德华兹，2003）。

4.4 塑造可持续的城市形式

对现代建筑和现代主义城市规划的反思，引发了对欧洲传统城市及其城市形态的重新评价。对城市设计师而言，可以把城市空间形态、市区活力和特性、都市氛围等方面所急需实现的目标，与尊重传统以及人性尺度开发等一道，归结到可持续发展的规划中来（芒福汀，2004）。在此，特别需要指出的是，1990年的欧洲《绿色文件》进一步强调了欧洲城市建筑遗产的重要性，市镇和城市中有历史意义的场所，被看作是欧洲与众不同的特征之所在。在《绿色文件》中并没有聚焦于单体建筑，而是描述了街道布局、广场和历史建筑所构成了欧洲与众不同的建成环境特征。城市作为一个整体被看作是欧洲丰富的文化多样性的重要标志。

通常的情况是，历史文化遗产保护需要有相当多的正当理由来支持，正如里普凯马（Rypkema）指出的，"保护经常谈及各种历史资源的'价值'：社会价值、文化价值、美学价值、城市文脉价值、建筑价值、历史价值以及场所感价值。事实上，一种最强有力的理由是，对其所在的街区来说一座历史建筑通常具有多重价值"。然而，"经济价值"往往是支撑其他理由的基础。保护的要求最终一定是一种合理的经济和商业目标的选择，如果历史建筑只是由于法律和土地利用规划的控制才得以保护，那么各种问题将会接踵而至（史蒂文·蒂耶斯德尔等，2006）。

从城市可持续性和环境经济学的角度看，"只有对建筑、土地、能量和资源的保护变得司空见惯以后，才可能实现可持续发展。"而且，历史建筑作为一种稀缺性资源，其供给不可能扩大。资源循环利用是问题的一方面，但好的、能源效率高、对社会负责的建筑也很重要。设计师应当追求"痕迹最少"，而不是"影响最大的"建筑（爱德华兹，2003）。

在国内，可持续发展政策还较少与历史建筑、历史环境保护有实际和紧密的联系。2015 年 9 月，中共中央、国务院印发《生态文明体制改革总体方案》，要求"树立发展和保护相统一的理念，坚持节约资源和保护环境基本国策，坚持节约优先、保护优先、自然恢复为主方针，以建设美丽中国为目标，以正确处理人与自然关系为核心，改善环境质量"。显然，在"树立山水林田湖是一个生命共同体的理念，按照生态系统的整体性、系统性及其内在规律，统筹考虑自然生态各要素……，进行整体保护、系统修复" [1] 的同时，应当将城市的历史环境、建成环境保护、修复和修补给予同等程度的重视。

5　结语：迈向可持续的城市规划

5.1　建构理性的决策程序

2015 年 9 月，联合国通过的《2030 年可持续发展议程》提出了实现世界可持续发展的十七大目标，其中的"目标 11，形成包容、安全、韧性和可持续的城市和人居环境"；"目标 12，确保可持续的消费和生产模式"，与城市发展规划直

---

[1] 中共中央、国务院，生态文明体制改革总体方案，2015

接相关。在此基础上，2016 年 10 月，人居三（Habitat III）大会审议通过了《新城市议程》（NUA），进一步强调了包容性发展、合作与分享的理念，强调了全球共同面临的城镇化问题的挑战性，需要从社会、经济、环境和文化四个可持续发展维度入手寻找解决城市问题的方案，从国家政策到规划设计、规划实施全过程创新并协同推进。

在中国的城市规划实践中，需要通过完善制度体系，将五大发展理念融入相关法规中，尽快形成实实在在的公众参与城市规划的机制，人民有权利参与到影响他们切身利益的决策中去。而且，实现可持续发展之路需要所有人的支持，授予人民权利可以充分调动地方的才智和资源，赢得人民的支持和对长远规划的积极参与，有利于可持续发展方案的顺利推进。地方政府应当采用相应的举措以提高决策透明度，由于决策过程的各个环节都是至关重要的，因为它将决定是走向还是远离可持续发展道路。因而，需要将不同观点融入有关决策的讨论过程中，特别在有不同社会角色参与的可持续发展项目中。

倡导持有不同意见的公众参与，通过理性互动和相互作用，在一定程度上可以克服源于实证主义认识论等更传统方法的局限性。由于城市问题是如此的重要，不可能坚持霸权主义思维方式，而不考虑现象的非线性和充斥现实世界各种事件的紧迫性，尤其当这些问题是不可预见或不可管控时。不断促进与可持续发展相一致的决策，需要找到切实的解决方案，至少应当包括：①在教育中引入可持续发展相关价值观；②决策者对其决定的后果的问责制；③需要根据各方面的参与进行协调一致的系统性变革（Ivan Bolis 等，2017）。

5.2　促进城市的包容性发展

《人居三议题文件：包容性城市》中指出：培养包容性社会的创新能促使以往利益不同的相关方之间建立起合作关系，在可能情况下解决共同的问题。被忽视群体、弱势群体和受排斥群体能以城市主人翁的身份表达自己的心声，参与社区治理并影响社会进程和政治进程。

进入存量规划时代，需要城市规划师转变观念，尊重城市多样性，关注城市社会包容性发展。从注重宏大叙事、理想蓝图到关注市民日常生活、关注每一个人的实际需求，特别是弱势群体的基本需求。凯文·林奇指出，"职业城市设计师名声不佳的一个缘由在于，他们乐此不疲地为遥不可及的未来设计复杂的方案"，他认为"规划师和革命家总是有意许下一个不易实现的愿景，盘算着日后失败的威胁会激励人们为这样的目标而奋斗"。

城市可持续发展包含四项基础：资源使用的高效节能、适度发展、社会正义、民主化管理。一个可持续的社区必须具备以下特点：①一个健康的和多样性的生态系统——持续不断地发挥生命维持的功能，并为人类和其他物种提供资源。②一个健康的和多样性的社会基础——保证所有社会成员的健康，尊重文化多元化，行事公正公平，考虑子孙后代的要求。③一个健康的和多样性的经济体系——适应各种变化，为居民提供长期的安定，认识到社会和生态的限度（埃斯特·查尔斯沃思，2007）。林奇当年甚至还期待一种新职业的兴起：持续环境（事物与人类行动的空间和时间模式）的管理者，其任务是帮助用户改变环境，使之服务于他们的目标。这样的管理者需具备设计技能和社区管理的能力，以及行政和物理维护等传统领域的能力（凯文·林奇，2016）。

在城市规划实践领域，未来数年应当会向着"创新"、"转型"的方向发生一些变化，城市规划行业可能会基于存量发展的方式将重点转向城市更新和城市设计方面，规划师不仅仅要关注城市土地（用地性质和开发容量），更要关注城市街区的活力、城市的场所精神、城市空间的包容性，将保持、提升和营造社区活力作为己任，在城市遗产保护、建成区有机更新和"城市修补与生态修复"等实践中发挥正面作用。

5.3 直面现实的理性规划

10 年前，同济大学孙施文教授即撰文对我国城市规划理性匮乏现象进行了全面批判，认为其主要表现在：①缺少理性化地研究问题的精神；②在制度层面，城市规划相关法律法规的制定，并没有从城市规划能做什么和该做什么的角度进行研究，凭借传统的做法、专业人员的臆想或者当政者在特定时期的某些感触想当然地或随意地设定规划的内容，从城市规划自身的角度设定与外界的相互关系；③在知识层面，城市规划学科把形态设计和终极状态作为基础的规划观，因此，一直限于描摹未来状况，而它的依据则来自规划师的灵感和所谓的经验；④在城市规划的操作层面，各类规划各行其是，对于同一框架下的规划类型，下层次规划违背上层次规划，规划实施脱离经法定程序批准的规划（孙施文，2007）。

今天来看，这些普遍存在的规划理性匮乏现象似乎并没有得到太多的改观。因此，今后在可持续发展规划学科建设和发展过程中，需要更全面、科学、客观的城市认知与研究，努力发现城市发展的规律，充分认识不同地域、不同类型城市发展特点的差异性。通过城市史研究、城市比较研究，科学、理性地认识不同城市的发展规律和基本特征。在这里，规划师需要思考城市规划设计到底能够解决哪些问题？以及城市规划师自身定位问题。

对规划持严厉批评态度的西方学者指出：存在"一种认为城市设计可以塑造

人类行为的谬误，这种谬误浓烈地充斥于城市规划之中"，所有"这些规划都是建立在规划师这样一种理念上：应当考虑人们该如何生活，而不是人们实际上如何生活。"并且，"修正设计谬误（Design Fallacy）方面的问题，仅仅依靠提升科研水平或提高教育质量是不够的。它将要求在如何管理我们的城市和这些城市周围地区进行根本性变革：从专注于设计转向专注于公共财政"（兰德尔·奥图尔，2016）。

　　因此，作为一名城市规划师，既要尊重建成环境的可持续性、城市发展的包容性，还应考虑到不同社会阶层人的差异性，不应将这一切用"大数据"做简单化、扁平化处理。另一方面，每一个规划设计方案或项目必须直面环境保护、遗产破坏、社会公平等现实问题，而不是忽略地域差异和实际状况的"纸上谈兵"，规划管理部门和城市规划师不应过度追求所谓学术成果的发表或获奖，而不去关注和触动现行体制以及众多现实问题。

　　（研究生万尘心、欧小丽协助收集整理部分文献资料，在此一并致谢！）

参考文献

[1] （美）埃伦·迪萨纳亚克．审美的人——艺术来自何处及原因何在 [M]．户晓辉译．北京：商务印书馆，2004．

[2] （澳）埃斯特·查尔斯沃思．城市边缘：当代城市化案例研究 [M]．夏海山，刘茜等译．北京：机械工业出版社，2007．

[3] 安德鲁·塔隆．英国城市更新 [M]．杨帆译．上海：同济大学出版社，2017．

[4] Bolis I, Morioka S N, Sznelwar L I. Are we making decisions in a sustainable way? A comprehensive literature review about rationalities for sustainable development[J]. Journal of Cleaner Production（145），2017．

[5] （英）布赖恩·爱德华兹．可持续性建筑（第二版）[M]．周玉鹏，宋晔皓译．北京：中国建筑工业出版社，2003．

[6] 曹康，王晖．从工具理性到交往理性——现代城市规划思想内核与理论的变迁 [J]．城市规划，2009（9）：44-51．

[7] （法）达尼洛·马尔图切利．现代性社会学——二十世纪的历程 [M]．姜志辉译．南京：译林出版社，2007．

[8] （英）戴维·英格利斯．文化与日常生活 [M]．周书亚译．北京：中央编译出版社，2010．

[9] （英）丹尼斯·罗德威尔．历史城市的保护与可持续性 [M]．陈江宁译．北京：电子工业出版社，2015．

[10] （美）道格拉斯·法尔．可持续城市化——城市设计结合自然 [M]．黄靖，徐燊译．北京：中国建筑工业出版社，2013．

[11] （美）约翰·杜威．艺术即经验 [M]．高建平译．北京：商务印书馆，2005．

[12] （荷）格特·德罗．从控制性规划到共同管理：以荷兰的环境规划为例 [M]．叶齐茂，倪晓晖译．北京：中国建筑工业出版社，2012．

[13] （美）凯文·林奇．此地何时：城市与变化的时代 [M]．赵祖华译．北京：北京时代华文书局，2016．

[14] （英）克利夫·芒福汀．绿色尺度 [M]．陈贞，高文艳译．北京：中国建筑工业出版社，2004．

[15] （美）兰德尔·奥图尔．规划为什么会失败 [M]．王演兵译．上海：上海三联书店，2016．

[16] （瑞典）马茨·约翰·伦德斯特伦，夏洛塔·弗雷德里克松等．可持续的智慧——瑞典城市规划与发展之路 [M]．王东宇，刘溪等译．南京：江苏凤凰科学技术出版，2016．

[17] （美）玛丽娜·阿尔贝蒂．城市生态学新发展——城市生态系统中人类与生态过程的一体化整合 [M]．沈清基译．上海：同济大学出版社，2016．

[18] Michael J. Dear. 后现代都市状况 [M]．李小科译．上海：上海教育出版社，2004．

[19] （英）帕特里克·格迪斯．进化中的城市——城市规划与城市研究导论 [M]．李浩，吴骏莲，等译．北京：中国建筑工业出版社，2012．

[20] Peter Hall. 明日之城：一部关于 20 世纪城市规划与设计的思想史 [M]．童明译．上海：同济大学出版社，2009．

[21] （英）史蒂文·蒂耶斯德尔，蒂姆·希思等．城市历史街区的复兴 [M]．张玫英，董卫译．北京：中国建筑工业出版社，2006．

[22] 孙施文．中国城市规划的理性思维的困境 [J]．城市规划学刊，2007（2）：1-8．

[23] 童明．现代城市规划中的理性主义 [J]．城市规划汇刊，1998（1）：3-7．

[24] 魏波．环境危机与文化重建 [M]．北京：北京大学出版社，2003．

[25] （德）沃尔夫冈·韦尔施．重构美学 [M]．陆扬，张岩冰译．上海：上海译文出版社，2002．

[26] 张中华，张沛等．国外可持续性城市空间研究的进展 [J]．城市规划学刊，2009（3）：99-107．

段德罡

DUAN DE GANG

中国城市规划学会常务理事
学术工作委员会委员
乡村规划与建设学术委员会委员
总体规划学术委员会委员
西安建筑科技大学建筑学院教授，副院长

乡村理性规划的认识基础

1 理性规划概念认知

1.1 理性

理性作为人类所特有的一种把握世界的方式，是手段和目的的统一，其概念来源于马克斯·韦伯（Max Weber）所提出的"合理性"（Rationality），其内涵包括工具理性（Tool Rationality）和价值理性（Value Rationality）[1]。工具理性是人为实现某种目标而运用手段的价值取向观念，也叫技术理性，是西方理性主义同现代科学技术相结合，从而形成的在工业文明社会中以科学技术为核心的一种占统治地位的思维方式；价值理性是作为主体的人在实践活动中形成的对价值及其追求的自觉意识，是在理性认知基础上对价值及价值追求的自觉理解和把握，是人们在实践活动中逐渐形成的关于价值的智慧和良知[2]。

工具理性和价值理性是人类理性不可分割的两个有机组成部分，它们有着各自的作用特点和范围，同时又相互作用、紧密联结成一个整体。价值理性为工具理性提供精神动力，工具理性给价值理性带来现实支撑。如果将理性一维化为工具理性，人类就会堕入没有灵魂、没有信仰的深渊；反之，将理性一维化为价值理性，人们就会坠入想象的乌托邦，社会就会举步维艰。基于此，笔者认为：①工具理性是为价值理性服务的，价值理性的实现需要依靠工具理性为手段；②真正的理性是价值理性与工具理性相结合的理性，二者缺一不可，相互依赖。

1.2 理性规划

西方理性主义的启蒙可以追溯到 16 世纪摩尔提出的空想社会主义"乌托邦"和后来的社会平等思潮 ❶，虽然这些思想脱离了人类社

---

❶ 摩尔的"乌托邦"，安德累雅的"基督教之城"、康帕内拉的"太阳城"，以及后期欧文的"新和谐村"、傅立叶的"法郎吉"等，这些乌托邦式的规划思想推动了理性的城市规划的诞生。

会的现实，都带有不可否认的主观臆想性，但毕竟对人类社会未来发展方向做出了理性的思考和探究，给后来的城市规划带来了许多有益的启示 [3]。西方理性规划理论来源于 18 世纪"理性时代"（Age of Reason）所带来的影响 ❶ 及 19 世纪工业革命引发的社会冲突及问题 ❷，真正诞生于霍华德（Ebenezer Howard）提出的"田园城市"规划理论和实践。到 20 世纪 60 年代，以安德鲁斯·法卢迪（Andreas Faludi）为代表出版的《规划原理》，使西方国家正式进入理性规划时代，规划工作中运用了大量的数理模型 [4]，一时间工具理性几乎成为指导人们实践活动唯一的理念，而价值理性则日益被边缘化。但随着时间的推移，西方社会由于过度崇拜工具理性，导致出现严重的生存困境。因此，从 20 世纪 80 年代起，西方城市规划便进入多元价值并存的时代，从而人们认识到：在单一的工具理性规划中，规划行为独立于人们的价值判断，这种所谓的理性行为就可能是无理性的。从此，西方理性规划便走向工具理性与价值理性共同主导的局面 [5]。

我国规划的发展起点并不是在自己的社会、经济、政治框架中自发生成的，而是借鉴西方国家整体性框架后发展起来的。规划不是从当下存在的问题出发的理性选择，忽视了问题发生的社会情境，过于注重物质层面的问题，缺乏从更广和更深的角度对城乡的发展和建设进行思考，使规划偏离了人本主义的目标，因此我国规划并未真正走上理性化之路 [6]。

中西方不同的文化背景和知识形态，造就了理性精神的差别。理性是贯穿西方文明的主流知识形态，理性思维主导着西方规划的发展历程。而对从西方知识体系中移植到中国土壤上的中国规划来说，不管是规划本身，还是实施和管理，本就缺少理性基础。因此，寻找规划的理性成为中国规划界试图让人重新认知规划的一种追求。在当前规划政策日益显现技术导向的背景下，规划的理性要用历史的、辩证的思维，在全面认知规划的价值前提下进行。规划作为一种公众政策，是为达到利益均衡，各利益集团牺牲部分个人利益达成的需共同遵循的规则，这规则的形成就是一种社会契约形式，社会契约就是一种理性的表达。人类生活的每一方面都与规划相关，规划的理性就是要客观认识规划的综合性和协调性，用客观理性的思维看待规划、认识规划、制定规划、实事求是，把能做的事做到更好，就是对规划的理性表达（杜立柱）。

---

❶ 自然科学领域所取得的巨大成就使人们坚信，只要对问题给予足够的思考，任何关于事物的规律都能够被揭示出来。

❷ 人们认为社会的复杂问题可以通过类似于数学物理方法的手段来解决，特别是计算机技术的出现，为社会问题量化理论提供了强大的技术支撑。

1.3 乡村规划的理性认知

在今天的中国，随着资本下乡和乡村变成"城市后花园"进程的加快，随着消费主义文化意识形态不断侵蚀乡村的生活方式，如何重构乡村社区，维护农民、农村、农业的尊严和主体性，如何定义什么是好的生活，成了至关重要的问题。

当下的乡村规划只注重乡村经济和乡村空间，日益偏重工具理性而忽略人的发展，理性的乡村规划应当回归人的本位。乡村规划是指主体对客体社会经济文化等内容过去、现在和未来的解析，是对乡村空间生产的优化，具有明显的主体价值取向和判断。规划并不能解决乡村中所有问题，但必须明确规划自身能够改变什么，不能够改变什么。乡村规划的核心理念不仅在于针对乡土建筑、村落建成环境和地域文化景观整体上的规划，更应当考虑村落的社会网络结构以及在当代社会的适应性转变，尊重原住居民的意愿，改善人居环境条件，重拾乡土文化自信，维护乡村社会秩序，恢复乡村地区生产与生活的活力，实现真正的乡村复兴和发展。乡村规划的实践是建立在对乡村认知的理论基础上，是建立在理性认识对象特征和发展规律的基础上，从乡村社会的特征入手，基于社会行为特点，熟悉乡村地域环境与村民价值观念间的联系；从人的价值判断入手，梳理乡村内在秩序，发现影响空间生产的难点和重点，进而做出正确理性的判断和引导，使着乡村朝着好的方向发展[7]。

从人居环境的角度来说，乡村与城市是平等的，是两种不同生活模式的载体，是我们对生产、生活场所及居住环境的不同选择，没有高低贵贱。城市和乡村应该担起各自的责任与使命，最终的目的都是承载人类的幸福生活。乡村规划支撑着乡村的发展，是为了实现村民更幸福、社会更文明的发展目标，从而能够更好地优化城乡关系、更好地保障百姓利益、更好地调动民众建设自己的美好家园。从某种意义上来说，乡村发展是目的，偏重价值理性；乡村规划是手段，偏重工具理性；只有将二者合理地结合起来，才能够更好地实现乡村的发展。当前我国乡村规划与建设尚处于起步阶段，中央政府及全社会对乡村的关注使乡村面临着前所未有的发展机会，在这样的热潮下，我们需要保持冷静的头脑，对乡村展开全面审慎的认知，才有可能帮助乡村选择合适的发展方式，展开科学合理的乡村规划，进而有序组织乡村建设活动。

2 乡村呈现的状态

我国是一个农业大国，乡村一度在社会运转中发挥着主体作用。乡村和谐的自然环境、朴素的价值观念、自发的社会组织和独特的地域文化等都在乡村空间组织中得以展现。自中华人民共和国成立以来，乡村社会先后经历土地改革、农业合作化和人民公社化运动、家庭联产承包责任制、农业产业化经营……各类改革运动很大程度地影响和破坏了乡村社会的内生动力机制；尤其是改革开放后，我国在经历了较长时间以乡村衰败为代价的激进城镇化与工业化，经济利益的驱动使乡村地区的生活与社会基础弱化、治理结构逐步瓦解，越来越多的乡村面临着要素外流、土地撂荒、老龄化、空心化的萧条衰落状况。

2.1　传统乡村

2.1.1　和谐的自然环境

传统乡村社会中的人们过着日出而作、日落而息、顺适自然、与大自然节律相合拍的生活，自由、活泼、和谐与温馨的自然环境是乡村生存和延续的物质基础，乡村社会中对自然的尊重以及天人合一的处世态度对今天人们的发展理念仍有较强的影响[8]。传统乡村规划建设注重与自然环境的和谐统一，朴素的规划思想、乡规民约隐含的建设规则、传统的风水理论、约定俗成的营建模式和精神引导着村庄规划建设。由此形成的聚落格局和聚落景观，注重群体的塑造和整体关系的建构，村庄规划和建筑空间布局无不体现传统农耕文化的地域适应性。

2.1.2　朴素的价值观念

宗族制度规范和宗法礼教作为乡村社会的行为规范和价值体系，构成乡村生活的基本内容，乡村生活中的中庸、忠恕、仁爱和礼教等伦理规范塑造着乡民们的基本价值观和性格特点。绝大多数民众具有忠诚老实、淳朴厚道、仁爱、正直、恭敬、平和等优秀品质，在他们身上普遍体现出吃苦耐劳、坚忍不拔的顽强精神。在处理人际关系上，能够恪守忠义守信、以和为贵、尊老爱幼、忠恕待人、互谅互让等道德行为规范，特别在邻里乡党之间，更有一种"出入相友，守望相助，疾病相扶"的互助互惠的良好风气[9]。

2.1.3　自发的社会组织

中华民族五千年的文明创造了"宗族治理、民间信仰、乡规民约、乡村伦理"等丰富的传统治理文化，形成了"宗亲户族、姻亲表亲、同学师徒、乡党舍邻"等复杂的社会人际关系，这些传统治理文化和社会人际关系把每个人都编织在上下左右错综复杂且尊卑贵贱有序的网络之中，使之既受这个网络的制约，又受这个网络的保护，在维护社会秩序方面发挥决定性的作用[10]。传统乡村社会秩序依靠自生自发的治理机制来维系，在以"孝、悌、睦"为核心的"氏族族规"的基础上通过"舆论、规劝、教化和家族族罚"等范式维护着乡村地区日常的伦理秩序，以血缘和地缘关系为基础建立起来的"乡村情缘"作为乡村社会成员交往互动的特有模式，规范着乡村社会人们的交往方式和生活方式。

2.1.4　独特的地域文化

乡村社会自然存在和延续的社会风俗及民间习惯，作为农民创造的特有文化形式，承载着乡村社会的延续与发展。不同的地理环境和社会环境造就了迥然不同的地域文化，如北方的游牧文化、南方的桑蚕文化、西北的黄土文化、西南的梯田文化等。不同地域的文化具有独特性和唯一性，其源于乡村长期的生产生活实践，是文化与其自然环境、生活行为、生产方式、经济形式、语言环境、社会组织、意识形态等构成的相互作用的综合体，是乡村记忆和历史延续的独特展现，它透过村庄的空间肌理、居住形态、建筑风貌、生态环境予以真实写照，其贴近生活、贴近村民的生存状态，是乡村地域文化存续发展强劲的生命基因[9]。

2.2　现代乡村

2.2.1　乡村人口加速外流

改革开放以来，我国城镇化水平不断提高，同时乡村人口加速向外流出。1978–2016 年城镇化率从 17.92% 增加到 57.35%，年均增长 1%；与此同时，乡村人口从 79014 万人减少到 58973 万人，比重由 82.08% 减少到 42.65%（图 1）。2014 年，中央政府制定的《国家新型城镇化规划（2014–2020 年）》将"努力实现 1 亿左右农业转移人口和其他常住人口在城镇落户"作为近期城镇化建设的发展目标之一；"十三五"规划纲要提出到 2020 年中国常住人口城镇化率目标达到60%。随着城镇化水平的进一步提升，乡村人口将加速外流，但这是城镇化发展所面临的必然趋势。

图 1　改革开放以来我国城镇化率与乡村人口变化情况
数据来源：国家统计局

2.2.2　农民生计模式转变

乡村的另一个重要变迁就是农民生计模式的转型，传统依靠土地以农业为主的生计模式已转换为"农业 + 副业"的兼业模式。村落主体的生产和生活活动已经与村落发生了分离，大量的村民大部分时间已不在村庄从事农业生产经营活动，而是向外流动来寻求营生的机会，越来越多农民的主要经济收入与生活来源是依靠外出打工或工商经营。从农业收入在农户总收入中所占比例来看，较多农民的主业其实已从农业转型为非农业。尽管"民以食为天"，农业的基础地位不会改变，但农业之于乡村居民的生计来说，其地位或重要性已逐渐发生改变。

2.2.3　乡村总体收缩发展

在城镇化加速发展的过程中，伴随着人口外流和农民生计模式的转变，我国村民委员会数及自然村数量不断减少，乡村呈现持续收缩的状态。2005–2015 短短十年，村民委员会数从 64 万个持续减少到 58 万，共减少约 6 万个；自然村数量从 2005 年的 313.71 万个减少到 2015 年的 264.46 万个，共减少 49.25 万个（图 2）。乡村的收缩是乡村城镇化发展所必须经历的阶段，它将逐渐成为当前及未来一段时期乡村社会变迁与发展的"新常态"。

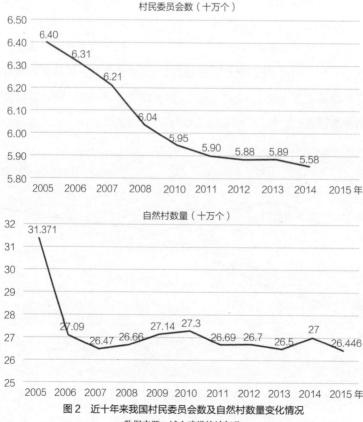

图 2　近十年来我国村民委员会数及自然村数量变化情况

数据来源：城乡建设统计年鉴

2.3 乡村困境

2.3.1 外来资本不断入侵

乡村劳动力大量外流使乡村开始长期处于生产要素净流出的弱势境况，乡村社会主体成员空缺[11]，村落成为主要由老人、妇女和儿童留守的"空巢社会"。在主要劳动力缺失的背景下，乡村农业经济地位不断下降，乡村地区以农业为主的生产功能越来越难以维持乡村内部资源的积极重组。面对乡村经济发展的乏力，社会各界希望通过资本下乡把城镇工商业积累的庞大科技、人力、物力、财力等资源吸引到农村去，但在缺乏完备的资本引导与监管机制下，盲目的"资本下乡"和"土地流转"带来资本吞没小农、小农排斥资本的现象。在资本市场化的运作取代村社自主运营的背景下，一方面城市资本通过对乡村资源进行掠夺而实现自身的发展，另一方面非农化、规模化的经营模式由于技术性要求对于乡村人口有着较大排斥，无法带动乡村人口就业。资本下乡使农民失去土地和传统的生产方式，在某种意义上使得乡村社会的小农体系难以维持。一旦乡村资源枯竭，资本撤离，留给乡村的只有被破坏和污染的生存环境；并没有从资本下乡获利的农民，还要承担资本下乡所带来的负外部效应。

2.3.2 乡村社会秩序解体

乡土中国的社会秩序主要依靠社会中的礼俗力量构建并维系，中华人民共和国成立之后乡村先后经历了社会主义土地革命、社会主义改造、乡村改革及市场转型，通过互助组、合作社和人民公社化运动，不仅改变了乡村生产经营体制，而且推动和加速了乡村的社会转型，现如今已迈入后乡土中国[12]。后乡土中国的秩序是法理秩序和礼俗秩序兼具的混合型社会秩序，法律力量渗透到乡村社会，对乡村秩序的构建起到显性作用，礼俗力量在乡村社会秩序构成中仍发挥着重要作用。当下我国乡村地区传统的礼俗社会关系正在解体，现代的法理社会关系尚未建立，乡村社会的产权、权益关系因制度和习俗缺乏清晰的、确定的、法制化的规定，导致乡村社会利益纷争和矛盾冲突不断[13]。

2.3.3 乡土文化自信丧失

文化是人们在生活中形成的知识、规范和价值系统。在现代化和市场化的冲击之下，外来文化不断向乡土社会渗透，不同程度地冲击农民的精神世界，使乡土文化价值发生变迁，乡村自身特色不断消逝。一方面，城市的、现代的、外来的文化对乡土文化产生了一定的吸引力，乡土传统文化受到冲击并不断被蚕食，乡村原有的文化遭到破坏，而同时新的文化秩序尚难建立，乡村的文化生活陷入了困境；另一方面，城市文化通过各种形式不断向乡村灌输自己的理念与精神，改变着乡村文化的生存现状和价值理念，村民原有的以血缘为纽带的人际关系、行为方式等都潜移默化地发生了改变，乡村价值观念的变迁与失落，使得乡村人们对乡村文化的认同感疏离，传统文化不再被认可、乡土风貌不再被认同，村民已经无法从乡村世界找到家园感[10]。

2.3.4　村民主体意识淡薄

近年来，"三农"问题越来越得到国家的关注，随着农业税的取消、乡村专项建设资金的增加、乡村医疗等福利政策的持续改善，使村民生活水平得到显著提升，生活压力不断减小。国家给予的补贴和政策在带来正面效应的同时，乡村"等、靠、要"的思想意识逐渐凸显，部分村民把国家的援助视为理所当然，自我建设家园的积极性和主动性逐渐削减。一方面，村民主动放弃建设家园的责任。随着国家对乡村经济建设的愈发重视，"拜金主义"在乡村逐渐有了滋生的土壤，村民为了自身经济利益开始想方设法占取政府的便宜，由建设家园的主体变为客体。另一方面，乡村建设缺乏有力的领导者。在传统社会中，村庄自身是相对独立与稳定的，有乡规民约来规范人们的生活，有族长、乡绅来维持乡村的稳定和做出发展决策、引领村庄的建设与发展。但随着乡村基层社会秩序的瓦解，乡村逐渐由过去"责、权、利统一"的实体结构变成了"权小、责大、利微"❶的虚体结构[14]，在没有村庄建设引领者的情况下，为了自身利益不受损害，村民更多持旁观态度。

3　乡村发展目标的思辨

随着城镇化进程的不断推进，乡村数量日益减少，其要素与资源在加速流向城市，乡村收缩发展成为必然。而对于乡村发展而言，首先需要界定乡村概念，其次结合当下乡村发展困境，辩证继承传统乡村的优越性，正确认识当代乡村的责任使命，理性构建乡村发展的目标。

3.1　乡村概念的界定

3.1.1　乡村发展路径研判

回顾总结我国城镇化进程，乡村人口在演化为城市人口过程中产生主动城镇化和被动城镇化两种模式[15]。若将我国城乡居住空间按城镇规模等级大小，可分

---

❶ 权小指村干部的权利被上收，缺少执法权，村庄未来的建设发展均由上级部门制定；责大指村庄一旦出现问题，村干部便要承担直接责任；利微指村干部工资较低，且即便能做出决策，推动乡村建设发展，但对村干部自身利益却没有太大帮助。

为大中城市、小城镇和乡村；对乡村而言，按其与城市距离，又可分为近郊乡村和偏远地区乡村。被动城镇化主要是由大中城市的空间扩张致使城郊村民被动失去土地所导致，人口被动转移到城市生活。而主动城镇化主要由市场主导，可分为两种类型：一种是离土不离乡的乡村工业化型模式，人口由偏远地区乡村就近转移到小城镇；另一种是以农民工异地城镇化为主的跨区域流动型城镇化模式，人口由欠发达地区乡村跨区域转移到沿海发达城市。

虽然我国乡村总体呈现收缩发展趋势，但因地域差异性和资源禀赋的不同，不同乡村将会面临不同的发展趋势。对处于发达地区城郊和工商业及旅游资源发达地区的乡村、中西部地区城郊的乡村而言，发展机遇较大，将会以主动或被动的方式进行城镇化；而对处于远离城镇、远离工商业发达地区的乡村，发展相对受限因素较多，乡村保留相对完好[16]。在城镇化进程中，必须把握每个乡村的特色与优势，合理确定乡村的功能和发展方向。

（1）主动城镇化区：对处于发达地区城郊、工商业及旅游资源发达地区的乡村，周边城市发展竞争激烈，乡村很多资源有待进行开发，这些地区的乡村在工业化、城镇化进程中会主动把握机遇，在区域城乡一体化发展中占据中心城市重要组成部分的地位。

（2）被动城镇化区：对处于中西部地区城郊的大多数乡村，在传统的城乡二元体制惯性下，乡村的资源要素都是流出的多、流入的少，无论是劳动力、资金，还是作为稀缺资源的土地，都为所在区域工业化和城镇化作出牺牲。这些地区的大多数乡村在工业化和城镇化进程中，在政府主导下征地拆迁，被迫城镇化。

（3）城镇化影响较弱区：对处于远离城镇、远离工商业发达地区的乡村，仍以从事农业生产为主，是城镇化和工业化影响力较弱的地区。这些地区的乡村保留相对较好，未受商业文化侵袭的原生态自然环境和乡土文化是这些乡村未来发展的重要资本。

3.1.2 本文乡村概念界定

乡村，在维基百科中的定义为：产业分布上，意义和农村相近；居住环境上与城市相对应，指分散于农村的地理居住环境，常与青山绿水、安静、闲适的生活节奏相联系；现代意义上的含义包括自然村落、村庄。乡村地区是指以农业生产为主要功能特征的与城市相对应的广阔区域。

结合乡村发展路径的预判，笔者认为：乡村是一个历史的、动态的概念，随着城镇化的发展，乡村的概念也在变化，没有绝对的定义。以主动的形式迅速城镇化、城市周边被迫城镇化及即将被城镇化地区的乡村，由于其土地已被纳入城市规划建设用地，人口也即将转变为城镇人口，理应纳入城市研究的范围；而目前仍以农业为主导的乡村地区及未受城镇化影响或城镇化影响较弱地区的乡村则是本文所探讨的乡村地区的主要研究对象。

3.2　乡村发展目标的思辨

3.2.1　乡村承担的责任使命

要探究乡村的责任与使命应当基于新时代背景下从城乡等值的视角去重新认识乡村的价值。城乡关系由于社会分层使得整个社会呈现出一种金字塔的模式，乡村作为城乡等级金字塔的塔基，对于整个社会结构稳定具有至关重要的作用。在整个社会发展的进程中，乡村是国家整治稳定的基石，在维持自身活力的同时不断向城市社会输入农产品、劳动力等保证城市社会的正常运转。乡村发展的过程中应当凸显其自身独特的生态、文化等资源禀赋而创造出比较优势，从而实现城乡之间的有机互补、协同可持续发展。最终通过城乡之间要素有序流动实现乡村复兴。从城乡等值的观点看，城市和乡村营造着不同的生活模式，人们最终追求的都是幸福的生活，在自己所处的地域，找到自己安身立命之本，各安其职，各得其所。乡村对比于城市，是一种不可或缺、不可替代的价值存在与魅力场所，它代表着一种更加惬意、舒适美好的生活。

3.2.2　乡村发展目标的构建

乡村的健康发展需要遵循正确的路径，需要有明确目标的指引。为了更好地指引乡村未来的建设发展，笔者认为应该从近期与远期两个层面来构建乡村的发展目标。近期目标从社会、经济、空间三个层面对乡村的发展建设做出具体的要求；远期目标则是对乡村未来理想人居环境的构建。

（1）近期目标：①社会层面：乡村的社会发展建设应以村民为主体，外来者作为支持者，共同推动乡村的发展[14]。要唤起村民对村庄的认同感，吸引乡村人才的回归和广泛参与，通过建立村民参与乡村规划建设的畅通渠道，使村民意愿能够有效传达，从而充分发挥村民的主体作用，在保障村民的切身利益的同时实现村庄科学有序发展。②经济层面：村庄需要深度挖掘自身自然、文化资源，在区域背景下发掘自身潜力，找寻到村庄的比较优势。依据村庄比较优势，集聚发展要素，全力打造一个经济增长点，实现乡村经济发展的同时带动村民自主就业。③空间层面：深刻理解因历史变迁所形成的空间地域文化特色和民族文化，结合人们随着社会发展而转变的需求，营建富有生命力和乡土特征的乡村空间，最大化保留乡村空间与自然的和谐关系，实现乡村精明收缩[17]，使乡村生长在其历史延长线上。

（2）远期目标：乡村与城市是人居环境两种不同的存在方式，各有其优劣。

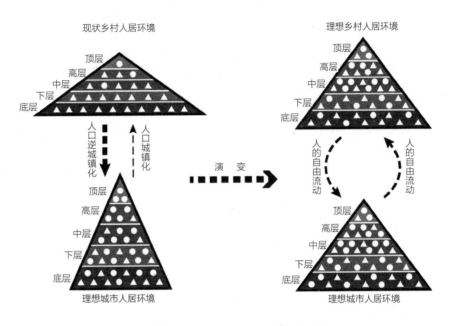

图例　△ 乡村人口　　○ 城镇人口

图 3　理想城市与乡村关系建构

资料来源：作者自绘

乡村有着优美的自然环境，城市有着优越的经济发展平台。盲目的追求乡村经济对城市经济的追赶甚至超越是不现实也是不理智的。对两者的评判最终还是要回到"人"本身，能够使人真正感到幸福、快乐的才是良好的人居环境，我们没必要去评判乡村与城市的优劣。理想的城市与乡村应当都是良好的人居环境，它们相对独立且完整，各自形成稳定的金字塔型社会结构，都将以实现自我幸福为最终目标，不过实现幸福的路径各有不同。人们将在城市与乡村之间自由流动，可以按照自己的喜好去选择理想的居住地点与生活方式，最终每个人乃至全社会的幸福都将得以实现（图 3）。

4　乡村发展建设的思考

乡村发展建设的作用是推动乡村社会朝着更文明的方向发展，能够更好地优化乡村空间环境，能够更好地保障百姓的利益，能够把村民调动起来为建设自己的美好家园而发挥各自的力量。作为乡村发展工具理性的支撑，乡村发展建设应当摒弃以往对于乡村空间和经济发展粗浅的规划设计，回归到乡村人的发展的根本问题，站在村民未来的发展上去看待问题，而不是只根据当前的需求去解决村庄的面上问题，应更加注重乡村社会的本质问题，促进乡村的内生发展。

在城乡发展要素流动、市场经济价值主导、城镇化与信息化以及现有制度政策体系影响共同驱动下，乡村地域的"要素—结构—功能"发生演化和变异，深刻改变了乡村地域的社会发展、经济形态和空间格局[18]，因此乡村建设也应该注重从乡村社会发展、经济发展和空间营造这几个层面进行理性思考。

4.1　乡村社会发展

乡村治理是指乡村主体通过明确自身职责，为解决乡村社会中出现的问题而共同参与、合作，实现自我管理，促进乡村社会进步、完善、有序发展的过程[19]。传统乡村是一个有序的自组织系统，乡村制度和秩序的生成具有自发自觉的性质，乡村治理以精英为本，在正式与非正式渠道的二元治理结构下形成同时具有约束性和激励性的柔性治理制度。随着现代化、市场化的冲击，在"以经济建设为中心"的思想影响下，乡村社会价值观念发生了异化，出现乡村道德滑坡和个人行为失范，乡村内部矛盾也更加复杂，有些通过法律途径可以解决，但更多的需要村民发扬道义精神或通过协商协调来解决。在这样的背景下，乡村社会的发展需要在完善乡村外部制度保障的基础上，协同乡村内生机制设计，在两者的博弈中寻求一个秩序的均衡点，从而使两者形成良性互动，达成乡村社会的善治❶。

4.1.1　乡村外部制度保障

（1）完善乡村发展法律法规体系。西方发达国家已经建立了系统的乡村发展政策法规体系，目前我国除了《城乡规划法》对乡村发展做了原则性的规定外，没有可操作性的法律法规体系，应借鉴国外乡村发展的宝贵经验，加强乡村立法，制定《乡村发展法》，切实保护农村、农民、农业，实现乡村社会依法治理[20]。

（2）建立乡村长效运营管理制度。建立乡村自我约束、自我管理和引导管理机制，确定乡村规划实施的村民建设、运营主体制度，推广乡村规划师、建筑师制度。各级政府提供基本公共服务保障制度，设立相对稳定的乡村发展投入资金；建立各项设施运营管理制度、鼓励奖惩制度、公示公开制度、监督制约机制等。

4.1.2　乡村内生机制设计

（1）鼓励多元主体共同参与。乡镇政府、村党支部与村委会、村民等都是存在于乡村社会中的重要资源，每个主体都有自己的生命力所在。乡村社会治理离不开政府的规范、支持、引导和推动，也离不开村民的自我管理，各社会资源在

---

❶ 善治就是使公共利益最大化的社会管理过程，其本质特征是政府与公民对公共事务的合作管理，是政府与市场、社会的一种新颖关系。善治需要乡村社会治理各主体共同协作，在善治的目标指引下，共同合作治理乡村社会，促进乡村社会秩序的稳定与发展。

各自的领域内发挥各自的作用，通过各乡村治理主体的共同努力，达到乡村社会充满活力，各要素相互协调、融洽、有序与稳定。

（2）激发村民自主参与意识。村民群众是村庄治理的权力主体，每位村民都应具有村务事务管理权力与决策权，村民的自主性、积极性和公共参与情况是乡村社会治理的基础。只有充分调动村民的自主性，让村民对村集体有集体认同感与归属感，意识到自己与村庄发展息息相关，自觉与主动的参与村庄事务，才能形成强大的村民力量，促进村民群众对村庄公共事务的自主管理，使乡村真正走上内生发展道路。

（3）提高集体行动与问责能力。乡村治理的关键是乡村权威的再树立和乡规民约制度的强化，各级政府应加大力量培育村庄的内生权威，地方根据实际情况建立乡村人才引进和财富回流的相关制度，通过乡贤、乡村精英的发掘和乡规民约、传统文化等社会资本的培育，还原社会伦理秩序，构建村民之间的有机联系纽带，增强其集体行动的能力。问责也是乡村治理的关键所在，各级政府应加大对村干部的监督，促使他们提供良好的公共服务，同时对违反规定的人进行处罚。

4.1.3 内外机制的互动协同

乡村社会秩序的构建需要国家、社会、村民的积极互动与协同，需要彼此的制约与超越，外部制度与内生机制不是非此即彼、你强我弱的关系[21]，二者良好的互动与协同才能达成乡村社会的善治，才可以使乡村更好地生长在其历史的延长线上。

一方面，村民自治制度及其蕴涵的价值、规则需要与乡村社会衔接，在村民、政府、各种自治组织的互动中形成一套与乡村社会发展变化相适应的规则体系。村民是乡村生活的主体，是乡村秩序的创造者和承受者，应具有参与意识、权责意识、妥协精神，在张扬个性、维护自己权益的同时，也要履行公共责任、遵守规则，尊重他人的合法权利、尊重集体的选择，在求同存异的基础上实现共赢。

另一方面，乡村秩序的生成是一个漫长的过程，要以历史的、辩证的视野来看待。自组织的发育是一个有着内在规律的成长过程，它内发于乡村社会，是村民长期交往、选择的结果，虽然外在制度给它提供了宏观的制度框架和外部环境，但也只能影响而不能决定其生长的形态。为了避免外界过度干预破坏乡村社会的内生动力机制，外部制度应尽可能地在保证操作性的基础上，体现法治精神和明确界定的原则。以法律形式划分外部制度的权限范围，为乡村提供良好的外部环境，保证权力的监督和制约，达到互动补充的效果。

4.2　乡村经济发展

乡村产业发展是乡村经济发展动力的核心，而当下的乡村因内生发展动力的不足使生产要素劳动力大量外流，经济发展缺乏产业支撑。乡村产业的发展应当以地方的人力、物力资源为支撑，将村民的素质作为产业发展的永久考量因素，产业发展应当推动乡村内生动力的形成，谨防将乡村变为外部资本逐利的平台。

4.2.1　依托本土资源优势

对于乡村产业发展，首先，应在县域、镇域、村域资源的基础上汇聚本土资源要素，核心发展、有重点、有层次地发展本土产业。其次，在县域竞合发展❶的视野下，分析县域内乡村发展模式、发展方向和产业体系与分工，以期对各乡村产业发展提供直观、合理、具备整合度的上位指导。最后，结合有效政策影响，拓展更具内涵的产业发展方式及可实施性，有方向有步骤的发展乡村产业。

4.2.2　注重当地百姓发展

理性的乡村产业应该回归人的本位，保障百姓的利益，带动百姓的发展，更好地把全民调动起来建设自己的美好家园，把主体回归至平民百姓。

乡村产业发展必须要能够为村民提供较多的就业机会，实现就地就业、就近就业。其一，以当地百姓发展为出发点，整合资源带动周边村民就业，引导村民集中居住，实现村民"就地城镇化"；其二，反观村域、镇域、县域层面，以城乡统筹构建城乡共同体，优化产业布局与居民点布局，合理配置城乡资源，细化空间管控；其三，多方面展开制度设计与创新，从村民生活所关心的角度解决土地使用及流转制度不灵活、城镇建设投融资体制不健全、村集体发展机制不完善、乡村剩余劳动力转移困难、就业准入制度不健全等问题。

4.2.3　推动内生动力形成

在依托本土资源和以村民发展为主体基础上，乡村产业发展的理性回归更强调乡村产业发展中本土产业的主导地位。

产业发展中人力资源是其创造力与竞争力的源泉所在，人力资源品质的优劣决定产业生存发展能力及其对外竞争能力。基于当地村民的人力资源品质，将乡村本土产业引领向新的发展阶段，最大限度发挥出乡村本土产业的活力，而不是忽略缺乏人才与技术等硬性条件去一味追求与本土产业格格不入的高新产业、大型产业。

---

❶　竞合理论的战略目标，是建立和保持与所有参与者的一种动态合作竞争关系，最终实现共赢局面。竞合理论提出了互补者的新概念，认为商业博弈的参与者除了包括竞争者、供应商、顾客外，还有互补者，强调了博弈的参与者之间的相互依存、互惠互利的关系。

　　针对乡村普遍存在的观念意识落后、人才缺乏、产业技术含量低等问题，规划中谨慎选择乡村产业发展方向，并注重对产业从业者的培训与教育，提升当地村民素质，优化人力资源结构，以期带动乡村本土产业的转型发展，实现由要素驱动向创新驱动的转变，实现内生动力推动的产业支撑，实现可持续的乡村发展。

4.3　乡村空间营造

　　乡村空间是地域环境经过长期历史发展演化的结果，可以分为物质空间和非物质要素两部分（图4）。物质空间主要反映村庄的物质形态，包含村庄的格局、街巷空间、庭院空间等；非物质要素包含礼仪、民风民俗、宗教立法制度等[22]。物质空间是村民日常生活的载体，也是协调村民情感纽带、血缘纽带和社会关系纽带的承载物；而非物质要素则是扎根于乡土之中，于潜移默化中将乡村人们凝聚在一起、为乡村人们提供人生的意义系统[23]。可以说物质空间是民族文化特性即非物质要素与地域环境长期作用下的时空演化表征。

　　现阶段我国乡村空间不断退化不是简单的空间管制失效，而是对乡村整体认知不足，决定空间利用和资源分配的制度背景和政策导向出现了偏差。一方面，在重城轻乡和经济效率优先的发展理念之下，乡村利益长期处于被牺牲的一方，乡村物质空间和非物质要素缺乏重视和保护，导致乡村空间退化。另一方面，乡村传统文化的变迁潜移默化地影响着乡村空间的构建，不同的价值观念影响文化的传承和延续，进而影响地域化的乡村空间发展和建设。因而，村庄文化自信的建立是推动地域化村庄空间营建的有效途径。

4.3.1　乡村文化自信培养

　　城市化过程导致社会分化与裂变，乡村社会秩序重新组合，乡村文化被不同程度解构。城乡之间差距的扩大、制度环境的变迁、全民功利化的影响以及现代

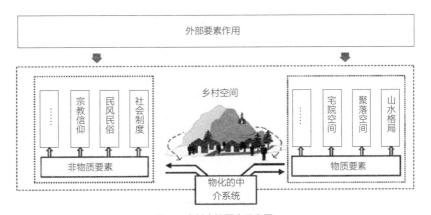

图4　乡村空间要素示意图

资料来源：作者自绘

信息网络的发展等导致村民对城市心生向往，村庄文化自信逐步丧失。外来文化和制度的冲击下，使得乡村自治体系逐渐崩塌。多元文化的异质性必将带来文化的交流对话与冲突碰撞，正视多元文化与传统乡村文化的交流与冲突，树立兼容并包的乡村文化宽容价值观，在文化创新中还原乡村文化的独特风貌和个性品格是当前乡村应当树立的文化价值观。

村庄文化自信是村民对于自身文化的理性认知，既表现为对自身优秀文化传统的认同，又可以表现为与外来文化交流时保持自身特色而不被同化。要重新培养人们对于文化的自信首先应当对传统文化进行挖掘，并取其精华去其糟粕。其次，乡村文化教育是培育广大村民群众文化主体意识的良好平台，是乡村文化价值重建的外部引导。乡村教育可以引导村民正确认识自身、乡村社会的价值，以及如何正确的去传承和发展乡村文化。贺雪峰认为"加强乡村文化建设，提高村民精神层面的收益，提高村民的主观福利，是当前新农村建设中最有意义最有价值也是最有事情可做的领域"。只有通过村庄经济产业发展，村民从繁重的体力劳动中解放出来，过上富足而体面的乡村生活，乡村文化价值的基础才能够得以稳固。最后，只有实现了文化民生，"提高村民的福利感受，让乡村有文化，有舆论，有道德压力"[24]，让村民在高度的村庄社会关联和充满预期的村庄生活中找到自己安身立命的理由，才能够让乡村文化长久存活。

死了的传统文化只能作为文物、史料供人们考证、缅怀，只有活着的传统文化才能发挥其最大的价值，主导世人宁静而祥和的生活。乡村文化在物质空间上进行表征，是村庄的文化价值影响人的具体行为，为了适应人的行为空间显现出相应的适宜性特征。而外部空间要素的设计引导能够反过来作用于人，形成人的意识或者是观念，从而继承文化的传承。乡村的空间形成与村民的意识形态、价值观念终究密不可分。

4.3.2　乡村空间秩序营建

乡村物质空间营建是基于对乡村传统文化要素的梳理以及现代村庄社会发展的需求而进行的选择性传承。应当尽量避免不合时宜的外来空间形态破坏乡村空间风貌，同时破坏乡村文化秩序。基于乡村发展的理性认知，乡村空间应当在保持自己地域文化特性的同时顺应社会发展的需求、因地制宜进行发展。

乡村空间与自然环境的高度融合是使其区别于城市的最大特征，乡村生态环境的价值在于它是构成乡村空间本底。因而对于乡村自然环境的改造与利用应该保持在一个适度的范围内，应当保证村庄自然环境的完整性、生态系统的稳定性、景观格局的安全性。乡村的生活空间与生产空间往往有机穿插，两者之间的关系是长久以来的劳作模式和村民思想意识长期作用的结果[25]。耕作方式以及生产工具的转变带来乡村生产空间与生活空间的分异，外来文化的冲击以及政策制度的制定使得村庄空间形态发生变化。真正意义上的乡村作为一个社区自治体，其内生的社会秩序将依旧主导村庄的空间建设。但是强大外力作用下的乡村，其社会秩序的不稳定性需要规划助力。乡村规划于空间秩序的构建应基于其对于村庄在社会发展层面、村民需求层面、现阶段村庄发展状况的理性认知。乡村公共空间以及私人空间的建设应当朝着凸显地域文化特征的方向前进。公共空间营建是顺势而为，它延续着乡村社会网络，其营建不仅仅能够唤醒人们对于文化的记忆，而且还能激发交往的发生，符合乡村居民生活和交往的需求。住宅私人空间的营建，则应当提升村民对于物质空间认知的意识和素养。通过有限干预，以村民实际需求为前提，地域文化研究为基础，为村民设计符合地域特征以及现代生活需求的住宅设计。推动设计下乡的目的是"以设计点亮乡村"，逐步改变村民的价值观和审美，让村民参与到村庄建设中来，构建其自我营造美好家园的责任与意识。

5　结语

受西方规划的影响，我国城市规划也向着理性方向发展。不可否认，在受一系列政治文化因素、环境因素、社会因素的影响下，以及对物质层面和利益层面的过于注重下，现今我国规划产生了对于技术理性的偏执，在促成了科学的决策系统同时带来了冷冰冰的社会现象，使规划偏离了人本主义的目标。理性规划的道路上，规划行为不应独立于人们的价值判断。将理性思维的内涵与乡村发展联系来看，乡村规划的目的是实现其价值理性的回归，即把以人的幸福为导向作为乡村发展目标的重点，促使乡村内生动力成长机制的生成。

在我国，具有自发的社会组织性质的传统乡村，在其朴素的价值观念、朴素的规划思想影响下，其发展带着与生俱来的责任感与使命感：承载一方人的生活、唤醒人们对于自然的敬畏、呼吁对于传统文化的尊崇……在这一过程中，我们应认识到，规划是一种干预和管理地区发展的工具，能够对乡村地区发展产生影响的手段都被纳入这一"工具"的定义之中。作为支撑乡村发展的手段与工具，乡村规划是在实现村民更幸福、社会更文明的发展目标下应采取的行为和措施。乡村规划编制的目的是解决乡村问题，如区域生态保护、历史文化传承、乡村经济建设、乡村社会发展等问题，建构乡村规划体系应该基于乡村问题出发，基于问题和目标所涉及的整体性空间尺度来划定乡村规划的空间尺度、基于问题相关的利益主体来划定不同的责任主体、基于向价值理性回归的理性思维来划定各层级乡村规划的建设重点，最终建构一个由问题出发并面向实施的、通过一组规划工具和一套完整的制度体系能综合全面的解决乡村问题的规划体系。反观当下乡村规划，存在地方基层规划过多、过滥带来的上下层次规划之间不衔接、不协调、相紊乱甚至与国家规划体系的编制要求相矛盾的情况。一方面是由于地方政策、文化、环境的差异造成，另一方面也与地方经济发展差异密不可分，最重要的是由于我国乡村规划体系的探讨和改革尚处于起步阶段。基于对乡村发展目标的理性思辨和乡村发展建设的理性思考，能够对理性乡村规划的编制奠定一定的前期研究基础，对于乡村规划到底该如何做、乡村规划编制体系如何完善，我们将进一步探讨和研究。

　　理性对待乡村发展，理性编制乡村规划，理性回归乡村生活，真正实现村民的主体地位的回归，让乡村在其历史延长线上健康的发展是我们城乡规划工作者的一项历史使命。而这种情怀能否得到彰显进而呈现出一个更好的幸福生活，这留给我们进行持续的思考，需要时间来检验。

参考文献

[1]　龙兆云. 论西方现代理性规划的演变 [J]. 中外建筑, 2005（2）: 33-34.

[2]　王一涵. 工具理性与价值理性的分裂困境及其克服 [D]. 东北师范大学, 2015.

[3]　陈华. 西方理性规划及其对我国城市规划的影响 [J]. 江苏城市规划, 2007, 152（7）: 16-18.

[4]　张骏. 理性规划发展历程及对中国城市规划理论的影响 [J]. 四川建筑, 2006, 26（5）: 4-5.

[5]　丁宇. 西方现代城市规划中理性规划的发展脉络 [J]. 规划师, 2005, 21（1）: 104-107.

[6]　孙施文. 中国城市规划的理性思维的困境 [J]. 城市规划学刊, 2007, 168（2）: 1-8.

[7]　孟莹, 戴慎志, 文晓斐. 当前我国乡村规划实践面临的问题与对策 [J]. 规划师, 2015, 31（2）: 143-147.

[8]　郐艳丽, 郑皓昀. 传统乡村治理的柔软与现代乡村治理的坚硬 [J]. 现代城市研究, 2015（4）: 8-15.

[9]　费孝通. 乡土中国 [M]. 上海: 上海人民出版社, 2007.

[10]　赵霞. 乡村文化的秩序转型与价值重建 [D]. 河北师范大学, 2011.

[11]　王勇, 李广斌. 乡村衰败与复兴之辩 [J]. 规划师, 2016, 32（12）: 142-147.

[12]　贺雪峰. 新乡土中国 [M]. 北京: 北京大学出版社, 2013.

[13]　陆益龙. 后乡土中国的基本问题及其出路 [J]. 社会科学研究, 2015（1）: 116-123.

[14]　杨山. 乡村规划: 理想与行动 [M]. 南京: 南京师范大学出版社, 2008.12.

[15]　余剑, 杨忠伟, 熊虎. 主动城市化与被动城市化的比较研究 [J]. 城市观察, 2013（3）: 142-149.

[16]　陈文胜. 论城镇化进程中的村庄发展 [J]. 中国农村观察, 2014（3）: 52-56.

[17]　王雨村, 王影影, 屠黄桔. 精明收缩理论视角下苏南乡村空间发展策略 [J]. 规划师, 2017, 33（1）: 39-44.

[18]　龙花楼, 屠爽爽. 论乡村重构 [J]. 地理学报, 2017, 72（4）: 563-576.

[19]　李传喜, 张红阳. 内生型乡村治理的机制与路径研究 [J]. 江汉大学学报（社会科学版）, 2017, 34（2）: 12-18.

[20]　郐艳丽. 我国乡村治理的本原模式研究——以巴林左旗后兴隆地村为例 [J]. 城市规划, 2015, 39（6）: 59-68.

[21]　段绪柱. 乡村社会秩序的构建——政权建设与乡村自治的互动与互济 [J]. 黑龙江社会科学, 2009, 112（1）: 66-69.

[22]　刘珺. 顺德乡村空间要素认知研究 [D]. 华南理工大学, 2015.

[23]　赵霞, 杨筱柏. 当代中国乡村文化认同的理论外延与路径依赖 [J]. 河北师范大学学报. 2013, 36（5）: 138-144.

[24]　贺雪峰. 新农村建设: 打造中国现代化基础 [A]. / 社会主义新农村建设的理论实践 [C]. 北京: 中国经济出版社, 2006.

[25]　严嘉伟. 基于乡土记忆的乡村公共空间营建策略研究与实践 [D]. 浙江大学, 2015.

王 凯

WANG KAI

中国城市规划学会常务理事
区域规划与城市经济学术委员会副主任
住建部城镇化专家委员会委员
中国城市规划设计研究院副院长
中国人民大学兼职教授

我国新城新区发展的评价与展望

新城新区是我国改革开放以来的一种重要的空间现象，在我国的经济社会发展和城镇化进程中都发挥了十分重要的作用。本次研究回顾我国新城新区的发展历程与成效，并从批复设立、规划编制、开发建设和管理体制等方面评估新城新区发展中存在的问题，并结合发展趋势展望，提出规范和提升我国新城新区发展的若干政策建议。

1 我国新城新区的发展历程与成效

1.1 概念界定

新城新区是指各级人民政府和有关部门划定的，为实现特定目标而设立的空间地域单元，空间上一般处在老城区的外围，功能上对老城进行增强和提升，主要包括国务院批复的经济特区、国家级新区、国务院批复的各类开发区、省市县级人民政府批准设立的产业园区、工业集中区、各类功能型新城及新区。

新城新区根据不同等级及主导部门可划分为国家级新区、开发区（经济技术开发、高新技术开发区、出口加工、保税区、风景旅游区等）以及功能型新城新区（省级新区、产业新城、高铁新城、智慧新城、生态低碳新城、科教新城、行政新城、临港新城、空港新城、智慧新城等）三种类型。

功能型新城新区是指除国家级新区及开发区以外，省、市、县级政府为了拓展城市空间在现有城市建设用地之外新划定的集中建设区，依托政府机构、大学园区或者机场、港口、高铁站点等区域交通设施以及其他特色资源，功能相对更为综合，以生活居住、商务服务、特色功能等为主。但功能型新城新区难以划定明确的范围及边界，由地方政府主导推动，无法标准化衡量。

近年来，不断出现的自主贸易试验区、自主创新示范区、特色小镇、生态城、未来科学城等新概念，具有国家级的示范性、试验

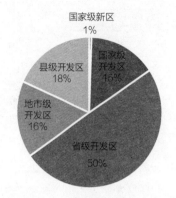

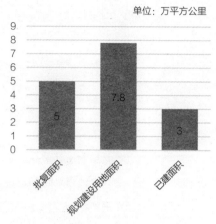

图1　各级新城新区数量　　　　　　图2　新城新区批复、规划、已建面积

数据来源：国家级新区由中规院整理，国家级开发区由发改委提供，
省级及省以下新城新区由住建部根据地方上报数据整理

性的意义，属于政策区的概念，多依托现有功能区，体现了依托既有基础进行升级的国家导向，属于新兴的新城新区范畴。

　　根据各地上报数据，全国除港澳台外的 31 个省、自治区、直辖市的市、县级以上新城新区数据，截至 2015 年，全国共有各类新城新区 3652 个，以国、省级为主，占比 63%。全国各类新城新区规划建设用地面积总规模达到 7.8 万平方公里，超过批复总面积 5.0 万平方公里，其中建成面积为 3.0 万平方公里，建成率不足 50%。所有新城新区规划人口总量达到 5.4 亿人，占 2015 年全国城镇人口的70%。

1.2　发展历程

　　将新城新区发展的阶段性变化特征与我国的城镇化和经济发展的历史脉络和阶段性结合起来，系统审视新城新区在不同时期的设立目标和发展动力变化，大致可划分为三个阶段。总体而言，新城新区是改革开放以来的一种重要的空间现象，始终与各时期的国家战略紧密结合在一起。

1.2.1　第一阶段（1979–1998 年）：东部沿海引领，推动经济增长，开发区主导

　　1978 年改革开放以来，国家提出沿海开发开放、梯度开发的区域策略，于1979–1980 年批复设立深圳、珠海、汕头、厦门 4 个经济特区，以减免关税等优惠措施为手段，通过创造良好的投资环境，鼓励外商投资，引进先进技术和科学管理方法，以达到促进经济技术发展的目的。作为国家级新区的前身，经济特区起到了一定实验探索的成效。

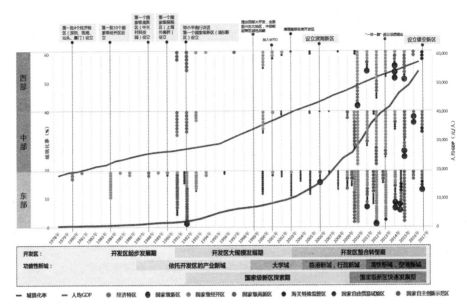

图 3　我国国家级新城新区的发展历程

1981 年，经国务院批准在沿海开放城市建立经济技术开发区，于 1984 年设立了首批 10 个国家级经济技术开发区，主要位于东部沿海地区，是享有沿海经济技术开发区优惠政策的特殊经济区域，主要目的是吸引外资、扩大出口、带动地区经济增长。

1988 年，在科技部"火炬计划"主导下，中关村科技园成为全国第一家高新技术产业开发区，以发展高新技术、推动技术创新为目的。

1990 年，全国第一个国家级保税区（上海外高桥保税区）设立，集自由贸易、出口加工、物流仓储及保税商品展示交易等多种经济功能于一体，以促进沿海地区开放。

1992 年邓小平南行讲话后，浦东新区设立，迅速在全国范围内掀起开发区热潮，1990–1995 年 5 年时间内，全国设立的国家级开发区从 15 家迅速拓展到 103 家，以东部沿海地区为主，中西部地区各省会城市也设立了各类国家级开发区。

总体上，1979–1998 年东部沿海地区以经济特区和各类开发区的形式进行了起步阶段的探索和实验，以经济增长为核心目标，经历了开发区近二十年的黄金时代。

1.2.2　第二阶段（1999–2009 年）：区域均衡发展，扩大对外开放，地方大量设立新城新区

1999 年以后，国家陆续提出西部大开发、振兴东北、中部崛起等区域政策，推动区域经济均衡发展。这一时期中部和西部设立国家级经开区的数量都超过东部，类型也更加丰富多元，开始有各类海关特殊监管区。

2002 年中国加入 WTO，在全球化背景下，全国经济发展环境更为开放，各级政府积极参与到国际竞争中。1999–2009 年，海关总署批复设立了 91 个国家级出口加工区、保税区、保税港区、保税物流园区等各类海关特殊监管区，形成以开发开放为核心目标的开放型产业功能区热潮。

2003，国务院发布《国务院办公厅关于清理整顿各类开发区加强建设用地管理的通知》(国办发 [2003]70 号)，提出清理整顿开发区的具体标准和政策界限，对各类开发区进行大规模整改。1999–2009 年十余年间国家级开发区的设立减少，共批复设立 19 个国家级经济技术开发区、3 个国家级高新技术开发区，以中西部为主。

2006 年，国务院批复滨海新区成立，成为第二个国家级新区，推动中国北方对外开放、创新发展。

2009 年，北京中关村国家自主创新示范区成为第一个国家自主创新示范区，随后武汉东湖国家自主创新示范区创立，在推进自主创新和高技术产业发展方面先行先试、探索经验、做出示范的区域。

这一时期地方政府发展意愿强烈，大量设立以经济技术开发区、工业园区等为主的以经济增长为核心目标的新城新区。根据地方上报数据，1999–2009 年十余年间省级以上开发区数量从 202 个猛增到 862 个，新设立的 660 个中东部地区有 284 个，中部地区 263 个，西部地区 117 个，区域上较为均衡。

总体上，1999–2009 年国家逐步开始引导区域均衡发展、扩大对外开放，与此同时地方发展诉求强烈，逐步开始大量设立新城新区。

1.2.3　第三阶段（2010- 至今）：国家战略导向多元化，空间分布均衡化，综合型示范区主导

2010 年以后，国家战略的目标导向更趋多元，更加注重创新体制机制、自主创新、扩大深化开放、区域统筹发展、产城融合发展，这一时期设立了大量国家级新区、自由贸易试验区以及自主创新示范区等功能更为综合、以示范引领为导向的综合型示范区，空间分布也趋于更加均衡，与长江中上游战略"一带一路"倡议等紧密结合。与此同时，国家的实施力度也在逐步加强，这一时期设立和升级的国家级新城新区数量最多。

2010 年以来，国务院批复设立多个国家级新区，截至 2017 年 6 月总数达到 19 个，其中东部 9 个，中部 4 个，西部 6 个。

2010 年以来，国家对大量省级开发区进行升级，国家级开发区数量迅速增加。2010–2017 年国家级经济技术开发新增 182 个，截至 2017 年 6 月总数达到 219 个，其中东部 111 个，中部 66 个，西部 42 个。2010–2017 年国家级高新技术开发区新增 100 个，截至 2017 年 6 月总数达到 154 个，其中东部 77 个，中部

48 个，西部 29 个。

2013 年，国务院批复设立中国（上海）自由贸易试验区，截至 2017 年 6 月国家自由贸易试验区达到 11 个，其中东部 6 个、中部 2 个、西部 3 个。

截至 2017 年 6 月，国家自主创新示范区总数达到 17 个，其中东部 10 个、中部 4 个，西部 3 个。

这一时期地方政府发展意愿依旧强烈，地方设立的新城新区更加多元化，空港新城、高铁新城、生态城、智慧新城等多种类型的功能型新城增多，更加关注房地产开发、现代服务业发展。截止到 2015 年，全国省级以上开发区数量新增 857 个，其中东部 281 个，中部 313 个、西部 258 个，空间分布更加均衡。

总体上，这一时期国家通过空间布局、功能定位、设立目标、优惠政策等方面的重构和调整，逐步实现新城新区从经济驱动转向战略载体的转型。

1.3 发展成效

新城新区是改革开放以来的一种重要的空间现象，在我国的经济、社会、城镇化、城市建设等方面发挥了十分重要的作用，特别是在推动不同时期国家战略的贯彻执行方面发挥了非常关键的作用。

1.3.1 新城新区是落实国家战略、优化国家空间格局的重要抓手

从历史的视角来看，各类新城新区的发展历程始终与不同时期的国家宏观战略紧密相关。

在改革开放之初，东部沿海地区设立的经济特区、经济技术开发区成为我国吸引外商投资、扩大出口、促进经济增长的先行区，由此开启了我国长达 30 多年持续高速发展的新篇章。此后陆续设立的国家级高新区、综合保税区、出口加工区，有效提升了我国高新技术产业的发展水平和参与经济全球化的程度。随着我国提出西部大开发、振兴东北、中部崛起等旨在推动区域相对均衡发展的国家战略，该时期中西部地区的各类国家级开发区数量和比重也在显著提升。

近年来，我国进入以转型提质、升级换挡为主要特征的经济新常态和更加注重以人为本的新型城镇化阶段，国家通过广泛设立国家级新区，推动了创新驱动、开放驱动、新型城镇化等国家战略的深入实施，并为我国其他区域的经济、城镇转型发展提供了改革的经验和有效的示范。此外，这一阶段国家还通过加速省级开发区的升级，为各区域的转型升级提供更高的发展平台。

1.3.2 新城新区是我国经济发展、对外开放、科技创新的重要载体

改革开放后我国进入经济高速增长期，新城新区成为满足我国大量新增产业空间需求的主要载体。这主要是由于新城新区有着发展空间、建设速度、土地成本、

体制机制、优惠政策等方面的天然优势。据中国社科院研究，2014 年国家级经开区和高新区占我国 GDP 总量的比重高达 22.4%，比 2010 年提升了 6.4 个百分点。

国家级经开区和高新区占我国 GDP 的比重　　　　表 1

	国家级经开区占我国 GDP 的人比重（%）	国家级高新区占我国 GDP 的比重（%）
2010 年	8.2%	7.8%
2014 年	12%	10.4%

各类国家级新城新区被赋予对外开放的特殊优惠政策，是我国对外开放的最主要空间载体。国家在不同时期，根据需要设立以对外开放为主要任务的新城新区，如经济特区、国家级经开区、国家级边境经济合作区、国家级保税区、国家级出口加工区、国家级自由贸易试验区、国家级新区等，开放的形式趋于丰富多样、开放的程度不断提升、开放的空间尺度不断扩大。2015 年，仅 219 家国家级经开区实际使用外资和外商投资企业再投资金额就高达 3668 亿元，实现进出口总额 47575 亿元，占全国外贸总量的近 20%。

新城新区是我国科技创新的策源地和科技成果的重要产业化基地，极大提升了我国的科技创新实力。国家级高新区在鼓励科技创新方面享受国家的特殊优惠政策，因而吸引了大量的科技企业和科研机构向国家级高新区聚集，并创造出大量的科技成果和显著的经济效益。国家级高新区集聚了全国 40% 以上的企业研发投入、企业研发人员和高新技术企业，其高技术产业的主营业务收入占全国的 37.1%。而其他类型的新城新区，如国家级新区，也都在科技创新方面发挥着类似的重要作用。

1.3.3　新城新区是我国城镇化和城市空间拓展的重要引擎和空间保障

作为我国经济发展的主要空间载体，新城新区创造了大量的新增城镇就业机会，是推动我国城镇化高速发展的重要引擎。自 1995 年我国城镇化水平达到 30% 左右后，我国便进入城镇化加速发展时期，每年有 2000 多万的农业人口涌入城镇，而且主要集中在就业机会充足的大中型城市，呈现出大规模、高速度、集中化的城镇化特征。我国城市的老城区普遍存在发展空间紧张的问题，所能容纳的新增城镇人口非常有限，而新城新区则有着"体量大"、"速度快"的优势，能够在短时期内为大量的新增城镇人口提供充足的空间支撑。

此外，对上海、重庆、广州、成都等多个城市开发区的综合分析发现，城市发展方向与开发区设立和拓展的空间范围契合度高，开发区成为城市空间拓展的重要动力和空间载体。

1.3.4 新城新区是优化城市空间格局的重要抓手和城市建设新模式的示范区

新区城区对城市空间格局的优化，除了体现在缓解老城区的城市病（交通拥堵、环境恶化、公共空间不足）、促进老城区历史文化保护（如苏州跳出老城建设工业园区）等方面外，还越来越体现在培育集聚高端服务功能、成为城市新中心等方面。

例如在成都市和深圳市，高新区由于发展成本、优惠政策的优势，吸引着高新技术企业总部、科研机构和相关生产性服务业不断聚集，促进城市的企业总部、商务服务和科技创新功能逐渐形成和壮大，成为更有活力的城市新中心，引导城市结构从单中心、摊大饼向更加均衡有活力的多中心格局演化。

这种依托高端创新资源集聚、富有发展活力的高新区建设城市新中心的城市建设新模式，已经在全国范围内形成了一定的示范效应，一批城市正借鉴该模式推动城市新中心的培育建设。除此之外，新城新区还是贯彻落实海绵城市、综合管廊、智慧城市等新城市建设模式的先行示范区。

1.3.5 新城新区是我国体制机制改革和城市治理体系创新的先行示范区

体制机制改革。从最早的经济特区到近年来大量设立的国家级新区，新城新区一直以来都是我国体制机制改革创新的先锋区和试验田，这既是由于国家赋予了新城新区更大的改革创新权限和更高的探索试验要求，也是由于新城新区本身在管理体制上相对简洁、高效、灵活，更易于改革创新的开展。浦东新区的开发从一开始就摒弃了由政府投资开发、统包统揽的旧模式，而是以陆家嘴金融贸易区金桥出口加工区、外高桥保税区及张江高科技园区等区域为载体，创造了组建公司进行商业性开发、并由政府进行宏观调控的新模式。

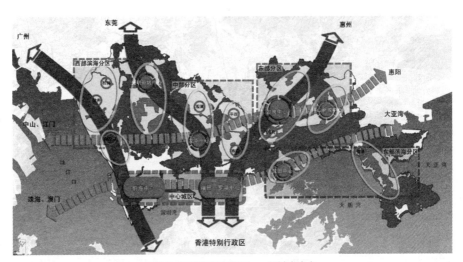

图4 深圳南山高新区——新城市中心

城市治理体系创新。新城新区在行政审批流程精简优化（如一站式行政审批中心）、多规融合平台（厦门的空间信息管理协同平台）、城市用地管理制度创新（深圳高度混合、富有弹性的用地管理制度）等方面都进行了大量的探索，为我国城市更加高效地发展提供了可供借鉴的城市治理经验。自 2009 年深圳市创新性提出"城市更新"概念、开始全面系统推进城市更新以来，城市更新为深圳拉动经济增长、拓展存量空间、完善城市功能、促进产业转型升级、稳定楼市供应等方面作出了卓有成效的贡献，用创新手法、模式，为深圳的发展扩展了深度和广度。

2　新城新区发展中的主要问题分析

新城新区在我国的国家战略推进、经济发展、城镇化发展、城市空间优化、体制机制创新、城市治理等方面发挥了重要的空间承载和示范引领作用。但是，还必须看到新城新区的发展具有明显的阶段性，当前我国许多新城新区还处于很不成熟的发展阶段，并暴露出一些突出的问题，急需科学的引导和管控。

2.1　新城新区设立存在的问题

2.1.1　国家对新城新区的设立缺乏明确标准，各部门政策缺乏协同

一直以来我国都缺乏新城新区的明确设立标准，国家各部委从各自事权角度推进新区的批复和设立，新城新区的概念内涵模糊、空间范围交叠、设立过程随意，从设立到后续管理上都缺乏有效的政策协同，导致目前我国各类新城新区的数量庞大、面积过大、种类繁多、边界不清的局面。

2.1.2　后续监管力度不够，地方政府随意扩大开发区管辖范围现象较为普遍

在国家批复的各类政策区范围基础上，各地普遍存在开发区实际管辖范围超出批复政策区范围的情况，容易造成土地浪费、管理混乱等问题。根本原因在于"扩区"行政审批层次高、时间长、手续繁琐，而地方政府的近期发展需求强烈，往往不按规定程序"扩区"，造成各类开发区的"扩区"严重失控。

2.2　规划方面存在的主要问题

2.2.1　部分国家级新区的选址存在潜在问题

部分国家级新区选址区域的资源环境承载力不足。兰州新区（场地平整工程量大）、贵安新区（生态环境敏感）、西咸新区（历史遗址极度丰富地区）等存在不同程度的建设用地条件不佳问题，易造成投资成本超过地方财力、生态环境破坏、历史遗存损毁等问题。天府新区、滨海新区、南沙新区的水资源不足，依赖区域

图 5　兰州新区用地现状和规划图

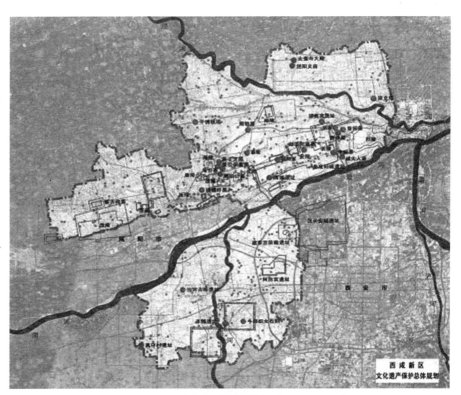

图 6　西咸新区遗址分布

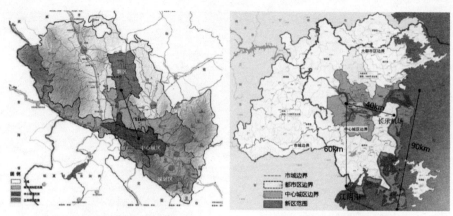

图 7　兰州新区范围与区位图　　　　图 8　福州新区范围与区位图

调水（引大济岷、南水北调、西江引水）。

部分国家级新区与主城区的空间距离过远。如兰州新区、福州新区、赣江新区，与主城区的距离在 40 公里以上，容易造成功能难以整合、发展动力不足、不利于重大基础设施共建共享等问题。

部分国家级新区的形态过于狭长。赣江新区和福州新区都存在新区范围过于狭长、切分多个行政主体的问题，不利于空间的统筹发展。

部分国家级新区跨城市设立，造成管理协调难度较大。18 个国家级新区中，有 5 个新区的范围涉及两个城市，在实际的运营过程中，容易出现不同行政主体的管理事权划分不清、利益难以协调等问题，往往造成新区建设难以顺利开展，典型的案例如西咸新区。

2.2.2　部分国家级新区规划过度追求规模扩张，且存在用地布局不合理现象

在目标、定位和发展战略等方面，各国家级新区的总体规划基本都能够落实国家的总体要求，但是在规划人口和用地规模以及用地布局方面，还是存在一定的不合理情况。

部分新区规模明显超出本地资源承载能力。天府新区、兰州新区、南沙新区的水资源不足，依赖区域调水。

部分新区用地增量过大，可能缺乏足够动力支撑。滨海新区、两江新区、西咸新区规划年均用地增量达 30km^2 以上（浦东新区 1997–2013 年年均用地增量 20km^2），规划用地增量过大。舟山群岛新区、贵安新区、湘江新区所在城市的发展能级和动力可能难以支撑大规模新区建设。

可见，即便在我国当前已进入经济"新常态"和新型城镇化的宏观背景下，许多国家级新区的发展理念还未真正转变，在规划中还是过度追求规模扩张，未来存在发展动力难以支撑如此巨量的开发规模、甚至沦为"空城"和"鬼城"的风险。

国家级新区规划建设用地的规模和增量对比 表 2

新区名称	规划基期年现状建设用地	规划建设用地（2030 年）	规划用地年均增量	所在城市建成区（2014 年）	用地增量 / 所在城市建成区
两江新区	228.96	550（2020 年）	64.21	1231.44	26%
舟山群岛新区	61.42（2014 年）	131.3	4.63	61.42	113%
兰州新区	61.92	170	7.21	269.1	40%
南沙新区	112.8（2011 年）	300	9.85	1035.01	18%
西咸新区	111.74	272（2020 年）	32.05	440	36%
贵安新区	34（直管区）	260	15.07	299	76%
天府新区	235	580	23	604.08	64%
长春新区	102	276	11.60	469.72	37%

部分新区的用地布局不合理。西咸新区、金普新区（未批复）对现状零散用地缺乏整合，导致空间结构和用地布局过于分散。两江新区的工业用地过于分散，与城市生活功能混杂，兰州新区的工业用地布局在城市主导风向上风向。

2.2.3 新城新区规划与城市总规仍然缺乏协调

国家级新区总建设用地全部纳入所在城市总规的比例不高，仅有舟山群岛新区、兰州新区、贵安新区、金普新区、天府新区等少数几个国家级新区达到该要求，主要原因是许多国家级新区设立于现行城市总规批复之后，通过修编城市总规将国家级新区纳入城市总规需要一定的时间周期。

有一半左右的开发区控规建设用地完全纳入了所在城市总规，另外一半开发区的控规建设用地存在不同程度地突破城市总规情况，大部分开发区的控规超出总规比例低于 20%，但也存在大量突破城市总规的情况。开发区控规建设用地超出城市总规的原因包括：上位法定规划（区县总规）突破所在城市总规，上位法定规划调整后控规未能及时调整，以非法定规划（战略规划）为依据突破法定规划等。

2.3 建设方面存在的主要问题

2.3.1 部分新城新区的现状建设用地突破城市总规

国家级新区未发现突破城市总规开展城市建设的情况。大部分开发区存在现状建设用地超出城市总规用地的情况。各开发区超出程度不一，少数开发区现状建设用地超出总规的比例较大，有的超出接近接近一倍。

现状建设用地超出总规的原因分析主要有三种情况，一是在总规编制时现状已有建设，但总规未纳入；二是控规超出总规，现状按照控规实施；三是未按控规建设，直接突破总规，这种情况相对较少。

2.3.2　用地集约性差异较大，部分区域存在用地效率低下、土地闲置浪费情况

国家级新区的用地集约性与发展阶段的相关性较强。设立较早的浦东新区和滨海新区的地均 GDP 和工业用地地均产值都达到比较高的水平。而许多设立较晚的国家级新区仍处于起步期，地均 GDP 和工业用地地均产值相对较低。

开发区一般设立较早，开发建设较为成熟，地均经济产出相对较高，但不同开发区的地均经济产出差异很大，如上海闵行经开区的工业用地地均产值达 223 亿元 / 平方公里，而部分被调查开发区的工业用地地均产值仅为 20 亿元 / 平方公里左右，相差 11 倍。导致用地效率出现如此大差别的原因，除了有产业结构和发展阶段方面的原因外，更主要在于部分开发区在缺乏实际产业发展动力的情况下，仍然盲目扩张用地并低价出让，企业低成本圈地后长期不投入生产，造成土地大量闲置浪费。

2.3.3　职住分离、建设水平较低的问题突出，严重制约转型提升

由于居住配套不足、公共服务匮乏、建设水平较低等原因，目前我国的新城新区对高素质的人才和高水平的企业仍缺乏吸引力，这将严重制约新城新区的转型提升。而由于新城新区在我国经济发展和科技创新中的高度重要性，这将进而对我国的经济转型提升和持续健康发展造成潜在威胁。

职住分离情况十分严重。根据职住比、现状就业用地 5km 范围内居住用地分布这两项指标来看，我国大部分新城新区都普遍存在职住分离现象，由此导致交通拥堵、幸福感降低、城市运营效率低下等问题。究其原因，主要是长期以来以经济发展为首要目标的开发区管理模式，导致管理者普遍具有重生产、轻生活的发展理念，时至今日这种惯性思维仍然没有得到扭转，各类配套居住用地不断被产业用地挤占，开发区内的工业用地占比畸高。

城市建设水平和空间品质较低。公园绿地、教育、医疗、交通等公共空间和设施建设十分滞后，制约了新城新区的宜居水平提升，加剧了职住分离的情况。根据公园绿地 500 米范围城市建设用地覆盖率、人均公园绿地面积等指标来看，虽然公园绿地的面积总体达标，但覆盖率明显不足。根据 A 类和 B 类用地占比、小学 500 米范围内居住用地覆盖率、每千人医疗卫生机构床位数、现状道路网密度、公交站点 500 米覆盖率等指标的分析结果，除浦东新区外，几乎所有的国家级新区和开发区都存在公共设施严重短缺的问题。这既有规划不合理的原因，也有在实施建设中不够重视的原因。此外，城市景观风貌缺乏特色、千城一面、城市文化内涵缺失、空间无序等问题，也降低了新城新区的空间品质和吸引力。

		道路网密度（km/km²）	公交站点 500m 覆盖率
成都	成都高新区	9.9	95%
	成都经开区	2.1	56%
	双流经开区	2.1	65%
	新都工业园区	1.6	55%
大连	大连高新区	11	83%
	大连经开区	8.8	65%
	金州经开区	10	16%
	普兰店开发区	4.1	62%
长春	长春高新区	5.9	74%
	长春经开区	4.1	49%
	汽车经开区	5.5	59%
	朝阳经开区	4.8	48%
哈尔滨	哈尔滨高新区	6.7	25%
	哈尔滨经开区	2.2	37%
	利民经开区	5.2	38%
南昌	南昌高新区	3.5	43%
	南昌经开区	6	68%
	新建长堎工业园	1	31%
	昌南工业园	3.5	89%

部分城市开发区的交通设施建设情况　　表 3

2.3.4 部分新城新区大量负债超前建设基础设施，存在较大运营风险

部分新区过度负债超前开展基础设施建设，造成很大的地方财务负担，如兰州新区和贵安新区。兰州新区基础设施建设按照 120 平方公里建设，超出兰州城市总规中兰州新区 2020 年规划建设用地 80 平方公里的要求。特别是兰州新区 170 平方公里（2030 年规划城市建设用地面积）的主干路网建设现已基本完成，远超过目前的发展需要。兰州新区产业项目落地时序也缺乏规划引导，多个园区同时引入项目、配套设施也不得不建设落实。目前，兰州新区的基础设施与配套设施投入累计超过 800 亿元、资金缺口达到 600 多亿元。

2.4 管理方面的主要问题分析

2.4.1 部分国家级新区存在管理主体过多、省市矛盾难协调等问题

部分新区内部的行政区、功能区主体较多，级别较高，而新区管委会的整体统筹权限不足，造成新区难以按照统一的规划部署开展建设，无法形成合力，如福州新区、金普新区。

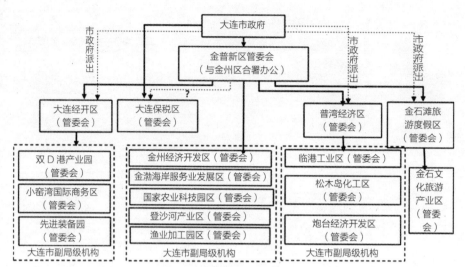

图9　金普新区的行政管理架构

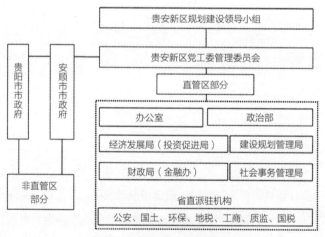

图10　贵安新区的行政管理架构

　　部分新区由省政府管理直管区、市级政府管理非直管区的行政管理模式，具有一定的缺陷，易导致各自为政，且造成省市矛盾较为突出，如贵安新区。

　　2.4.2　以经济职能为主的开发区管理模式易导致条块管理混乱，日益显示出其局限性

　　当前我国大部分开发区还是长期沿袭以经济职能为主的行政管理模式，这种管理模式有一定历史合理性，能够比较高效地推进经济建设。但是，随着城市发展的目标更趋于多元，以及转型提升所必然要求的综合发展水平提升，以单一经济职能为主的行政管理模式逐渐暴露出局限性，主要体现在条块事权不清（经济事务多头管理、社会公共事务管理真空）、行政管理效率低下（管理层级过多）、规划管控力度不足（重发展轻管控）等问题，不利于营造高效的营商环境、完善

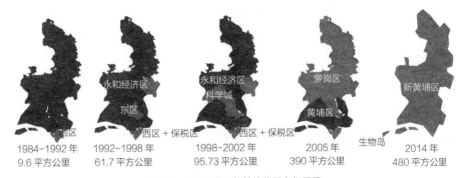

图 11　广州开发区的管辖范围变化历程

的城市功能、高品质的城市空间，长期下去将制约其发展层级的提升。

近年来，采用区政合一、行政托管等管理模式的新城新区逐渐增多，表明该问题已经得到了一定的重视。在这方面，广州开发区做出了有益的探索。

2.4.3　规划编制、审批制度总体符合规定，少量存在控规审批权违规下放情况

控规编制以各新城新区管理主体相关机构组织编制为主，部分新城新区依托所在区（市）县规划部门组织编制。

控规审批单位大部分为所在城市政府，但也存在区政府或管委会违规审批控规的情况。

3　新城新区发展的趋势与展望

3.1　对我国当前发展阶段的认识

3.1.1　我国进入经济增速放缓的结构调整期，面临步入改革深水区的转型问题

中国经济经历多轮快速增长，目前已经迈入中等收入国家行列。未来 5-15年将成为我国迈向高收入社会的关键冲刺阶段，中国的经济增长将由过去的"出口导向、消费和投资驱动"的模式向"更多地依靠消费、更多地依靠服务业、更多地依靠技术进步"的模式转变，"高出口"的局面将难以重现，经济增长速度趋缓。

据研究，很多国家在成为中等收入国家之后，面临着"中等收入陷阱"的困扰，即成为中等收入国家后会伴随经济增长乏力、人均收入水平难以提高的现象。中央能否以改革创新，创造性地解决各类矛盾问题，跨越"中等收入陷阱"，是当前改革成败的关键所在。城市作为国家经济社会发展的核心空间载体之一，其中建设发展方面的成败对改革的成败影响至关重要。随着经济形势的变化，城市各类空间已经呈现多样化的创新趋势，包括生态 +、文化 +、创新 + 等各类空间发展

新模式。

3.1.2　我国进入城镇化快速发展的中后阶段，面临城镇化水平与质量提升的双重压力

中国城镇化已经保持了 16 年的高速增长，全国城镇化率从 29.0% 提高到 51.3%，年均提高 1.39 个百分点，2000 年以后为 1.5 个百分点。根据城镇化发展的阶段性理论，城镇化水平在 40%~60% 之间属于城镇化的快速发展阶段。2014 年中国城镇化率达到 54.77%，处于城镇化快速发展阶段的中后期。在这一时期，若继续一味追求城镇化速度将诱发风险。

我国的城镇化快速发展期与经济快速成长期高度重合，作为经济发展的空间载体，早期对经济发展速度的追求必然要求城镇建设的快速推进。当前，中国经济进入增长速度换挡期、结构调整期和阵痛期叠加的发展阶段，经济将由原来的高速增长转向维持中高速增长。与之相对应的是，经济发展态势不再支持城市的快速扩张模式，城镇建设发展中长期累积的矛盾和问题也开始频繁爆发，并由此引发对原有的"重速度轻质量"的城镇化模式的反思。

3.1.3　我国进入区域战略格局优化的机遇期，面临区域城镇空间体系的结构性调整

改革开放三十多年来，中国的发展得益于各个区域的不同发展探索，区域经济的活力与动力成就了以往经济的高速增长。在区域经济学所谓的四大板块中，东部、中部、西部、东北都有不同的发展使命和水平，而东部沿海地区的率先发展，也为其他板块发展带来了更多机会。然而，在经济进入新常态下，高增速不再，一些地区以往的优势不再，各个区域的发展急需寻找新的增长动力源。中国的改革开放，一直都是在不停寻找新的动力源的过程，通过区域政策方面的探索，为各个板块的发展注入活力。

从东部沿海地区开发开放起，改革开放逐渐向中西部地区推进，从沿海开放到沿江、沿边乃至内陆开放，中国已经走向全方位开放格局。刚刚落幕的中央经济工作会议明确提出重点实施"一带一路"、京津冀协同发展、"长江经济带"等倡议和战略。其中，"一带一路"倡议和"长江经济带"战略将构筑新一轮对外开放的"一体两翼"，在提升向东开放水平的同时加快向西开放步伐，助推内陆沿边地区由对外开放的边缘迈向前沿。

3.1.4　我国进入城市空间发展的逐步分化期，城市建设面临精明增长、精明调整、精明收缩等差异化路径选择

中国城市改革开放三十余年，具备了整体转型的经济基础，随着资源和环境矛盾日益突出，房地产出现结构性和区域性过剩。对于处于工业化中期的城市，

仍将有一定时期和相当程度的规模扩张，但应"精明增长"，注重"生态修复、空间修补、文脉承续、特色塑造"。城市规模总体增速放缓，不同城市的吸引力和门槛存在差异，出现人口在城市间重新流动选择。

发达地区和城镇化水平相对成熟的城市，将由于门槛过高和城市病负面效应，以及前期土地扩张相对偏快，已经和即将进入以存量优化为主的阶段，未来的主导发展模式将是"精明调整"。处于工业化中期的城市，以及前期土地扩张与人口增长相对协调的城市，将有一定时期和一定程度的规模扩张，未来的主导发展模式将是"精明增长"。处于经济衰退和资源枯竭地区的城市，人口甚至可能出现负增长，导致部分城市功能萎缩和部分城市地区空心化，未来的主导发展模式将是"精明收缩"。

3.2 国家对新城新区发展的新要求

国家对新城新区发展提出了新的要求，要坚持创新驱动、开放驱动，产城融合、完善配套，辐射区域、协同发展，整合各类开发区、完善相应管理制度。

对国家级新区，2015年4月发布的四部委《关于促进国家级新区健康发展的指导意见》中提出，国家级新区应保持经济增长速度在比较长的时期内快于所在省（区、市）的总体水平，着力提升经济发展质量和规模，将新区打造成为全方位扩大对外开放的重要窗口、创新体制机制的重要平台、辐射带动区域发展的重要增长极、产城融合发展的重要示范区，进一步提升新区在全国改革开放和现代化建设大局中的战略地位。

对开发区，开发区经历了近三十年各部委分头管控的发展时期，2017年1月我国首次发布关于开发区的纲领性总体指导文件《国务院办公厅关于促进开发区改革和创新发展的若干意见》，对开发区提出总体要求，要成为新型工业化发展的引领区、高水平营商环境的示范区、大众创业万众创新的集聚区、开放型经济和体制创新的先行区。进一步优化开发区的形态和布局，科学把握开发区功能定位，明确各类开发区的发展方向，推动各区域开发区协调发展，同时要加快开发区的转型升级，推动开发区创新驱动发展，产业结构优化，促进开放型经济发展，推动绿色经济，提升基础设施建设水平。

3.3 新城新区发展的趋势判断

未来一段时期，新城新区仍将在我国经济社会发展和城镇化进程中发挥十分重要的作用，但在新的发展形势和国家要求下，将在发展模式和路径上会有一些新的变化趋势。

3.3.1　新城新区设立将更为精准，更具针对性和引导性

未来随着中国经济增长速度的趋缓，新城新区发展动力及速度必然降低，设立将从遍地开花向能够体现国家在某个时期关键战略意图的重点特色区域集中，设立更加精准，进一步支撑和带动国家空间格局的优化，引导区域均衡化发展。中国从沿海开放走向海路双向开放、沿海与沿路、沿江、沿边相结合的区域纵深开发格局，内陆城市将有更多新的发展机遇，同时随着国家"一带一路"建设、京津冀协同发展、长江经济带发展，国家及地方资源、政策的投放将更具针对性和引导性，形成以城镇群为主体形态的各级城市分工协作、功能互补的更加均衡空间格局，通过建设一批具有辐射带动效应的转型升级示范新城新区，引导产业优化布局和分工协作。

3.3.2　新城新区的新增数量及规模将逐步缩减，更加注重精明增长

未来新城新区的数量、范围及规划用地规模将更加理性，空间发展重点将从增量拓展为主向增量拓展与存量提质并重。过去近三十年新城新区的发展过程中，规划面积、圈地范围不断扩大，存在大量浪费和低效空间，同时大量建设较早的开发区已然融入城市主城区，成为城市功能区的一部分，需要功能更为综合完善、空间更加舒适、景观更加优美。新城新区未来的建设从规模扩张和拉开城市框架为主转变为品质提升和结构优化，从注重数量和效率转变为更加注重工程质量与安全，加强存量优化升级。

3.3.3　新城新区的发展内涵将更加多元化、特色化

随着我国各级城市深入融入全球化竞争，网络化结构日趋显著，城市将逐步分化，必然面临城市的个性化、独特化发展，也给新城新区的发展提供了新的机遇。未来新城新区的概念内涵以及发展目标将会更加多元化，与地方实际相吻合，遵循发展规律，从以往注重经济增长和财政收入，转向更加注重创新驱动、生态文明、产城融合等方面的综合效益提升。随着"互联网 +"、"生态文明"、"一带一路"等的深入推进，智慧园区、中外合作产业园、产城融合示范区、"区中园"等多元内涵的新业态和新模式将不断涌现。新城新区内涵从单一经济增长向综合型、可持续性、生态型、创新型升级。

3.3.4　新城新区的发展更注重创新性、示范性和引领性

战略性和引领性是国家级新区的根本任务，新区必须履行综合系统创新体制机制的重要平台、走新型城镇化道路重要示范区的功能。随着新城新区数量及规模的缩减，新城新区的创新性、示范性和引领性将逐步成为新城新区的核心任务。未来将会有更多的示范性政策区出现，在既有新城新区的基础上叠加，通过标准的提高，进行创新示范试验，比如自由贸易试验区、自主创新示范区，在目前既

有的自贸区和自主创新示范区中，都是原有基础较好、自主创新成果较多、体制机制探索较多的新城新区。此外低碳、生态、智慧等新城新区的发展，往往也在原有新城新区基础上进行叠加，比如国家智慧城市、生态城市的试点等，未来新城新区也将更具示范性、试验性，更多地体现国家政策导向。

3.4 对新城新区发展的几点建议

3.4.1 多部委联合制定新城新区的设立标准和空间协同管理的有关办法

加快完善新城新区的设立和扩区标准，改变当前设立过于随意、由地方主导推动、管理混乱失控的局面，以服务国家战略的有效落实为主要目的，有计划、有针对性地选择重点区域设立新城新区或进行扩区。

为了有效解决不同部门分别设立新城新区所导致的范围重叠、权责不清、协调困难等问题，应尽快出台促进各类新城新区空间协同管理的有关办法，明确各类新城新区在特定空间范围内的事权与职责，建立不同新城新区之间、新城新区与老城区之间的空间协调机制，有效推动各类新城新区的空间协同发展。

3.4.2 既有新城新区要尽快纳入城市总体规划一盘棋统筹规划和管理

新城新区一直都是城市不可分割的有机组成部分，与城市有着密切的功能联系，必须尽快扭转当前新城新区与城市相互割裂、各自为政、未完全纳入城市总规的局面，将各类新城新区尽快纳入城市总体规划一盘棋进行统筹规划管理，消除"法外之地"，以整合资源，消除矛盾，提高运行效率，保障城市整体利益的最大化。对于迟迟未将新城新区纳入城市总规的城市，要进行督察问责。

3.4.3 科学确定新城新区建设用地规模，合理控制开发建设实施节奏

在我国当前已进入经济"新常态"和新型城镇化的宏观背景下，当前各类新城新区的规划仍然存在过度追求规模扩张倾向，部分新城新区规划的人口和建设用地规模严重脱离实际需求和当地的资源环境承载能力，容易造成发展动力难以支撑、地方债务风险过高、土地资源浪费、生态环境破坏等问题，甚至有沦为新的"空城"和"鬼城"的风险。未来，应通过科学的分析论证合理预留新城新区建设规模，严控不切实际的无序空间拓展，并严格按照分期开发的模式开展建设（包括基础设施建设）。此外，要加强对新城新区空间布局的引导，推动空间整合、产城融合以及与生态环境的协调。

3.4.4 制定新城新区的建设标准，发挥新城新区在特定领域的示范作用

新城新区本应是新发展模式的创新试验区和示范区，但是当前许多新城新区仅仅是对传统发展模式的简单、甚至更低质量的复制，没有发挥出应有的示范引领效果。未来，新城新区要结合国家和区域战略，按照更高的要求和标准来开展

建设，逐步成为我国在新型城镇化、生态文明、创新驱动等不同特定领域的示范区域，更好地发挥新城新区在我国转型升级过程中的引领示范作用。

3.4.5　建立空间数据平台和定期评估制度，推动新城新区管理体制机制完善

当前我国对新城新区的管理体制机制还远不够完善。由于长期以来没有建立各类新城新区的统一信息平台，国家层面难以全面、及时掌握各个新城新区的实际发展情况，也就难以很好地制定针对性政策引导这些新城新区的健康有序发展。建议尽快建立全国统一的新城新区空间数据平台，有效整合各部门分散的数据信息，形成能够全面及时反映全国新城新区发展动态的空间数据平台，为国家层面制定相关政策提供科学的依据。

此外，我国新城新区的定期评估和奖惩机制十分不健全，与新城新区的升降级也没有挂钩，没有起到应有的激励和引导作用。建议各部委联合制定政策，建立新城新区的定期评估制度、考核机制，对于新城新区的规划协同性、建设合规性、用地效率、产城融合、设施建设、生态环境保护、体制机制创新等方面定期开展全面的评估，并作为新城新区升降级、退出的依据。

（感谢中国城市规划设计研究院王宏远、武敏、刘继华、王新峰等参与本文的撰写。）

参考文献

[1]   王佃利，于棋，王庆歌 . 尺度重构视角下国家级新区发展的行政逻辑探析 [J]. 中国行政管理 . 2016（08）：
      41-47.

[2]   晁恒，马学广，李贵才 . 尺度重构视角下国家战略区域的空间生产策略——基于国家级新区的探讨 [J]. 经济地理 .
      2015（05）：1-8.

[3]   吴昊天，杨郑鑫 . 从国家级新区战略看国家战略空间演进 [J]. 城市发展研究 . 2015（03）：1-10，38.

[4]   彭小雷，刘剑锋 . 大战略、大平台、大作为——论西部国家级新区发展对新型城镇化的作用 [J]. 城市规划 .
      2014（S2）：20-26.

[5]   刘继华，荀春兵 . 国家级新区：实践与目标的偏差及政策反思 [J]. 城市发展研究 . 2017（01）：18-25.

[6]   刘士林 . 中国的新城新区建设的正确认识和评价 [J]. 学术界 . 2014（02）：73-81，307.

[7]   冯奎 . 中国新城新区转型发展趋势研究 [J]. 经济纵横 . 2015（04）：1-10.

[8]   陈东，孔维锋 . 新地域空间——国家级新区的特征解析与发展对策 [J]. 中国科学院院刊 . 2016（01）：
      118-125.

[9]   贾广葆 . 新城新区开发建设中的问题、对策及思考 [J]. 国土资源 . 2016（6）：40-41.

[10]   冯奎 . 新城新区步入依托存量求增量的新阶段 [J]. 中国发展观察 . 2015（06）：63-65.

[11]   姚莲芳 . 新城新区产城融合体制机制改革与创新的思考 [J]. 改革与战略 . 2016（07）：46-50.

[12]   汪劲柏，赵民 . 我国大规模新城区开发及其影响研究 [J]. 城市规划学刊 . 2012（05）：21-29.

[13]   王战和，许玲 . 高新技术产业开发区与城市经济空间结构演变 [J]. 人文地理 . 2005（02）：98-100.

[14]   陈耀 . 推动国家级开发区转型升级创新发展的几点思考 [J]. 区域经济评论 . 2017（02）：5-9.

邹 兵

ZOU BING

中国城市规划学会理事
学术工作委员会委员兼副秘书长
城市总体规划学术委员会委员
城乡规划实施学术委员会委员
深圳市规划国土发展研究中心总规划师

城市更新规划的理性思维与评价方法
——以深圳为例

20 世纪 90 年代我国全面启动城市化至今已经过去了 20 年，大部分城市都经历了大规模的空间拓展，积累了巨大的存量空间资产，存量更新成为下阶段城市发展面临的重要任务。2013 年中央城镇化工作会议提出的"严控增量，盘活存量，优化结构，提升效率"的发展方针以及国家近年实施的土地供应紧缩政策，进一步加速了城市空间发展模式转型的步伐。对于先发地区的大中城市特别是特大城市而言，城市更新将成为未来城市持续发展的重要动力和路径。但中国特定时代背景下推动的这轮城市更新，无论从理论还是实践都面临复杂的形势和巨大挑战，需要理性的规划指导。深圳是内地最早进入全面城市更新阶段的特大型城市，经过近 10 年的实践建立了较为系统完整的城市规划技术和政策体系。无论是更新规划体系的设计逻辑还是更新规划思维的理性特征，以及更新规划实施的成效得失，都值得进行系统总结和评估，为其他城市提供参考借鉴。

1 国内外城市更新理论和实践的演化历程

1.1 西方国家城市更新的演进过程和价值取向变化

这里的"西方"是指以英美为代表的发达国家。"城市更新"（Urban Renewal）的概念来源于这些国家，基本都发端于 20 世纪 30 年代的城市住房问题和大规模清除贫民窟运动；在第二次世界大战结束之后配合战后城市重建而全面展开。从 20 世纪 50 年代至今，城市更新的概念和内涵也发生了明显而深刻的变化。"城市重建"（Urban Reconstruction）、"城市复苏"（Urban Revitalization）、"城市更新"（Urban Renewal）、"城市再开发"（Urban Redevelopment）、"城市再生"（Urban Regeneration）、"城市复兴"（Urban Renaissance）、"城市整治"（Urban Renovation）等这些关联词虽然因为译法不同而语义有所差别，但每个概念都包含了特定时期的丰富内涵，代表了不同发展阶段城市更新的时代特征和价值取向，具有演进性和连续性。回顾西方城市更新的发展历程，从更新目标和更新内容，到更新机制和更新方式都发生了一系列的变化。

在更新目标上，从起初单纯的物质环境改造规划转向社会、经济发展与物质环境改善相结合的综合更新规划，并强调规划的过程和连续性。

在更新内容上，先从对贫民窟的大规模清除转向内城复兴和房地产开发，再转向社区环境的综合整治、社区经济的复兴以及社区居民参与下的邻里自建。

在更新机制上，从刚开始的政府主导转向政府和开发企业的公私双向合作，再到政府、企业、社区三方共同参与。

在更新方式上，从大规模的、开发商主导的推倒重建的剧烈方式，转向小规模、分阶段、主要由社区自行组织的渐进式审慎更新改善，并注重邻里保护和社区再生，出现了竞标式、合约式、互动式等多元化的更新组织形式。

1.2　我国城市更新的发展变化过程

"城市更新"概念对于我国完全是个舶来品。在此之前通行的是"旧城改造"、"旧城改建"等，包括 1990 年颁布的《中华人民共和国城市规划法》也采用的是"旧城改建"这个说法。"旧城改造"也一直贯穿于我国城市发展的过程中，计划经济时期的主要任务和重点是对历史街区的保护和旧建筑的修复等。"城市更新"概念的提出大致是在 20 世纪 80 年代，源于对北京等历史文化名城的旧城改建学术思想的反思，防止对旧城大拆大改的误区。但在 20 世纪 90 年代以前，我国城市更新的实践进展是十分缓慢的，在相当长一段时期主要集中于学术探讨层次。英美等西方国家的规划理论被大量引入，带来城市更新研究十分活跃的学术氛围。

计划经济时期，北京、上海等特大城市为解决所谓"大城市病"问题，一方面努力促进中心城区人口和功能的疏解，另一方面也开展旧城危房改造和历史文化街区保护。但由于没有土地市场的支持，单纯依靠政府有限的资金投入，对于旧城改造的艰巨任务无异于杯水车薪。即使作为政府重点工程的局部集中改造，也只能陷入旧城内"面多加水、水多加面"的困局，难以解决实际存在的城市问题。只有在城市土地使用制度的市场化改革后，土地的潜在价值得到巨大的释放，大规模的城市更新才具备启动的经济条件。特别是 1998 年住房制度改革后，房地产成为中国城市开发的强大动力和主要推手。大规模的新城新区开发带来城市空间快速扩张，与此同时，老的城市中心区的土地价值也被重新发现和定价。中心城区产业的"退二进三"和功能置换，掀起了一轮城市更新的高潮。这个时期，城市更新主要集中于中心城区的核心地段，以房地产开发主导的拆除重建方式为主，与英国 20 世纪 80 年代的城市更新有类似之处。所不同的是，老城区的城市更新是与新城新区的开发互相配合推进的，实现产业和功能的空间转移和置换。如上海中心城的"退二进三"、"双增双减"之所以能够顺利推进，是与外围"一城九镇"的快速建设密不可分的。期间，城市更新往往还伴随着城市重大事件背景下的城市整治和美化运动，如北京奥运会、上海世博会、广州亚运会等。

总体而言，过去 20 多年的城市化是以追求高效率和低成本的大规模新区新城开发为主导；城市更新只是发生在特大城市、中心城市的局部核心地区，在城市发展中处于配合性角色。但 2010 年以后，随着国家对于过去粗放土地利用模式的强力干预和严控新增建设用地政策的出台，以广东等地开展的"三旧改造"为标志，城市更新进入一个新的历史阶段。

1.3　当前基于存量发展的城市更新特点

存量发展和存量规划成为当今规划界的"热词"。相比于"城市更新"浓厚的专业学术味，"存量规划"这个来自于土地管理部门的概念似乎更加通俗，而且容易为人们广泛接受。从城市运营的角度来理解存量发展，应是指不依赖建设投资增量，通过对城市现有存量资产的经营、管理保证城市正常运转、实现城市资产保值增值的方式。但当下普遍认同的存量发展，是指在严控新增建设用地的前提下，通过存量用地的挖潜提效来实现经济增长；其重点是强调土地利用方式由粗放向集约、由重规模向重效益的转变。2015 年中央城市工作会议提出的"框定总量、限定容量、盘活存量、做优增量、提高质量"新要求，都是针对建设用地规模的管控和使用效率的提高，聚焦于已建设低效土地的再开发和闲置土地的再利用。"十三五"期间全国新增建设用地规模指标调减 4460 平方公里，再次表明了国家紧缩土地供应的明确政策指向。更早开展的国家土地督察，更是直指地方政府的违法用地行为。存量规划概念的提出适应了转变城市发展模式的要求，是对于单纯依赖增量空间扩张的规划思路的纠偏。

"城市更新"的本意不仅仅针对土地利用方式的转变，还包含城市品质提升和功能、活力的创造，具有十分丰富的经济、社会、文化内涵。但当前许多城市普遍推行的这一轮"城市更新"运动，由于具有严控新增建设用地的特殊政策背景，因此与"存量规划"的内涵和外延具有了高度的重合性和一致性。城市更新作为促进城市发展模式转型的一种重要途径，也具有了强烈的政治意义，反映了提高用地效益、提升增长质量的目标导向。

1.4　小结：对当前城市更新的基本认识

　　城市更新是为了提升一个城市或地区的功能和环境而实施的综合性、整体性的策略和行动，应是没有终限、持续推进的长期过程。只要城市继续成长，新的环境变化要素不断输入，城市更新便不会停止。因此，城市更新应该循序渐进，不宜采用疾风暴雨式的运动方式展开。城市更新是城市空间发展的路径之一，与新区开发建设并不是决然对立的。过于强调增量或存量的某种单一方式，既不符合城市发展的客观规律，也不利于还处于进行时的我国城镇化进程。现阶段，无论是基于增量发展的新区开发还是基于存量发展的城市更新，其发展目标都是高度一致的，即保证经济持续增长、城市功能提升、民生福利改善、生态环境优化等；两者的区别在于实现目标的方式和路径不同。当前各地对城市更新的重视和强调，是回应国家的土地紧缩供应政策和空间增长管理的需求，具有鲜明的中国特色和时代特征。

2　城市更新规划的内容和特点

　　城市更新并不完全是一个规划建设问题。但城市更新涉及对象的复杂性、综合性以及城市规划对于城市更新问题的深厚研究基础，使得倡导城市更新的"规划导向"和"规划先行"成为基本共识。而城市更新规划与以增量用地开发为主的新区规划具有许多不同的特点。

2.1　城市更新规划是空间设计和规则设计的结合

　　城市更新规划的对象主要是存量用地，与新区规划的对象处于完全不同的产权状态。新区规划中，政府作为单一产权主体基本可以按照自己的意愿进行土地上的功能和权益的配置，不是充分竞争状态的市场交易行为。城市更新则是一个在众多分散的产权主体之间进行资源再分配的交易过程，土地产权交易方式趋于复杂和多样。要通过有效的交易方式来实现空间资源配置效率的最大化，不仅要设计出空间资源配置效率最优的方案，还要寻求以最低成本实现资源转移的路径。城市更新规划中，政府不能完全按照自己的意志处置土地。即使作为交易活动的参与一方，也需要与其他产权人进行协商谈判。特别是国家修改拆迁补偿法律后，政府的权力空间被进一步压缩，城市更新改造越来越趋向于一个市场主体之间的交易过程。在城市更新规划制定过程中，规划师的角色更多的是充当协调者，制定交易规则，维持公平环境和社会稳定，促使交易各方达成一致意见。

　　因此，城市更新规划必须包括两方面的工作内容，一是设计空间，二是设计空间交易方式。前者是个技术过程，主要关注空间的生产成本，重视投入—产出效益分析，目标是追求空间资源配置效益最大化。后者是个政治过程，主要关注产权转移实现的交易成本，要设计一套规则，力求将交易成本降到最低。空间设计与规则（制度）设计始终是城市更新规划中密不可分的主要内容。

2.2 城市更新规划体系的构成

当城市更新活动只是在局部地块层次展开时，对于城市或地区的影响是有限的。这时的城市更新规划基本可以视作修建性详细规划的一种类型，归入既有的法定规划体系中。但当城市更新作为一项全市性的策略和行动被全面推进时，加强规划在各层次的统筹和指导就变得非常重要。需要进行全面的空间部署，建立起城市更新总体目标和策略的传导机制，避免更新活动在具体实施中发生方向的偏离。城市更新规划因为工作目标、范围和深度的不同，也具有自上而下层层细化、逐步落实的层次性特点。更新规划体系与法定规划体系的衔接协调是十分重要的，否则将因政出多门、规划打架造成规划管理的混乱，也可能因相互推诿扯皮而带来效率的损失。深圳经过多年的探索，建立了与法定规划充分衔接的城市更新规划体系，较好地解决了这个问题。

在图1所示的体系中，全市城市更新专项规划类似于城市更新总体规划纲要，在落实城市总体规划要求、衔接近期建设规划时序安排的基础上，确定全市城市更新方向、目标、总体规模、更新策略和近期重点更新区域。各区更新专项规划相当于分区规划层次，作为分解、落实全市更新目标和指标的抓手，指导地区更新。城市更新单元规划是指导更新项目的实施性规划,在法定图则中划定单元范围；视作法定图则组成部分，作为管理城市更新活动的行政许可直接依据。"十三五"期间，又增加了一个更新统筹片区层次，规模3~5平方公里，与法定图则规划规模相近；旨在强化政府的规划统筹力度，指导城市更新在更大地域范围内实现市政交通、公共服务设施的统一配置。

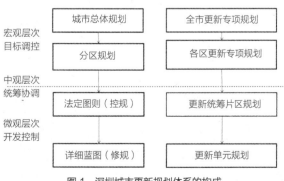

图 1 深圳城市更新规划体系的构成

2.3 城市更新规划的类型和本质内涵

按照不同的更新改造技术手段，城市更新可分为拆除重建、整治复新、保存维护等类型。但城市更新从来都不只是一个技术过程，而是蕴含着复杂深刻的利益调整和产权交易内容。所以更新规划的分类除了考虑技术因素外，还要考虑经济、社会等诸多因素。深圳的城市更新分为拆除重建、综合整治和功能改变三种方式。从技术手段和路径分析，拆除重建类更新是将城市土地上的建筑彻底拆除，重新配置与城市发展相适应的用地功能，是一种彻底的更新方式，类似于新建项目。综合整治类更新则不改变建筑主体结构和使用功能，只是增加消防设施、供电和给水排水设施，进行立面整理修缮和外部公共空间的环境整治等，以消除安全隐患，改善生活环境，防止地区衰败。功能改变类更新是保留建筑物的原主体结构，改变部分或者全部建筑物使用功能，增加消防、市政等配套设施，但不改变土地使用权的权利主体和使用期限，也基本不增加建筑面积。

这三种更新类型，不仅是三种不同的技术手段，实际上也是规划调整和产权转换的三种不同方式。综合整治方式基本不涉及土地规划调整和产权置换；功能改变方式涉及土地规划调整，但基本不涉及产权置换；拆除重建方式既涉及土地规划调整，也涉及产权置换。因此，选择哪种城市更新模式，不单是不同规划方案的比较，同样也是不同交易方式的选择。拆除重建采取的是原有产权归零、空间权益完全重新配置的一种交易模式，空间收益最大，但交易成本也最大。而综合整治和功能改变则是在原产权不发生交易的前提下，提高资源配置效率的工作模式。综合整治交易成本最小，但相应的空间增值收益也最小。功能改变类更新介于前两者之间。不同的空间设计方案不仅将产生不同的收益分配结果，而且也将形成不同的产权交易方式。城市更新规划需要以现状产权为前提条件，在进行空间设计的同时，研究产权转移的交易成本问题。不仅分析整个项目的成本—收益情况，而且评估不同利益主体的损益关系，从而设计出让各方都能够接受的交易方式和规则。

3 城市更新规划的理性思维特征

3.1 城市规划的理性思想及其演化

城市规划中的"理性"问题是城市规划研究的传统命题，可溯源到德国社会学家马克斯·韦伯（Max Weber）提出的"合理性"（Rationality）概念，通常分为工具理性和价值理性。工具理性又称为技术理性，强调理性的作用在于选择最有效的手段去实现预期目标；关注目标实现与否的结果，而不关注目标是否合理和公正；"价值中立"观念是技术理性的核心所在。所谓价值理性，也称实质理性（Substantive Rationality），是基于某种特定的价值观来判断行为的合理性，如是否实现公平和正义、是否反映忠诚和荣誉等；强调动机的纯正和手段的正确，而不只看重行为的结果；精神价值和人文关怀往往成为价值理性的核心所在。

工具理性被认为是近现代资本主义大发展的重要原因，并为现行体制和规则系统的正常高效运作提供了合法性基础。城市规划作为一门学科和专业技术，注重对城市客体及其发展规律的认识、预测、计算等能力，努力采取合理有效的手段对城市发展进行引导和控制，无疑具有强大的工具理性特征。第二次世界大战后，源于工具理性而形成的规划理性决策模式，对于城市规划的理论和实践都产生了重要影响。以工具理性为基础的规划评估方法（如成本—收益分析）也被广泛应用于城市规划工作中。

但城市规划从来不只是技术工作，而同时是一项政府行为，具有公共政策属性。城市规划作为调节经济关系的上层建筑和处理社会利益关系的政治过程，具有鲜明的价值取向和政治内涵。20 世纪 60 年代后，工具理性主义秉承的"技术至上"和"价值无涉"（Value-Free）思想，及其从效用最大化角度出发进行决策的规划方式，越来越受到社会各界的广泛质疑和批评。规划实践中，公众参与日益受到重视，倡导式、协商式的规划方法得到推崇。在规划目标的设定上，被要求综合考虑经济发展、社会公平和环境保护等多重因素，并从多维来评估规划得失。在规划评估方法上，由单一维度的成本—收益分析方法转为多目标决策方法（Multi-Objective Method）。各类环境和社会影响分析方法的引入，促使决策者需要从多个角度考虑规划可能产生的影响。

作为实施赶超型战略的后发展国家，我国过去三十多年的发展基本奉行效率优先的原则，并作为评判包括规划在内的所有政策设计的准则和政府决策的依据。这也成为 GDP 崇拜的一个重要思想基础，并对城市规划实践产生严重影响。关于一个时期我国城市规划中存在的问题，有学者做过尖锐批评："当前城市规划领域的问题正是受西方'现代性'和理性主义、发展主义等思潮的影响，迷信和极度膨胀人的理性能力的结果……产生这样问题的重要背景，是多年来浓厚的'发展至上'的制度环境和氛围，表现出工具理性、技术理性的无限扩张和价值理性、人文关怀的严重缺失……以十分'科学'、'理性'的形式和程序产生出来的这些规划，似乎代表了普适性价值，却有意无意地回避以至遮蔽了基于不同社会群体利益的价值判断"（陈锋 2007）。

价值关怀和人文精神在城市规划中始终具有特殊的重要性。需要指出的是，将城市规划的技术理性和价值理性绝然割裂开来也是不科学的。技术理性在决定规划方案设计的目标、原则和选取评价指标的过程中，本身都隐含着众多的目标选择和价值判断。而价值理性要在规划中得以体现和落实，也需要借助理性的工具和方法找到实施路径；而不能只满足于占据道德高地的坐而论道。反映到城市更新规划中，技术理性主要关注"如何更新"的问题，借助理性分析基础上的技术方法保障城市更新合理有序推进；价值理性关注"为什么更新"和"怎样才是好的更新"的规范命题，重在对城市更新目的和意义的探寻和思考。两者密不可分，反映了城市更新规划中科学与道德、自然与人文的理念统一，以及描述与规范、实然判断与应然判断的方法统一。

3.2　城市更新规划的技术理性思维

城市更新面临更加复杂的利益调整问题，不仅需要更加全面、系统、多学科的专业技术知识，而且还要有很强的分析判断和平衡协调能力，才能化解其中的利益冲突和矛盾。这是一个高难度的"技术活"，必须由受过良好专业教育的技术精英来主导规划和决策。在这个过程中，城市规划师奉行价值中立的原则是必须的，不能偏向其中的任何利益群体。在深圳，关于城市更新意义的争论一直贯穿于整个城市发展过程中。但当 2009 年以后，主政者将加快城市更新进程作为城市发展的重大决策后，城市规划的主要任务就是更好地运用自己的学科专业特长，构建一整套较为科学合理的城市更新运作规则，引导和促进城市更新活动高效而有序地开展。一方面要实现城市环境改善的目标，另一方面要降低达成共识的交易成本。深圳的实践表明，理性的更新规划应具备如下几个方面的特点。

3.2.1　以致力于改善物质空间环境的规划设计为基础

无论城市更新的内涵如何变化，改善物质空间环境始终是出发点和落脚点，这也是城市规划区别于其他专业工作者并能够发挥主导作用的核心价值所在。无论怎样复杂的更新问题，规划设计方案也必须遵循基本的规划原则和要求：合理的功能组织和布局、宜人的空间形态、适宜的容量控制以及与之相匹配的公服、交通、市政设施支撑能力等，这是理性规划的基础。另外，对于各层次更新规划的定位、效力以及编制内容、技术深度、相关标准和指标也应进行统一规定，有利于通过规划对更新行为进行规范化管理。

3.2.2　不同的更新模式方案比选和收益预期分析

在"政府引导、市场运作"的实施机制下，更新实施主体的确定面临原业主自行实施、委托开发商独立实施、合作实施或交由政府组织实施等多种选择；更新模式也有拆除重建、综合整治、功能改变等不同方式。在清晰的制度设计下，不同的实施主体和更新模式的选择都将产生不同的权益关系、责任分工和操作流程，也可以估算出不同的收益预期。明晰稳定的更新规则有利于市场做出理性判断和务实选择。

3.2.3 精细化的利益分配计算规则

城市更新遵循利益共享与责任共担的基本原则。更新单元规划中关于公益性用地贡献率、保障性住房配建比例、单元容积率和更新项目地价的测算等，不仅是编制规划和计算地价的技术要求，也是多方反复利益博弈形成的结果。实际上为更新项目提供了越来越精准细致的利益计算规则，成为各方共同遵守、抵御不确定性的契约。

3.2.4 清晰透明的项目运作程序

城市更新项目牵涉面复杂，影响因素多，运作周期漫长。为了尽量减少项目运作的风险，深圳将城市更新项目管理划分为更新单元计划管理、更新单元规划管理、更新用地出让管理三个阶段，每个阶段都有明确详细的管理要求和责任主体；针对不同类型的更新项目，还有不同的审批时限和操作流程规定。这样能够保证信息尽量公开透明，使得市场主体对于更新项目的运作周期和发展前景有明确预期。

3.3 城市更新规划的价值理性思维

从理论上说，城市更新规划应当注重"多数人"的"共同利益"，寻找多元利益主体的"最大公约数"。在最大限度达成共识后再形成规划方案，这是更新规划价值理性实现的基本途径。但在现实操作中往往面临许多困难。

深圳 2009 年以来的成功实践在于建立了一个有效推进城市更新实施的技术体系，在技术理性上是相对成熟完善的；但在这个过程中也始终面临着各方对更新意义的价值评判和拷问。深圳城市更新一开始就遵循"政府引导、市场运作"的原则，强调发挥市场机制在更新项目中的决定性作用，这得益于广东省"三旧"改造政策的突破和《深圳市城市更新办法》的支持。即鼓励原业主自行改造，允许通过协议方式确定更新实施主体，突破了改造为经营性用地必须招拍挂的政策约束。这极大地激发了市场参与更新的积极性，也大大提高了更新实施的效率。深圳城市更新实际遵循的是效率优先原则，其背后的逻辑是谋求空间资源短缺条件下经济持续增长的路径，仍然是发展至上的思维导向。虽然也兼顾了改善民生福利、保全生态环境等多重目标，但"为增长而更新"始终是摆在首位的。此外，深圳还将城市更新作为消化过去快速城市化过程中巨量历史违法建筑问题的手段之一，这是与其他城市相比完全不同的重大任务。这种通过向原农村集体让渡部分权益以换取发展空间资源的做法，与"为增长而更新"的取向也是高度一致的。

　　深圳城市更新设计了精细的利益分配规则，充分考虑了政府、原业主和开发商各方的利益诉求。但这些规则设计的基本逻辑是服务于加快推进更新进程，某些时候甚至不惜向市场妥协和让渡更多的利益。在城市更新的利益分配格局中，政府理论上是作为市民的天然代表，应以维护城市整体、长远的公共利益为己任。但现实中并不完全如此。一方面，政府有自己近期的政绩诉求，可能与城市长远利益并不一致；另一方面，不同层级政府的利益诉求也不相同，与城市整体利益也不一致。这使得城市更新的实际效果往往与预期目标发生偏离：部分城市更新项目产生的巨大利益只由相关利益主体获得；引起的负外部性结果却由全社会承担。这种现象也招致对城市更新的社会公平正义性的众多质疑和尖锐批评。

　　近几年深圳政府出台的更新政策可以反映出因时因势进行动态调整的轨迹和动机。如深圳制定的《关于加强和改进城市更新实施工作的暂行措施》（以下简称《暂行措施》）基本每两年修订一次。2012 版《暂行措施》的政策目标是加快城市更新历史用地处置；2014 版则是降低城市更新项目准入门槛，进一步扩大历史用地处置政策适用范围；2016 版的政策目标指向提高城市更新项目的人才住房、保障性住房配建比例。每一次政策调整都服务于特定的政策意图，反映出明显的价值取向变化。

4　城市更新规划的目标评价体系建构

　　城市更新规划对于更新目标的方向性引导，是建立在更新总体规划的目标指标体系基础之上。以下结合 2009 年深圳编制首个全市城市更新专项规划时所进行的思考和实践，探讨更新规划评价指标体系的构建思路和方法。

4.1　城市更新规划的总体目标和分目标

　　城市更新规划评价是一种以目标为导向的评价方法。基于更新的目标需求，运用定量与定性相结合的方法，科学评价全市城市更新总体情况，以合理确定城市更新对象的空间分布和更新改造的总量规模，实现城市的经济效益、社会文化效益、生态环境效益和空间效益的综合发展。城市更新评价目标可以分为总体目标和分项目标两个层次，总体目标基于城市现状问题和发展需求而设定；分目标是对总目标的分解和细化，分解为经济、社会、生态和空间四个方面的分目标。每个分目标在评价体系中都有具体的内涵和要求：

　　（1）经济发展目标，体现为产业结构转型升级、经济持续增长和经济效益提高。

　　（2）社会文化目标，体现为提高公共服务水平、提升城市生活品质、保护地方文化遗存的要求。

（3）生态环境目标，体现为生态系统保护、环境可持续发展的要求。

（4）空间发展目标，体现为保障公共安全、优化空间结构、促进土地集约利用、完善配套设施和塑造城市特色等要求。

4.2 城市更新评价指标体系构建的原则和指标选取标准

城市更新评价体系的科学构建，从指标体系构建到具体指标选择，再到指标的动态更新及应用等各个环节，都应遵循科学性、综合性、可持续、实用性、层次性的原则。科学性就是要求更新评价客观地反映城市更新中存在的现实状况；评价指标的概念内涵必须明确，测定方法要标准化，统计方法应规范化。综合性，就是在评价指标体系的设计上应体现不同方面的评价要求。可持续性，就是评价指标应有动态性和时效性，能够根据形势和条件变化及时调整更新，保持更新评价的有效性和持续性。实用性，就是城市更新评价以满足实际应用需要为原则，保证评价指标的相对独立并有所取舍，选择具有代表性、通用性、易获得的指标。层次性，就是城市更新评价指标体系应由多层次的指标群构成，可分为目标层、要素层和指标层等；各个子系统之间应相互联系又相互独立，指标群逐级分解，层次分明。整个评价指标体系的构成紧紧围绕着评价目标层层展开，使评价结论能够反映评价目的。

更新评价指标的选择是评价体系构建的核心工作，需要设定指标的选取标准。评价指标并非越多越好，关键在于指标在评价过程中所起作用的大小。首先，更新规划评价指标体系要尽可能涵盖评价目标所需的基本内容，充分反映评价对象的信息；宜少不宜多，宜简不宜繁，以减少评价的时间和成本，使评价活动易于开展。其次，指标应区分强制性与引导性。强制性指标应具有明显的控制性，是一种刚性指标；引导性指标则可以适当引导，是一种弹性指标；这样可以使评价更加科学有效，更加真实地反映研究对象的差异性和可比性。其三，指标应具有独立性，每个指标要内涵清晰，相对独立；同一层次的各指标间应不相互重叠，彼此间不存在因果关系。最后，评价指标的选择和属性设置应具有动态性，可根据实际情况的变化，及时调整指标内容及作用力，保持指标对更新对象评价的价值。

4.3 城市更新评价指标体系构成

深圳城市更新评价指标体系由目标层、要素层和指标层三个层次构成。在指标体系构建逻辑上，目标层与更新规划的目标相对应，综合反映更新评价在经济发展、社会文化、生态环境、空间发展四个方面所期望达到的目标。在四个目标层下，分解形成十个要素层的指标及十五个指标层指标，建立图2所示的结构体系。

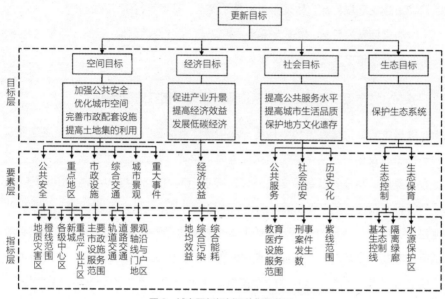

图2　城市更新规划评价指标体系

5　城市更新规划实施成效的评价方法

城市更新规划实施成效的评价应以规划目标指标体系为参照系，进行多个维度的系统评价。以下结合深圳开展的对"十二五"期间城市更新实施情况的评估工作，探讨城市更新实施成效评估的思路与方法。与城市更新评价指标体系相对应，更新实施成效评价也分为经济、社会、生态和空间四个方面展开。

5.1　经济发展

主要评估城市更新对于经济持续增长的贡献，包括固定资产投资、产业发展空间保障、用地效益、房地产市场等。以深圳为例，"十二五"期间城市更新占固定资产的投资达到 13.7%，2015 年占比达到 16.7%，对全市经济增长做出直接的贡献。"十二五"期间通过城市更新累计供应土地面积约 10 平方千米，有效缓解城市发展空间不足的压力。其中经营性用地的供应中，2015 年城市更新用地所占比例已接近新增经营性用地的 2 倍。到 2015 年底，全市已批更新单元规划项目可提供 9000 万平方米的新增建筑量；其中包括 1360 万平方米的产业用房，将为产业转型升级提供有力的空间支持。2015 年城市更新实现房地产市场供应占全市供应总量的 47%，一定程度上稳定了房地产市场。用地效益也明显提高。2014 年深圳单位建设用地 GDP 比 2006 年提高了 138%；地均工业增加值比 2009 年提高 100%；特别是以往使用粗放的原特区外工业用地效益明显提高。深圳土地经济效益指标与内地其他城市相比遥遥领先。

5.2 社会发展

主要评估城市更新对于社会建设和社会结构转型的影响。在硬件方面的评价指标就是民生设施改善情况。仍以深圳为例，"十二五"期间通过城市更新落实了一大批公共设施，包括众多综合医院、中小学、幼儿园、社康中心等公共服务设施和公交始末站、变电站等交通市政设施，打通一批多年难以解决的断头路，建成了一批新社区、新商圈、新地标，提升了城市形象；还通过城市更新提供保障性住房 280 万平方米。促进社会转型方面，通过土地整备、整村统筹等一系列关于土地收益共享的机制设计多渠道盘活原农村集体实际占有的土地资源，推动原农村社区彻底融入城市，完成原村民"人的城市化"。但以城市更新为手段处理历史遗留问题的方式也引起许多负面效应，如刺激了部分村民的博赔心理，违法抢建行为屡禁不止；对于拆迁补偿的要价相互攀比，甚至得寸进尺、层层加码，致使城市更新常常陷入"拆不动，赔不起，玩不转"的困境。部分城市更新项目中少数人通过拆迁补偿一夜暴富的现象，引起全社会对于城市更新中利益分配正义公平性的质疑。另外，原特区城中村的大面积被拆，大大挤压了低收入人群的居住和就业空间，不仅破坏了经济生态链，还加剧了社会分异的格局。而作为城中村的实际使用者——外来低收入群体，在城市更新过程中却没有表达利益诉求的机会，是对于弱势群体利益的根本忽视。

5.3 生态环境

主要评估城市更新对于保护生态系统安全的影响。在深圳，城市更新对于生态环境保护的作用不是直接的，但也功不可没。2005 年深圳为遏制建设用地的过快扩张和无序蔓延而划定基本生态控制线，至今已经坚守十二年。在增长动力强劲、需求旺盛的巨大压力下，城市更新的加快推进很大程度上缓解了建设空间扩张侵占生态空间的风险，有力支持了基本生态控制线的管理实施，在十分困难的形势下仍然维持了全市生态空间的总量平衡。

5.4 空间发展

主要评估城市更新对完善城市中心体系、优化空间结构的作用。深圳城市更新已经成为改变原特区外面貌、缩小区域差异、促进特区一体化的重要手段。近年来实施的更新项目大多集中在原特区外的副中心和重点发展地区，促进了多

层次的公共服务中心体系的形成和城市空间结构的优化。城市用地结构也得到
了优化，通过城市更新，与民生改善相关的公共设施用地、交通市政用地比例
不断提高；工业仓储用地比例逐步下降。但城市更新也带来空间发展的诸多问
题：市场驱动的城市更新以拆除重建方式为主，不断提高的项目拆赔比最终都要
转化为容积率和建设增量，导致城市空间不断增高加密；已有教育、医疗等公
共服务设施和交通市政基础设施不堪重负。城市更新客观上带来空间使用成本急
剧上升。由于新供应的商品房主要来自城市更新，新增居住用地严重不足和改造
更新成本的高昂成为房价飙升的一个重要原因，也给深圳的实体经济发展造成
不利影响。

6　城市更新评价体系的完善

以上关于城市更新规划目标体系和实施成效的评价，都是在总体宏观层面开
展的。在更新项目规划层次，深圳要求每个项目在编制更新规划方案时，都要同
步开展环境影响评价、交通影响评价等研究工作，有的还要开展产业适应性评估，
目的都是为了客观评估更新项目对城市产生的外部性影响。总体而言，深圳城市
更新规划评价体系综合考虑了空间、经济、社会、生态环境等各方面因素，是一
个较为全面而严谨的技术评价体系；但仍然反映出工具理性过强、价值理性和人
文关怀不足的倾向。但仅仅强调城市更新规划中价值评判的重要性，缺少科学合
理的方法和路径也无助于问题的解决。借鉴一些西方发达国家的做法，在更新规
划中引入社会影响评价（Social Impact Assessment，SIA），是进一步完善城市
更新规划评价体系、弥补城市更新中价值理性缺失的途径之一。

社会影响评价是分析、监测、管理城市开发过程中的社会结果的一种社会学
研究工具，从社会角度研究城市或地区开发行为对社会各阶层居民的影响程度，
分析受益者与受损者利益博弈的结果。其宗旨是关注社会弱势群体的福利，防止
弱势群体比其他群体承受更多城市发展带来的社会负面影响。分析内容包括人口
就业影响、居民生活方式影响、社会福利影响、社会文化影响、城市公共安全影
响等。根据唐勇等学者的研究，西方发达国家的社会影响评价研究也经历了一个
发展变化的过程。最初关注开发项目与社会人群的关系；之后逐渐转为研究城市
开发规划和政策对地方及区域居民的影响；再后来发展到对居民利益变化进行连
续的社会监测的综合性研究过程。社会影响评价实际上提供了一个政治缓冲空间，
让决策者和实施者与利害相关方通过合理的妥协让步取得共同的利益。因此，许
多欧美国家都十分重视社会影响评价的作用，将其作为增强理性规划和提高决策

质量的一个重要辅助工具。与环境影响评价、技术评价、经济财政影响评价等一样，社会影响评价也成为政府、非营利组织甚至大型企业决策的标准程序之一。

社会影响评价目前在我国主要应用于重大项目的前期论证中，在城市规划领域中还少有应用。近年来由于大型基础设施建设给居民生活带来的影响日益严重，社会影响评价开始向社会稳定风险评估转化，成为重大事项决策的一个重要程序。通过预测相关利益群体的容忍度和社会负面影响，提前预设风险防范和矛盾化解的措施，有利于维持社会的稳定。城市更新涉及众多权利主体的利益格局调整，对于社会各阶层的影响也是广泛而深远的。参考和借鉴国内外社会影响评价的理论和实践方法，总结其经验教训，探索适合城市更新活动的社会影响评价方法和路径，对于完善城市更新规划的评价体系大有裨益。

参考文献

[1] 李江，胡盈盈等 . 转期深圳城市更新规划探索与实践 [M]. 南京：东南大学出版社，2015.

[2] 孙施文 . 中国城市规划的理性思维的困境 [J]. 城市规划学刊，2007（2）：1-8.

[3] 陈锋 . 市规划理想主义和理性主义之辩划 [J]. 城市规划，2007（2）：9-18.

[4] 张磊 . 理性主义与城市规划评估方法的演进分析 [J]. 城市发展研究，2013（2）.

[5] 黄剑，慎志，毛媛媛 . 浅析西方社会影响评价及其对城市规划的作用 [J]. 国际城市规划，2009（5）.

[6] 唐勇，徐玉红 . 国外社会影响评价研究综述 [J]. 城市规划学刊，2007（5）.

[7] （德）马克斯·韦伯 . 新教伦理与资本主义精神 [M]. 郑志勇译 . 南昌：江西人民出版社，2010.

[8] 邹兵 . 增量规划向存量规划转型：理论解析与实践应对 [J]. 城市规划学刊，2015（5）：12-19.

[9] 邹兵 . 存量发展模式的实践、成效与挑战——深圳城市更新实施的评估及延伸思考，城市规划，2017（1）：89-94.

[10] 深圳市规划国土发展研究中心 . 深圳市近 5 年城市更新实施评估与检讨 . 2016.

刘奇志

LIU QI ZHI

中国城市规划学会学术工作委员会副主任委员

控制性详细规划学术委员会副主任委员

城市总体规划学术委员会委员

城市设计学术委员会委员

武汉市国土资源规划局副局长

规划实施与评估

　　城市规划（以下简称规划）业内人士在一起聚会时经常会听到这样抱怨的话："规划、规划，纸上画画、墙上挂挂、不如领导一句话……规划人员辛辛苦苦干了这么久 ，可表扬的时候却难得见到规划人的影子，而批评的时候几乎少不了规划的名字。"这些话无疑都是在诉说中国规划行业人士常常遇到的事业苦衷，大家从中可以感受到在中国城市做规划事业有多难。但社会公众却多不理解，听后经常会问规划师："领导为什么会推翻你们所编制的规划，社会上为什么不知道你们规划人士的辛苦？"仔细想想，我们这些诉苦都是在找外部原因，多在领导专制、社会认识上找问题，却很少从专业自身找问题、探根源，而事实上要真正解决问题则必须从自身来进行研究处理。这些问题的产生固然有多方面原因，但其中很重要的一点是：规划本是编制、管理、实施及评估的全过程，但目前行业咱们多只重视前期的规划编制及管理却轻视甚至忽视后期的规划实施及评估，而要改变这种被动局面、变被动为主动，我们就必须正确认识规划实施与评估的作用及功能，把规划过程补充完善，将规划事业真正做到底。

1　规划实施及评估不应被轻视

　　我们规划行业引以为自豪的专业定位是：城市规划为城市描绘了美好的未来。在百度上所能查到对"城市规划"的名词解释也是："城市规划是研究城市的未来发展、城市的合理布局和综合安排城市各项工程建设的综合部署，是一定时期内城市发展的蓝图，是城市管理的重要组成部分，是城市建设和管理的依据，也是城市规划、城市建设、城市运行三个阶段管理的前提。……城市规划是以发展的眼光、科学论证、专家决策为前提，对城市经济结构、空间结构、社会结构发展进行规划……具有指导和规范城市建设的重要作用，是城市综合管理的前期工作，是城市管理的龙头。"从这些话中可以看出，社会及我们自己对规划专业的定位都是在讲城市规划重点负责城市建设行为的前期，至于后期的行为似乎不是规划要负责的事情、可管可不管。于是，城市规划专业高度重视城市未来十年、二十年甚至百年的发展编制整体规划，多认为在编制完城市总体规划之后，城市就转入了依照规划进行建设的过程，规划工作基本完成。即使编制城市近期（五年）建设规划也只是总体规划的附产品，是依据总体规划、由远至近来考虑安排近五年要做些什么事情。目前，全国仅有少数城市的规划部门会配合地方政府的年度行动计划，依据城市总体规划、由近至远地编制年度建设规划。然而，大多数城市的发改委、建委、财政局等部门都会制定本部门的年度工作计划来作为市政府年度工作报告的有机组成部分，并经市政府及人大讨论通过后予以实施。问题常常出现在：尽管这些部门的工作计划都是按照城市总体规划甚至是按照近期建设规划来制定的，但政府一年辛苦下来的结果却是住宅建在东、学校设在西、医院立在南、道路修在北，老百姓住进去后发现生活极其不便时，规划主管部门作为市政府负责对各项城市建设行为进行统筹协调的单位自然难以逃脱市民及政府的问责。长期如此，规划人士辛辛苦苦所描绘的美好规划蓝图还能得到社会的好评、信任和实施吗？所以说，咱们规划行业在社会上听到的批评比表扬多，固然确有许多其他原因，但一定程度上还是我们行业自身只重视规划编制及管理，却轻视甚至忽视规划实施及评估所导致的。

规划实施及评估本应是城市规划的基础工作，也是将城市规划的理想目标、美好蓝图变成现实的重要手段。在《中华人民共和国城乡规划法》（以下简称《城乡规划法》）的第三章专门就城乡规划的实施提出了十八条要求，真可谓是《城乡规划法》中内容最多的章节，这也说明社会各方面都认为规划实施是城市规划中最应该重视的内容。可事实上，咱们规划行业自身对规划实施却重视不够：在规划学会、协会乃至行业工作大会及学术刊物上的交流中，有众多来自规划编制单位、管理部门的知名人士和文章，却很少见到来自规划实施单位和部门的人士及文章；在规划实施的各项城市建设具体活动过程中，也很少见到规划人士参与的身影，更难听到规划人士点评和指导的声音。可城市的复杂性、发展的变化性、建设的系统性决定了城市规划方案不可能一蹴而就，而应是一个根据城市的发展与运行状况不断修订、持续改进和逐步完善的决策过程。也就是说，城市规划不仅应在城市建设活动的前期编制规划方案时对建设活动予以统筹协调，还应在后期实施过程中予以动态监控，及时评估并根据发展进程中所发现的问题对原规划方案及时予以修订和完善；编制完成规划方案，才只是刚刚描绘出可引导城市未来发展大方向的建设蓝图，要想让规划所绘制的美丽蓝图真正变为现实，必须全面参与到规划实施的过程中去；城市规划不仅要在城市建设过程中进行动态的规划审批、监督和检查等规划管理，还需要定期对实施过程及效果进行规划评估，进而调整、完善规划，使规划能更顺利、切合实际地予以实施。所以说，规划不仅包括编制和管理，还应包括实施和评估，城市规划应该是编制、管理、实施和评估四个方面有机组成、相互融合的完整体。

规划实施及评估之所以不被重视，一定程度上是因为规划行业人士多来源于建筑学类，城市规划的基本理念主要还是建立在建筑学基础上的"蓝图型规划"，主要工作还是在为城市未来的发展建设描绘规划设计蓝图。尽管 20 世纪末引入西方 Zoning 理论，加强规划管理，规划改进成了现在的"导控型规划"，但潜意识里还是将规划设计与建筑设计相联系，规划实施被视如建筑设计之后的建筑施工，规划评估被视如建筑设计之后的建筑点评，规划实施及评估工作被认为是规划设计完成之后由建设方及社会所完成的事情，规划实施及评估似乎与规划工作并无直接联系，即使有，也只是规划设计人员关心自己的作品时顺路去看看建设现场、听听社会意见，为今后再编制类似项目积累经验和教训。可事实上，建筑方案完成之后，建筑设计师还要参与到建筑施工过程之中，还需根据施工所遇到的问题进行必要调整和完善，而城市规划实施的内容、范围及难度远超建筑施工，是成千上万项建筑施工、道路施工、基础设施施工、园林绿化施工等方面的综合，受规划影响、主动参与规划评估的人比受建筑影响、参与建筑点评的人更要多、对规划的影响更大，因为规划不仅是一项技术性的工作，它还涉及经济性、社会性、生态性、法规性等方面的工作，其中任何一方面的统筹与协调有问题时规划都应及时有所反应，否则规划的实施就可能变形或停止。所以说，规划应贯穿于城市建设的始终，规划编制、管理与实施、评估只是结合城市建设不同工作阶段重点有所不同的工作，但绝不是相互脱离的工作，前期的规划编制及管理与后期的规划实施及评估不仅不可分离且应相互支撑，规划编制及管理应为规划实施及评估创造条件、规划实施及评估更应为规划编制及管理进行调整和完善提供依据。规划体系应从过去重"蓝图"、现在重"导控"逐步向重"实施"、重"评估"直至重"全程"转变。

2 城市规划应该向"实施型规划"转变

城市规划的实施是涉及城市方方面面的事情，重"蓝图"、重"导控"的规划多是站在规划编制、管理的角度对所规划区域描绘发展蓝图、提出规划要求，至于如何实施规划则潜意识地认为应该由领导及建设部门根据他们的理解及分工去实现，问题常常就出现在这里：因为有关领导及建设部门只能根据他们所听到、看到的规划成果来理解与分配工作，他们的理解与规划师编制时的思考自然会有一定差距，尤其是各专业建设部门具体实施时主要还是从本专业的角度来思考，很少或不会再从全局角度来思考，倘若规划实施过程中专业与专业之间有矛盾，赶进度的专业部门可能会视而不见，而认真的专业部门则会交由上级领导来进行处理。专业部门若对已出现的矛盾视而不见，其结果必然会影响规划实施效果；而交由上级领导来进行处理的矛盾，领导又该如何处理？毕竟领导也有一定的专业性，若非要让他们马上决策，其结果很可能就是"一句话"；若要统筹协调，领导通常会让规划部门与相关部门一起来研究、讨论规划实施中所出现的问题，这就要求规划参会人员能现场处理或带回处理。无论是现场处理还是带回处理，若规划前期未做过深入研究分析，临时处理起来的难度可想而知。所以，规划应该在前期编制阶段就充分考虑如何实施，应该向"实施型规划"转变。

"实施型规划"不是规划类型的简单转变、更不只是在规划中增加实施的内容及要求，而应是规划思路及工作内容、方法的转变。它至少涉及规划三方面的充实和完善：首先，从规划思路上讲，规划不能重远轻近，不能只想着未来规划成什么样，而应该远近并重，要考虑清楚现状所存在的问题该如何处理才能变成美好的未来，即在规划编制过程中就应该同步考虑规划实施的内容、分工及进展，为规划实施创造条件；其次，在规划编制及管理过程中，不能只是简单地说按照规划方案来实施，而应该在规划方案中明确、在管理审查中理解规划管控的核心，而不是由具体实施者再去自由理解和猜测，要界定清楚哪些在实施过程中能调、哪些不能调，从而真正促进规划的顺利实施。当然，关键还是要真正认识到规划工作不只是编制与管理，而应该是全过程的参与，应能在规划具体实施过程中及时发现、了解和处理规划实施中的问题和矛盾，从而真正发挥规划实施的社会效果。否则，规划方案画得再美好、管理法规定得再严格，若实施不成，那就真如大家所说还不如墙上的一幅画。一幅画未成功，其所带来的还只是对画家自身时间和画材的浪费，而规划若因实施中出现问题而废弃，其所造成的社会影响及资源浪费将极大甚至还有可能贻害长远，因为政府及社会为实施规划均会投入较大的人力、物力、财力及时间、空间。

因此，"实施型规划"要求规划师加大对如何将规划美好蓝图予以实现的关注和思考，不能再只是在规划成果的后期对实施措施做些原则性描述，而应从完善规划编制体系、健全管理配套法规、明确规划调整路径、建立决策监督机制、进行实施效果评价等方面进行全面、深入、认真地思考。

完善规划编制体系是规划转型重点应该完成的工作。城市的规划编制体系应能全面分解城市发展所应把控的宏观目标要求，使规划的编制和管控更具有全面性和针对性，从而真正为规划实施提供完整的规划指导、为促进规划实施做好技术铺垫，这就要求城市的规划编制体系必须充分考虑结构的完整性。我国多数城市的规划编制体系通常都是由"城市总体规划—分区规划—控制性详细规划"等一系列法定规划所组成，它们是城市规划编制体系的核心和基石；但仅有这些还不够，因为它们主要还是在就城市空间及用地进行规划思考和管控，而城市规划要真正实施还涉及道路交通、市政基础设施、公共服务设施、城市设计、城市更新、历史文化名城保护、防灾避难、地下空间以及居住、工业、中小学、医疗、养老等诸多城市功能空间构成要素，这些功能要素的建设与管理基本上都有具体管理部门，这些部门多会组织编制或与规划部门联合编制这些功能要素的专项布局规划，以便对城市规划中涉及专项功能要素管理和实施的法定内容进行落实、补充或完善，从而出现了"多规"；这些专项功能要素的布局规划要能真正实施，不仅要符合国家及地方的相应管理规定，还应该适合城市特殊的地理环境和历史文化特点。各城市多还会根据城市及地区的条件之不同，组织一些结合城市地方特色进行的相关政策、技术标准规范等方面的研究，以确保这些专项布局规划编制的科学性、规范性和适用性，从而为规划编制和实施奠定良好的基础。因此，一个城市完整的规划编制体系应是由一系列法定规划所组成的"主干体系"、众多专项规划所组成的"支干体系"和因地制宜开展的"基础研究"所共同确立的"主干＋支干＋研究"的规划体系。同时，规划体系中不仅要有静态规划，还必须有动态规划，因为城市天天在发展变化，规划只有适应、配合这些发展才能真正得以实施。具体讲，法定规划多属于控制型规划，多表现为被动防守的规划落实机制，而要强化对规划实施的促进作用，还必须设法突出规划的战略主动引导。近年来，不少城市尝试在以法定规划为主的主干体系中增加了以实施型规划为主的近期建设规划和年度实施计划，将各类功能区域的分区实施规划纳入各支干体系、将城乡规划年度评估报告纳入规划基础研究，在不断满足实际工作需要的同时，也赋予了规划体系生长、繁衍的"生命力"，从而将规划编制体系演化为主动面向实施的规划编制体系。图1就是这些年武汉市所探索、实践的城乡规划编制体系框架。

3　城市规划需要及时进行实施评估

城市每天不一样，城市规划是根据对城市的历史发展分析和未来发展预测而编制的，它难以、也不可能在较短的时间里把城市未来发展的所有状况及问题全部考虑清楚。因此，能真正实施并变为现实的规划不可能是一挥而就的静态规划，

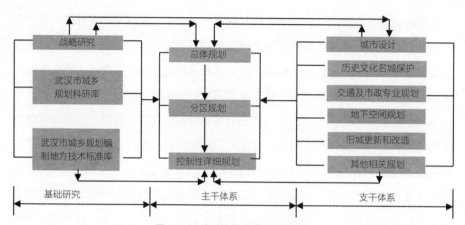

图1　武汉市城乡规划编制体系框架

而应是结合城市发展变化而不断调整完善的动态规划。规划如何才能及时发现并处理实施过程中所涉及的问题，使规划能及时予以调整完善呢？这就要求我们应该对城市规划的实施情况及时进行了解、分析和评估。

做好规划实施效果的评估是规划实施前后衔接的重要工作，现在虽也有规划评估，但多是等到下一轮城市总体规划要开始时才对上一轮城市总体规划的实施效果进行评估，它其实只是在新一轮城市总体规划开始之时所做的现状调研分析，目的是为编制新一轮城市总体规划发现问题、开启思路，以便在未来的城市总体规划中去解决问题。可生活在城市中的市民及领导都希望现实问题能及时发现并解决，更关键的是经过规划人士多年的努力，现在社会上都知道城市建设是在城市总体规划的指导下所进行的，当现实生活中城市出现问题时，即使市民及领导不说是规划所造成的，也不会允许我们现在不解决，而非要等到未来再编制新一轮城市总体规划时才去解决。所以，城市规划需要及时进行实施评估，我们应该学习常人每年进行体检的策略来对城市每年的规划实施情况进行年度评估。事实上各城市的发改委、建委、财政局等部门以及市政府在制定年度行动计划之前，都先对前一年的行动计划实施情况进行了评估分析，再在此基础上编制下一年度的工作计划并经过市政府相关部门及人大讨论通过后才予以实施。因此，规划年度评估不仅是全社会对规划实施效果进行检查所提出的要求，也是我们规划行业自身为实现专业完善和品质提升所需要做的事情。

规划评估，应该是城市规划的重要环节，是城市结合规划编制的核心目标、内容及实施进展与国家标准、兄弟城市实施进展等方面所进行的对比分析、研究，重点是归纳、总结城市规划的核心内容建设按照规划所实施的进度，分析规划核心内容的实施效果及所出现问题的原因，并结合分析提出下一步解决问题和更好发挥规划实效的工作建议。但长期以来，由于规划重视前期而轻视后期，评估工作基本上就是规划编制的前期现状调研分析，而且主要作为规划内部之用，多在做规划结构、理念、方案等定性的图形分析，而能让社会所理解的定量数据分析则做得较少，其结果基本上就是规划评估报告被规划人士讲得津津有味而社会大众却听不明白，给人一种听中医大师说病理分析的感觉，最终就算规划师找出了实施中所存在的问题，可社会公众不理解、相关责任方面不认可，规划实施还会继续受到阻碍。之所以会这样，与多数规划师是受建筑学类教育培养的潜意识影响、偏重于看图说话，热衷于讲技术规模、规划原理有一定关系，与规划评估所需数据涉及面广、收集困难及时间限制的影响也有一定关系，当然更关键的是，与我国目前尚缺乏一套能真正考虑规划内容、管理需求、统计条件、社会影响等因素，基于用地空间、反映规划导控能力、范围和深度的评估指标体系有很大关系。

近些年来，大家就规划评估指标做了不少探索，概括起来我认为规划评估应重点考虑：发展规模、用地空间、宜居生活、产业建设、道路交通、生态环境、历史文化、基础设施等八个方面。因为发展规模是规划编制的开端、专项规划的依据，用地空间是规划把控的核心、建设实施的表现，宜居生活是规划编制的目的、社会考评的重点，产业建设是城市经济的动力、社会关注的要点，道路交通是城市运转的命脉、居民生活的工具，生态环境则是城市发展的基础、生活质量的体现，历史文化是持续发展的源泉、城市品质的表现，基础设施则是城市运转的支撑、日常生活的保障。这八个方面是规划编制的结构要素、规划实施的重要内容，也是社会最关注的核心问题。当然每个方面所涉及的城市规划评估指标则可能有多项，每个城市还可根据规划的目标、结合实际需要再具体细分这八个方面的评估指标。如就发展规模而言，仅人口规模就可有全市总人口数、常住人口数、流动人口数、建成区人口数、功能区人口数、社区人口数、入学人口数、就业人口数、老年人口数等诸多与规划相关的人口数据，至于每个方面的评估指标则主要还是按照可解释或衡量规划中目标、具有用地空间意义、年度更新性和通俗易懂的原则来确定。

评估指标体系确定后，评估指标的获取成为了大家关注的热点。事实上目前随着网络技术的发展、社会管理的强化，许多过去规划分析需要却难以获取或需要很长时间才能获取的城市动态数据，现在随着智慧城市管理网络的发展已较方便获取，或者说已有数字专家们在帮助规划行业做这方面的探索。我反倒觉得如何定性与定量相结合地进行规划评估分析则是我们规划行业当前应该多考虑的事情，特别是定量分析方面还有许多理论、方法需要去探索。客观讲，尽管目前规划行业已应用了一些定量分析的方法，但还不够，其实大多还停留在定性分析的层面，如目前许多城市在规划中已就教育、医疗、绿地、公交站点等公共服务设施开始做服务半径覆盖率分析，这比我们过去凭视觉判断的规划分析已经前进了一大步，但这其实还只是在做城市平面、均质的画面统计分析，而事实上城市的立体化发展已造就了城市居住、就业密度的非均衡性，小范围内可能有大规模的服务对象而大范围内也许只有小规模的服务对象，所以说现在很多规划定量分析还只是做到了平面分析的程度，还未做到与城市发展实际相符合的立体分析深度。此外，评估指标的数据比较方法也很关键，目前，大家用得比较多的是对各项评估指标与国家标准的静态值比较，这主要还是从规划发展目标的角度来看现状差距；而要从实施的角度来看，则更应该结合城市的发展来进行年度纵向比较以及与国内外城市的横向比较，因为发展会有一个过程，对与国家标准有差距的城市来说纵向比较可以让他们看到进步、更加努力，对已超越国家标准的城市来说横向比较则可以让他们看到与国内外先进城市还有差距，尚需努力。当然评估结果的表述也很值得思考，目前的评估表格及阐述多还只是专业人士能看清楚却难以让社会公众弄明白，这方面我们真要学习医疗的"体检表"，怎样让人一目了然。武汉市在对全市教育服务分区评估后，尝试借用了交通信号的红黄绿灯表现法，对全市教育服务分区评估结果按红、黄、绿色来表述该服务区的中小学教育规划目标是"未达到"、"趋近"或"达到"，教育主管部门、所在区政府及社会居民能立即知道中小学教育配套结果，国土规划部门能依此来决定该分区内是否能再出让居住用地及督促区政府强化建设教育设施，从而对规划实施策略进行有的放矢地调整和优化，使规划目标能更好、更早地实现。

4　规划实施及评估需要全社会的参与和努力

规划实施及评估是规划行业的事情又不全是规划行业的事情。因为城市是大家的，城市规划行业只是城市组成人员中很小的一部分，规划人员无力也不可能仅靠自己把规划全部实施完成，规划的实施有赖于全市人民的共同努力；规划评估需要规划行业重视、完成，更需要能体现全市人民的呼声，因为他们才是规划真正的用户。"规划的实施及评估需要全社会的参与和努力"，这句话如今已能时常听到，但现实进展距全社会真正地参与规划实施及评估还很远。因为在多数市民眼中：规划编制是规划部门应重点思考的事情，他们请我们来参与讨论就说一说，不请我们也不想去凑热闹；规划展示馆是规划部门展示他们成果的宣传阵地，我们来看看主要还是为了解我们家庭周边未来会是什么样；规划的实施是市领导抓、相关责任部门做的事情，与我们无关、我们也做不了；规划实施的好坏是与我们生活直接相关联，但我们说了也没用，还是新闻媒体评说才有影响……这些话明显反映了目前社会公众尚认为城市规划是一项专业技术工作，还没觉得规划是城市生活的有机组成部分，是他们应该参与实施、评估、思考和努力完成的事情。

客观讲，这些年来公众参与城市规划在中国确已有很大进步，但公众多数时候还是结合兴趣和关注点来参与规划，还没有真正觉得这是其生活中的日常事宜，规划师们也多还是在规划编制及方案确定时为使自己的作品能做得更好而去听听社会意见，还没有真正觉得这本就应该是与公众一起来完成的事情。所以，在中国要真正让公众参与到城市规划中来尚有许多事情要做。

首先，要让公众真正树立规划意识，规划尚需要强化普及、宣传、教育，让市民和规划师都认识到规划不是为了画着好看、说着好听，而是为了让市民生活得更加美好。城市规划仅靠规划师们在有限时间、局部地区去做些调研肯定是不够的，只有让市民能全过程地自愿参与到规划的立项、编制、研讨、管理和实施中来，规划师才能真正了解和满足公众意愿、真正做出适应城市发展需要的规划。规划部门举办的规划展览、宣传活动能发挥一定的作用，但远还不够、影响面还很有限，"科学教育要从娃娃抓起"，规划也一样，若能让市民从小就了解城市规划知识，掌握区域综合统筹协调、历史文化和生态环境资源保护等基本规划理念，规划再编制、管理及实施起来就要方便许多。近年来，武汉规划展示馆尝试举办了少年儿童规划讲解员选拔及培训活动，使一批少年能给更多地青少年用他们易懂的语言和方式来介绍规划知识，让更多的学校和学生了解武汉规划，从而收到了较好的规划普及和宣传效果。

其次，各级政府和相关责任部门都是规划实施的有机组成部分，相互之间应该建立起规划实施的协作机制。无论是专项规划还是综合规划的实施都会涉及城市的方方面面，各级政府和相关责任部门之间的规划会有许多交叉，若各自只从自身角度思考而不考虑与其他相关政府及部门的合作，其规划的实施肯定会或难以推进，或难以发挥社会效应。如体育部门若只根据上级要求、强调要加强足球场地设施布局规划建设，可国土部门无用地指标、地方政府征地拆迁久未启动、交通部门难配公交……其规划实施的结果不言自明。若各自只从自身角度思考而不考虑相关政府及部门的利益及现状，政府及部门相互之间合作不当，甚至错位，其规划的实施更会遇到重重障碍，造成不良影响。如两相邻区政府之间若未就共用城市干道的拓宽改造协调好进度和工作，或是这一区的道路施工可能影响到相邻区的重大活动出行，或是这一区的道路拓宽改造施工完成而相邻区尚未启动，其结果及社会影响肯定不好，而且还可能给城市建设造成极大地浪费。

当然，更关键的是要真正建立起社会参与规划的交流平台。城市是大家的，规划实施及评估工作仅靠一组人、一群人去操作，难以代表大家、更无法真正让全市人民满意，因为这真如同盲人摸象一般，无论是操作方还是评估方掌握的都难以全面，而只有让全市人民能在一起交流规划建设进展、了解国内外发展水平、评论规划实施效果、阐述规划完善意愿、讨论确定实施方案，规划再实施起来才能真正代表全市人民的意愿、做成全市人民支持的事情。这在过去听起来是玄而又玄、难以做到的事情，今天随着信息化网络技术的发展已有可能做到。武汉近年就此做了一些尝试：通过规划"一张图"系统与几十个政府相关部门建立起规划共享平台，使政府相关部门能相互交流规划资料、同时掌握和执行同一份规划；通过社会网络向市民公开城市规划"一张图"，让全体市民能清晰地了解全市规划布局、共同维护城市历史文化和生态环境资源；集聚科研群体力量，建立了武汉城市研究网络，让科研、教学、政策、法律等方面的社会团体来共同研究讨论规划议题；还利用手机的微信技术建立了"众规武汉"平台，让市民能更及时、全面地了解规划进展、参与规划研讨，也使规划师们能更便捷、更多地了解到公众规划意愿。

规划实施与评估还涉及城市的诸多方面，如国家政策、政府机构、资金运作、社会宣传、地方法规等都是在规划实施及评估中应予以认真关注和思考的问题，限于时间及经历，我这里主要还是结合工作实践感受与大家进行交流，个人观点、仅供参考！

参考文献

[1] 住房和城乡建设部关于印发《城市总体规划实施评估办法（试行）》的通知 建规 [2009]59 号 .

[2] 林立伟，沈山，江国逊 . 中国城市规划实施评估研究进展 [J]. 规划师，2010，26（3）.

[3] 赵中元，魏正 . 城市规划实施评价范式内容探讨——以武汉市规划实施评价实践为例 [C]. 中国城市规划学会年会，2012.

张剑涛

ZHANG JIAN TAO

英国利物浦大学城市规划博士
中国城市规划学会学术工作委员会委员
广西环球时代股权投资基金管理中心执行合伙人

我国城市发展的变革以及规划的理性应对

中国城市近三十年间的快速发展，城市规划是主导力量之一。但是对于城市规划作用的评价参差不一。城市发展是否由规划引导？如何规划？规划是否有效？这一系列的问题的核心因素之一是城市规划的理性认识和应对。

1 我国城市发展的社会经济条件变革

中国城市经过改革开放之后的快速发展和分化，城市发展形态、模式和动力已呈多元化，计划经济模式下的城市规划模式与城市实际发展的不匹配与不适应日益明显。传统按照城市人口、用地规模，产业类型，区域分工对城市进行分类，由政府制定目标，自上而下逐层分解的规划体系与现时区域、城市之间竞争加剧，资源产业市场化配置和流动的大趋势脱节。因此认识和分析当前城市发展的社会经济条件，把握城市发展的方向和趋势是规划理性的基础。

我国社会经济的市场化对城市发展的主要影响体现在人口的跨区域流动和集聚，资源的市场化配置，产业的集聚、细分和变化，社会阶层的分化和集聚，空间的分化和重组，城市的同质化和异质化竞争，城市的分化和大城市扩张。这些对宏观、中观、微观层面的城市规划都有深远的影响。

随着户籍制度的改革和放开的加速，就业市场的区域化和全国化，社保尽快的全国联网，人口在全国范围内的跨区域流动以及向全国中心城市和区域中心城市的集聚已是明显和不可逆的趋势。这种人口流动数量巨大、时间周期短、地域范围大，我国传统城市规划的静态人口预测以及建立在其基础之上的城市用地规模、就业、市政、公共服务等明显无法适应人口的这种变化趋势。预见人口的变化趋势、数量、周期以及建立与之相适应的规划理念、模式和技术途径凸显其重要性。

社会经济市场化的一个重要特征就是资源的市场化配置，各种资源向效益最大化的城市和区域集聚。这与我国传统计划体制下的资源平均分配区别显著。传统城市规划的资源分配模式需要调整适应当前资源自发的流动集聚特征，以促进资源更好地发挥效用，同时缓解资源不足的城市和区域的资源配套问题。

当前产业的发展更多地遵循市场规律，向产业链集聚和效益优化城市和区域集聚，跟随产业整体转移而流动是明显的特征。新兴产业发展迅速，产业分化和整合的速度远远超过之前模式。产业的发展、转化和消失速度出乎预料，特别是高新科技产业和新兴服务行业的繁荣和变化已超出大部分人的预料。传统的产业规划和城市规划已难适应当前的产业发展趋势。

社会经济巨变造成了社会阶层的明显分化和阶层内部的细分。社会分层对工作、生活、消费以及相应的城市公共服务、空间场所影响显著。传统城市规划仅按照职业对城市人口进行划分，不同城市功能区的简单划分已远远不能满足当今城市社会不同阶层对于多样化和区别化城市活动空间的需求。

中华人民共和国成立至今，我国的绝大部分城市还是功能分区明显，大部分城市用地性质一旦明确后长期不变，这造成了城市空间的粗放和僵化。在城市人口、社会、经济变化加速的当下，城市空间的变化和重构也日益明显。城市规划需要适应这种发展趋势。

随着我国各地经济的发展，城市和区域之间的竞争日益激烈。城市、区域之间的同质化和异质化竞争明显。条件、规模、发展层次相近的城市不仅在各相似方面明争暗较，同时也主动求变，希望通过差异化优势取得竞争先机。这种充分市场化城市竞争和区域竞争对城市规划提出了更高的要求。城市规划已不能停留在传统的自上而下、逐层分解的计划模式，而需要主动适应城市发展和竞争的个性化、多元化需求。

市场流动和城市竞争的结果是我国城市出现了明显的分化，体现在城市规模的多层次，城市功能的多样性，城市竞争力的多等级。在此基础之上，我国城市分化的一个显著特征就是大城市化，即少数全国中心城市和区域中心城市发展速度超过其他城市，它们的资源集聚和竞争优势日益明显。这也是城市发展历史和全球范围内城市发展的规律。这种大城市化的规律在亚洲国家特别明显，有其深刻的社会文化和经济基础。

2 影响我国今后城市发展的主要因素

社会经济条件的变革形成了影响我国今后相当一段时期内城市发展的主要因素，包括人口老龄化和减少，第三次工业革命，大城市化，生活、工作和消费模式，社会阶层的碎片化和个体化。

我国整体人口增长的拐点已经日益明显，低生育率和快速老龄化形成人口增速快速放缓或减少和老年人口比重迅速增加。传统城市规划人口和用地规模持续扩张的模式，城市人口的重点在劳动人口的理念明显与此现实脱节。

目前全球范围内，工业发展已进入第三次产业革命阶段。第一次工业革命是解决工业产品从无到有，从农业社会进入工业社会；第二次工业革命是解决工业产品从少到多，实现大规模标准化生产；目前的第三次工业革命是解决由多到精，适应日益个性化的产品需求。第三次工业革命业也带动了服务业的革命性发展，所有产业迅速分化、扩张、融合、转型，不少产业甚至快速发展之后迅速消失。我国和发达国家一样正面临着第三次工业革命带来的产业大发展和转型。传统规划中的产业周期以及与之相关的人口、用地、空间、服务等已经明显不能适应当前的发展现实。

大城市化已是我国城市发展的一个明显趋势，虽然国家政策控制大城市发展，鼓励中小城市发展，但是历史规律和全球趋势都证明大城市的资源集聚和竞争力提升是必然趋势。城市规划如何应对大城市发展过程中出现的问题，促进大城市良性的发展是今后的主要课题之一。

随着出生人口日益减少，物质条件的迅速提升，与老年化问题相对应的是城市青少年人口在物质条件充分满足的前提下，日益个性化、多元化的发展趋势。随之而来的是他们的生活、工作和消费模式与前人差异日趋扩大。我国传统城市规划假设人口匀质化，基本不考虑个体差异。这种理念需要改变以适应今后城市主体人口的个性化、多元化差异。

与城市人口个性化、多元化密切相关的是城市中社会各阶层的碎片化和个体化。城市规划需要预见复杂性、增强包容性，以应对城市人口的这种长期发展趋势。

3 适应我国城市发展的规划理性思维

面对我国城市社会经济发展的变革，城市规划的理性应对是清晰地把握今后城市中长期的发展趋势，为城市的健康发展提供引导和支撑。

改变我国传统计划模式中产生的城市规划模式，其中刚性的规划指标，以及指标从国家到省市到县区的自上而下的逐层分解分配，这种理念与途径与当前城市之间同质化和异质化竞争激烈，城市内部个性化、多元化分裂明显的发展现状和趋势差异显著。着眼城市发展现实，今后城市规划的重点应从指标转向城市发展机制，传统的以指标为纲的规划理念需要改为以各个城市特色为基础的注重对外竞争性发展、区域协调，对内自我培育、调整机制为抓手的规划模式。

认识到今后城市的发展是迅速、多样、多变，城市不再是流水线规划和建设的产品，需要改变我国传统的静态规划、刚性规划、线性规划理念。动态规划、弹性规划、兼容性规划是适应今后城市发展的理性规划模式。合理预测城市今后发展的多个阶段、多种方向、多种可能，为城市发展的不同阶段、不同可能提供可预测的促进和支撑。

为了适应城市发展潜在的多样性，城市规划的理念需要从上限式改为下限式，即以发展指标主导的指令式规划改为以明确发展限制为底限的包容式规划。当前城市发展迅速多变，城市的长期明确指标难以预测，预测不准反而限制了城市的发展。因此城市规划更宜理性地为城市的发展提供负面清单，明确城市发展不能触及的底线，同时鼓励城市未来发展的多样性，不设定上限。规划形成根据城市发展自身滚动调整的理性机制。

袁奇峰

YUAN QI FENG

中国城市规划学会常务理事
学术工作委员会委员
乡村规划与建设学术委员会副主任委员
全国高等学校城乡规划学科专业指导委员会委员
华南理工大学建筑学院教授，博导

杨 廉

YANG LIAN

博士，广州中大城市规划设计研究院有
限公司三所副所长，高级城市规划师

梁小薇

LIANG XIAO WEI

博士，广州中大城市规划设计研究院
有限公司城市规划师

尊重区位规律，理性引导发展
——以佛山市三水新城规划为例

如果没有 2012 年的规划，三水新城现在还会不会成为佛山房地产开发的热土？回答这个问题，就要回到我们 2011 年底开始的城市发展战略研究，以及我们为什么会提出建设"三水新城"这个议题。

1　重新发现"三水"

三水区地处佛山市西大门，西江、北江在这里汇合又分流，自古是"小珠江三角洲"的西北端点。得益于丰富的水资源，三水在历史上一直是岭南典型的鱼米之乡、农业大县。民国时期，三水是西江、北江客货水陆转运省城广州的集散地。1903 年，广东第一条省营铁路就是"广三铁路"，1909 年还在这里设立了"三水海关税务司公署"。

改革开放后，三水进入县属国有工业推动的工业化时代，1984 年，国营企业三水酒厂开发出"健力宝"，成就了珠江三角洲食品工业"珠江水、广东粮"的"东方魔水"传奇。鼎盛时期，健力宝税收占到三水市财政收入的 80%；另一方面，大量人力、物力和资金涌到单一企业，结果抑制了三水民营经济的发展和产业的多元化，而企业经营的波动则直接影响城市整体经济和社会的发展。对比兄弟城市南海、顺德错失了很多发展机会。

到 2011 年，三水区实现地区生产总值 666.2 亿元，三产结构 4.7：70.3：25，主导产业为陶瓷、化工、食品饮料；在引进可口可乐、红牛、青岛啤酒、百威啤酒等知名企业背景下，三水饮料产业仍然占税收 19%、工业总产值 8% 的比重，初步实现了经济的多元化，外向型经济框架初成。然而环顾左右，三水在佛山五区中却显得有些尴尬，GDP 总量排名长期排在倒数一、二名。如何走出一条符合地方实际的城市发展道路是摆在当时三水区政府面前的一道难题。

1.1　区位再造

2008 年，广东省政府会同国家发改委颁布了《珠江三角洲地区改革发展规划纲要（2008—2020 年）》，设想在珠三角地区内部形成"资源要素优化配置、地区优势充分发挥的协调发展新格局"。2009 年 3 月，时任广东省委书记汪洋提出在珠三角地区建设广佛肇、深莞惠、珠中江三个经济圈的战略构想，并将广佛同城化、广佛肇一体化作为推动区域一体化发展的突破口和抓手，以优化结构谋求新发展、以整合内生力量主导发展。

借鉴东京大都市圈发展的四个阶段：①构筑强核：1956 年，日本政府实行"都市圈整顿方案"，规定以东京为中心，在半径 100 公里以内的地区构建"首都圈"，目的是通过工业化来构筑强核，形成区域增长极。②轴向拓展：1968 年，第二次大东京都市圈建设规划实现了东京中心区大规模城市改造和城市外围地区的开发建设，东京以郊区化的形式向外沿轴拓展。③布网结节：1976 年，第三次东京都市圈建设规划出台，提出在首都圈分散管理功能，建立区域多中心城市的设想，意图是通过区域性基础设施的完善，实现城镇群的网络化。在此阶段，资源要素会沿着成片成网的基础设施自由流动，寻找成本的洼地和服务的高地；流入的城市发展壮大成为区域性节点，而流出的城市则不免衰退。④多中心整合：1986 年，第四次大东京都市圈规划之后，各城市节点由综合职能转变为专一职能，走差异化道路参与区域分工，由"全能冠军"走向了"单打冠军"，最终东京大都市圈稳定于东京主城和周边的一系列"特色化高地"组成的一体化地区。

对比东京都市圈，目前广佛肇正处于都市圈发展的第三阶段。作为珠三角一体化的先导，基础设施一体化已经成为广佛肇一体化的突破口。围绕着高速铁路、城际轻轨等区域性交通设施的快速建设，网络化的基础设施使得"半小时经济圈"初步成型——区域的尺度得以重构，区内各城市的功能面临重组，区域的整体功能也将随之重置。对于区内城市来说，要么抓住机会做大做强，要么在"马太效应"下成为别人的附庸。

1.2　战略机遇

得益于广佛肇经济圈一体化，当时刚刚建设完成的佛山一环、珠江三角洲二环和正在建设的三环高速公路使三水北接广州白云国际机场、南达南沙深水港，而广佛肇城际轻轨更把三水北站到广州站的时间距离压缩到 39 分钟，三水的区位条件在不知不觉中发生了急剧变化。在网络化的区域结构中，三水具备三大明显的区位优势：

其一，位于广佛肇城市发展主轴上。这条轴线由东向西串联了增城、萝岗、广州主城区、南海沥桂新城、佛山机场和西客站、南海狮山、三水、肇庆大旺以及肇庆主城区，构成整个经济圈的"主脊"。地处广肇之间的三水将有机会在这条主轴上寻求分工，在居民收入快速增长、需求多样化的背景下，服务广佛高收入、高消费人群，发展都市休闲度假、商务会议，"宜居、宜业、宜游"成为三水发展"高地"的机遇。

其二，在广佛肇经济圈，沿着珠江三角洲二环和三环高速公路出现了三个大型产业聚集区：萝岗—增城产业集聚区（两个国家级园区）、南沙产业集聚区（国家级园区）和狮山—大旺产业集聚区（两个国家级园区）。其中，萝岗—增城产业聚集区、南沙产业聚集区由广州市配套萝岗新城和南沙新城作为产城融合的配套服务区。狮山—大旺产业聚集区 2011 年工业总产值已达 2261.72 亿元，加上三水的工业总产值 1867.5 亿元，总量达到 4129.22 亿元，周边区域雄厚的产业基础对三水服务业的巨大需求作用将会日益显现。

其三,三水是本地区传统的服务中心地。在历史上，三水就是周边很大一个农业地区的服务中心，远离中心城市的区位条件使得三水城区凭借完善的服务设施体系长期以来吸引着周边村镇和工业区大量村民和居民来就医、购物、休闲。对比"从无到有"的南海狮山中心区，三水如何善用优势，在竞争环境中优先把服务业"从有到好、从好到强"，这需要从战略高度来认识。

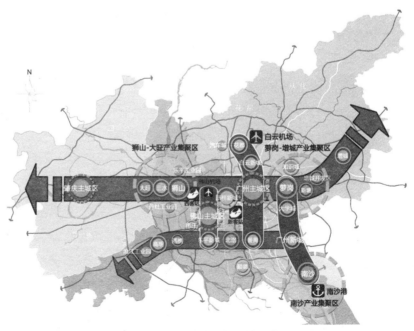

图 1　广佛肇经济圈空间结构示意

　　区位条件的改变使三水的资源价值得以重估，凭借已有的优势，三水有机会利用区域要素集聚的时机，利用自身优势，优化结构、创新模式，乘势而上。

1.3　战略选择

　　借鉴东京大都市圈边缘地区发展经验，在"布网结节"阶段，应该目标明确地指向"特色化高地"，走差异化、特色化的道路，从追求"全能冠军"转而成为"单打冠军"，与周边城市的关系从"竞争"走向"竞合"。

　　广佛肇区域格局的剧变将决定未来相当长时间里城市在区域中的角色和位置。若抓住机会，崛起成为区域级或次区域级的中心，城市将获得长期稳步的发展；反之城市只能充当资源要素输出的洼地。

　　要么成为高地、要么沦为腹地，三水发展战略面临关键时刻。

　　2011 年，获得机会介入三水城市发展战略研究，我们认为在区域变革的关键时期，三水应精明地采取"筑特色高地、造服务之芯"的战略，在区域结构大调整、大重构中抢占先机。

　　筑特色高地：借助区域一体化的机遇，挖掘自身的优势条件，以"构筑特色高地"为战略，努力培育立足区域的专业职能，寻求三水在广佛肇经济圈中的角色与地位。

　　造服务之芯：在狮山—大旺产业聚集区中，凭借已有的传统中心地优势，以"打造服务之芯"为战略，成为区域多中心体系中的一员，为周边产业区提供服务，强化自身的区域地位。

　　三水必须采取新的手段，有所作为，抓住机会，完成"洼地"到"高地"的跨越，若错过区域变革过程中的发展良机，则将会被其他城市赶超。

2　融入区域、争创高地

　　三水曾经在 1993 年"撤县设市"、2003 年"撤市设区"后编制了两轮城市总体规划，希望将三水建设成为"珠三角西、北江交汇处的园林城市，广佛都市区西部交通枢纽及旅游、会议、培训基地，三水区的政治、经济、文化中心"，重点建设中心城区，形成"一江两岸、多片区"的组合型城市结构。在空间上，城市以向西、向南发展为主，以西南片区为核心：一方面向西推动工业园区改造更新，建设区级行政文化中心，连接河口片区；另一方面向南跨河建设江南片区，形成一江两岸的滨江城市格局。

　　然而，从长远发展来看，中心城区西进存在城市后续空间拓展潜力不足的问题。首先，河口曾经是三水县城所在地，自抗日战争被炸毁后又逐渐形成了面积较大

图2　2003版城市总体规划土地利用规划图　　　　　　图3　城市西进、南拓的困境

的建成区和工业区，须通过旧改才能启动二次开发；其次，即使费尽心力纳入河口，受高速公路、铁路的分割及矿区采空区的影响，再无向外拓展的可用之地。因此，中心区西进获得的空间红利不大。

　　而向南发展固然可利用土地充足，但必须首先解决跨江通道的问题。仅靠区级政府自身的财政能力，难以支撑巨额的桥梁建设费用，夹江发展的成本过高；且由于西、北江防洪堤高过城市地坪3到5米，也难以形成临江滨水的城市特色风貌景观。

　　中心城区用了30年由只有两条"筷子街"的小县城发展起来，但是城市空间的基本格局无法承担起区域发展的要求。在区域层面上，三水整体上仍然是一个"自转"的县域经济单元，经济社会发展难以分享到区域一体化的红利。

2.1 三水新城，建设广佛肇绿芯

　　基于广佛肇经济圈一体化发展的远见，我们在2012年的发展战略研究中提出：三水应在区域尺度重构、功能重组、结构重置的过程中，抓住产业转移和消费结构升级的机遇，通过特色化、专业化发展在区域竞争中抢占高地。为达到此目的，我们提出在西南城区北部建设"三水新城"，举全区之力构筑一个战略机会空间，以新空间锁定新机会，通过做大做强中心城区重构三水。

　　三水新城的建设考虑几个关键要素：广佛肇轻轨、乐平工业园区、云东海、（南海）狮山工业园区，都是新城可以借力实现跨越式发展的基石。

广佛肇城际线云东海站位于中心区北面，周边地区应该是三水融入珠三角核心区域的重要机会空间。

云东海具有良好的生态环境和丰富的景观旅游资源本底，经过多年的开发建设，森林公园、荷花世界等景点颇具影响，已成为了三水的名片及面向珠三角地区的区域房地产品牌。

乐平工业园把握住区域工业区位改善的机会，政府主导基础设施、提供优惠政策，以产业园区招商引资获得巨大发展，目前集中了三水区的大部分重点工业项目和知名企业。

属于南海区的狮山工业园区是现代制造业产业基地、佛山市高新技术产业开发区。乐平工业园也按市政府安排加入佛山高新区核心园区行列，共同成为以光电、高端装备制造、汽车汽配、新能源汽车、节能环保、生物医药、新材料等产业为重点的国际技术转移中心。

由于这些城市发展要素不断向中心城区北面聚集，该地正是三镇街交界的结合部地区——西南中心城区以北、云东海以东、乐平以南的地段，最适合建设"三水新城"，能够有效融合西南街道的服务业、云东海的生态、乐平的产业优势，形成产城互动的新城市格局，支撑三水的长远发展。

三水新城地处狮山—大旺产业聚集区的地理几何中心，在区域分工的背景下，有机会以全区之力，凭借传统的服务中心地位，在生活服务功能基础上衍生出法律，会计等专业服务，信息和中介服务，金融保险服务，贸易相关服务等生产者服务功能，为周边产业园的制造类企业的生产、制造提供配套服务，从"传统中心地"转变为"狮山—大旺产业聚集区"为生产者和居民服务的"服务之芯"。

我们编制的 2012 版城市总体规划，通过开发三水新城落实了"做强做大中心城区"的战略，形成"山环水绕、一城三片，绿廊相嵌、组团相间"的空间结构，促成产城互动、山水融城的新城市格局。与此同时，三水新城作为城市发展战略的核心、引擎和抓手，使得政府有机会在全区层面进行空间战略、用地布局和资源配置的整体统筹。

2.2　南国水都，建设特色空间载体

根据 2012 版总体规划，《三水新城核心区城市设计》划定三水新城核心区为广三高速以北，西大路、云东海大道以东，西乐公路以南，塘西线、三水行政边界东段以西的 57 平方公里用地。

三水最具特色的本地资源是水，大江环绕、河网池塘密布，可充分做活水文章，将三水新城打造为"南国水都"，改变城市"滨江不见江,临水不亲水"的现状，从"滨

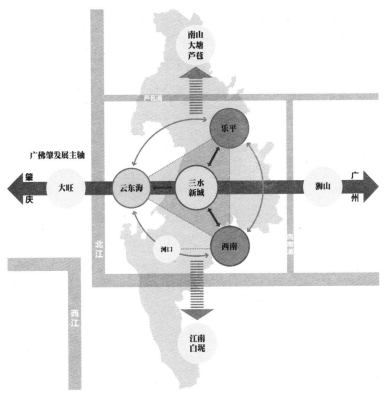

图 4　三水新城——捕捉区域机会的战略空间

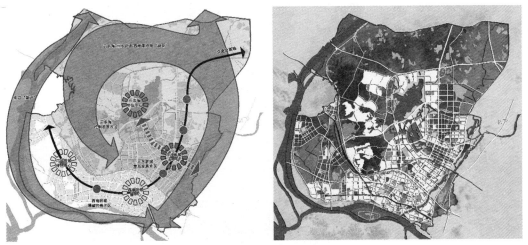

图 5　2012 版城市总体规划

江城市"走向"滨水城市",真正实现三水市民临水、亲水的愿景。

三水新城基地内西有云东海、东有西南涌,区内河网密布,具有典型岭南地区风貌,位于中部的三水荷花世界是目前国内规模最大、品种资源最丰富的荷花专类公园,为打造"南国水都"奠定了区域品牌基础;工业建设用地主要沿南北向南丰大道分布,并主要集中在西南科技工业园一带;村庄建设用地以村镇居住用地为主,农村居民点较为分散;可以说新城具有充裕的可开发用地、优越的自然生态本底,发展潜力较大。

借助建设"南国水都"提升三水新城空间品质,增强城市的魅力和吸引力,以独有的城市特色在区域中树立品牌。规划设计采取"生态优先、设施优先、产业优先"的原则,通过环境导向发展(EOD)、服务导向发展(SOD)和交通导向发展(TOD),构筑了"南国水都、水秀荷香"的城市生态景观格局。

(1)空间格局:南依旧城,北接园区。新城南面依托西南街道的城市服务功能外溢,北面承接乐平工业园区带来的产业服务需求。在南北片区的双向带动下,新城借此机会完善城市服务功能,承接旧城外溢,为园区提供优质、高端的配套服务,实现产城融合,产城互动。

(2)生态架构:山湖江城、城水相融。云东海山脉由西南公园处插入新城核心,西南涌与云东海在新城东西两侧以水系渗透,三水新城处于山水结构的中央,

图6　三水新城城市设计效果图

其延续了西南城区原有的"山湖江城"生态结构，实现了"城水相融、城水相合"。另外，要充分发挥云东海生态优势，结合现状水体，大力提升地区形象。以环境为导向带动地区建设，为三水区的持续发展创造条件。

（3）景观结构：蓝脉绿网，轴通江湖。新城以荷花世界为中心，打造十字形生态水网，构城蓝脉，连通云东海和西南涌。沿水系与道路网布置社区绿地，形成新城特色化定位"蓝脉绿网、南国水都"。

（4）功能结构：缘轴筑心，八片构城。依托轻轨站点和荷花世界构建核心节点，作为新城发展极核。沿生态水廊，串起发展极核，组织周边用地，划分八大功能片区。

城市设计深化方案基于三水新城滨临云东海7000亩大湖，基地内鱼塘多、地势低洼、水多土少的客观情况，提出"水安全、水景观、水生活、水文化"的基本原则，在空间上打造"山—湖—岛—城—江"的总体景观生态格局。

3　小结

纵观改革开放三十多年三水的城市发展，从一个传统封闭的农业大县转变为开放区域中的产城高地，三版总体规划的作用不可谓不显著。同时又可以发现，不同发展阶段，规划的效用又不尽相同。不是规划本身的好与坏，而是作为理性工具的规划是否与区域和城市发展的客观规律切合。只有尊重城市和区域的发展规律，规划才有可能因势利导地发挥效用。

近十年来，珠江三角洲一体化推动区域尺度重组、功能重构、结构重置。随着交通基础设施的一体化，广佛肇经济圈各个城市日益相互依赖。

2011年底，受邀为三水区政府展开《佛山市三水区发展战略规划研究》，我们审时度势，敏锐地把握住广佛肇一体化空间结构重构，位于三水东部的狮山工业园区迅速崛起带来的巨大服务需求，提出了建设"三水新城"，构筑"产业新城、南国水都、广佛肇绿芯"的战略定位。期望三水能走一条差异化、特色化的道路，积极参与区域分工，构筑"特色化高地"，推动经济腾飞。把资源落在最急迫、最紧要的地方，从而进一步统筹要素，实现优化配置。扭转了原来城市沿江西进背离主要经济联系方向的局面，得到了政府和市场两个方面的高度认同。

三水新城启动建设五年多来，累计已完工或在建的基础设施建设项目共51个，市政建设道路总长度50公里，城市景观及绿化面积接近100万平方米，总投资超过50亿元。围绕"广佛肇绿芯"的建设目标，三水新城先后与保利、万达、雅居乐、承兴国际、香港卓越环球集团等多家知名企业建立合作伙伴关系，引进一批高端

图 7　三水新城水轴建设成效初现

现代服务业落户，为产业发展注入了新动力。数据显示，截至 2016 年上半年，三水新城已成功签约的项目投资总金额约 280 亿元，已动工项目 6 个，储备在谈的优质项目约 25 个。

随着广佛肇轻轨的开通，区文化中心、云东海学校、体育休闲公园等公共服务设施的建设，南方医科大学珠江医院三水医院、华中师范大学佛山附属学校等公建配套项目的落户，水庭和水轴景观带、高丰公园、湿地公园等公共开敞空间的动工，万达广场等大型商业设施的进驻，保利、雅居乐等高端居住楼盘的建成，三水新城在短短的 5 年时间内拔地而起，土地价值随之大幅提升，2017 年即将推出的首宗商住地块，起拍楼面地价高达 5502 元 / 平方米，在售居住楼盘房价已逾 12000 元 / 平方米。三水新城已经展露出迷人的风采，成为珠三角地区又一颗闪耀的明珠。

2016 年，三水全区实现生产总值 1092.56 亿元，工业总产值 3168.38 亿元，全社会固定资产投资 666.6 亿元，地方一般公共预算收入 48 亿元。而三水新城服务的对象——南海狮山镇也实现了生产总值 910 亿元，工业总产值 3420 亿元，税收总收入 138 亿元。其实，没有我们 2012 年的规划，开发商响应市场的强劲需求也会来到，三水新城这片土地也会成为佛山房地产开发的热土。不同的是，由于我们提前 5 年发现了城市区位的变化，先于市场进入完善了规划，房地产商也就成为新城的建设者。而城市规划管理避免了被动服务开发的现象，城市政府也不用像广州华南板块开发那样跟在开发商后面"擦屁股"，还被社会批评没有远见。

张 菁

ZHANG JING

中国城市规划学会学术工作委员会委员
城市总体规划学术委员会副主任委员
中国城市规划设计研究院副总规划师
教授级高级城市规划师

如何强化城市总体规划成果中强制性内容表达的准确性

　　2006 年开始施行的城乡规划督察员制度中的一个重要手段，就是住建部原稽查司与住建部规划信息中心合作，通过卫星遥感技术对城市总体规划的"三区四线"等强制性内容进行周期性监测，动态掌握用地图斑与总规不一致的情况。如出现不一致，城市规划主管部门就需要解释在"总规—详规—规划许可—建设实施"的过程中，为什么会有这种"偏差"，分析原因时经常将城市总体规划编制阶段对强制性内容表达不科学作为主要问题进行质疑。对城市总体规划强制性内容改革的呼声也由此而生，有人提出总规强制性内容的表达一定要准确，甚至提出可以将控制性详细规划中确定的强制性内容反馈到总规中，从而保证涉及需要定边界的某些强制性内容的准确，保证督察员督查没有"偏差"。如何看待城市总体规划成果中强制性内容表达的准确性，是不是强制性内容在总规层面确定得越准，规划就越科学，这个内容确实需要讨论。

1　城市总体规划的强制性内容与督查工作的关系

　　城市总体规划强制性内容最早提出是在 2002 年，当时针对快速发展背景下我国城市规划和建设中出现的不顾经济发展水平和实际需要，盲目扩大城市建设规模，对历史文化名城和风景名胜区重开发、轻保护等严重影响城乡健康发展问题，国务院以国发 [2002]13 号文发布了《关于加强城乡规划监督管理的通知》，以进一步强化城乡规划对城乡建设的引导和调控，健全城乡规划建设监督管理制度，促进城乡建设健康有序发展。在此背景下，建设部以建规字第 218 号文发布了《城市规划强制性内容暂行规定》(以下简称《规定》)，从规划编制与管理角度，加强了影响城市可持续发展重点要素的控制。《规定》要求的强制性内容涉及区域协调发展、资源利用、环境保护、风景名胜资源管理、自然与文化遗产保护、公众利益和公共安全等方面。并按照省域城镇体系规划、总体规划、详细规划三个层次分别确定了相应的强制性内容，其中总体规划强制性内容主要涉及市域内必须控制开发地域、城市建设用地城市基础设施和公共服务设施、历史文化名城保护、城市防灾、近期规划等有关内容。《规定》强调了强制性内容是对城市规划实施进行监督检查的基本依据。规划行政主管部门提供规划条件、审查建设项目，不得违背强制性内容。《规定》要求调整强制性内容须组织论证，就调整的必要性向原审批机关提出专题报告，经批准后方可调整。调整后的总体规划，必须依据《中华人民共和国城市规划法》规定重新审批。《规定》强调了强制性内容是城市总体规划必备内容，应当在图纸上有准确标明，在文本上有明确、规范表述，并应当提出相应的管理措施。《规定》对违反强制性内容进行的建设，提出应按严重影响城市规划行为依法查处。城市政府及行政主管部门擅自调整强制性内容，必须承担行政责任。2006 年，《城市规划编制办法》(以下简称《办法》)颁布，再次提出了强制性内容，并提出强制性内容法律地位的表述，主要是要求近期建设规划不得违背城市总体规划的强制性内容。2008 年，《中华人民共和国城乡规划法》(以下简称《城乡规划法》)颁布，对强制性内容、定位进行了明确界定（表 1）。

2005 年，建设部下发《关于建立派驻城乡规划督察员制度的指导意见》，强调派驻城乡规划督察员制度是在现有的多种监督形式的基础上建立的一项新的监督制度。其核心内容是通过上级政府向下一级政府派出城乡规划督察员，依据国家有关城乡规划的法律、法规、部门规章和相关政策，以及经过批准的规划、国家强制性标准，对城乡规划的编制、审批、实施管理工作进行事前和事中的监督，及时发现、制止和查处违法违规行为，保证城乡规划和有关法律法规的有效实施。城乡规划督察员有权对当地政府制定、实施城乡规划的情况，当地城乡规划行政主管部门贯彻执行城乡规划法律、法规和有关政策的情况，查处各类违法建设以及受理群众举报、投诉和上访的情况进行督察。2006 年，根据《国务院关于加强城乡规划监督管理的通知》和《关于加强城市总体规划工作的意见》中强化对规划实施工作的监督管理的意见，建设部开始实行部派城乡规划督察员制度。从2006 年起，陆续向国务院审批城市总体规划的 103 个城市派驻了 116 名城乡规划督察员，对国务院审批城市总体规划等执行情况进行事前、事中监督，及时发现和制止违法违规行为，确保城乡规划的严格实施。主要督察七方面内容：

（1）城市总体规划、国家级风景名胜区总体规划和国家历史文化名城保护规划的编制、报批和调整是否符合法定权限和程序；

（2）城市总体规划的编制是否符合省域城镇体系规划的要求，是否落实省域城镇体系规划对有关城市发展和控制的要求；

三部主要法规关于强制性内容相关要求的比较分析   表1

	城市规划强制性内容暂行规定（2002）	城市规划编制办法（2006）	中华人民共和国城乡规划法（2008）
背景目的	贯彻落实"国务院关于加强城乡规划监督管理的通知"	提高城市规划的科学性和严肃性	加强城乡规划管理，协调城乡空间布局，改善人居环境，促进城乡可持续发展
法律地位	（1）强制性内容是对城市规划实施进行监督检查的基本依据 （2）规划行政主管部门提供规划条件、审查建设项目，不得违背强制性内容	—	—
强制内容	指规划涉及的区域协调发展、资源利用、环境保护、风景名胜资源管理、自然与文化遗产保护、公众利益和公共安全等	指规划涉及的区域协调发展、资源利用、环境保护、风景名胜资源管理、自然与文化遗产保护、公众利益和公共安全等	规划区范围、规划区内建设用地规模、基础设施和公共服务设施用地、水源地和水系、基本农田和绿化用地、环境保护、自然与历史文化遗产保护及防灾减灾等
		1. 城市规划区范围	1.规划区范围
	1.市域内必须控制开发的地域： （1）生态敏感区：风景名胜区、湿地、水源保护区等； （2）基本农田保护区； （3）矿产资源分布区	2.市域内应当控制开发的地域： （1）生态敏感区：风景名胜区、湿地、水源保护区等； （2）基本农田保护区； （3）矿产资源分布区	2.控制开发地域： （1）水源地和水系、自然资源保护； （2）基本农田
	2.城市建设用地： （1）规划期限内城市建设用地规模、发展方向； （2）土地使用限制性规定； （3）各类园林绿地具体布局。	3.城市建设用地： （1）规划期内城建用地规模； （2）土地使用强度管制区划和控制指标； （3）各类绿地布局； （4）城市地下空间布局	3.规划区内建设用地： （1）建设用地规模； （2）绿化用地
	3.城市基础设施和公共服务设施： （1）城市主干道和轨道线走向、大型停车场布局； （2）城市取水口及保护范围、给水排水主管网布局、电厂和大型变电站位置、燃气设施位置、垃圾和污水处理设施布局； （3）文化、教育、卫生、体育等设施布局	4.城市基础设施和公共服务设施： （1）城市干道系统网络、轨道交通网络、交通枢纽布局； （2）城市水源地及保护范围、其他重大市政基础设施； （3）文化、教育、卫生、体育等主要公共设施布局	4.基础设施和公共服务设施：基础设施和公共服务设施用地
	4.历史文化名城保护： （1）保护规划控制指标和规定； （2）历史文化保护区、历史建筑群、重要地下文物埋藏区位置和界线	5.历史文化遗产保护： （1）保护规划控制指标和规定； （2）历史文化街区、历史建筑、重要地下文物埋藏区位置和界线	5.历史文化遗产保护

续表

	城市规划强制性内容暂行规定 （2002）	城市规划编制办法 （2006）	中华人民共和国城乡 规划法（2008）
强制内容	5.城市防灾： （1）防洪标准、防洪堤走向； （2）抗震与消防疏散通道； （3）人防设施布局； （4）地质灾害防护规定	6.城市防灾： （1）防洪标准、防洪堤走向； （2）抗震与消防疏散通道； （3）人防设施布局； （4）地质灾害防护规定	6.防灾减灾
	6.近期规划： （1）近期建设重点和规模； （2）近期建设用地位置和范围； （3）近期历史文化和风景资源保护措施	7.生态环境： （1）生态环境保护与建设目标； （2）污染控制与治理措施	7.环境保护
调整修改	调整强制性内容： （1）须组织论证，就调整的必要性向原审批机关提出专题报告，经批准后方可调整。 （2）调整后的总体规划，必须依据《城市规划法》规定重新审批	—	修改总体规划强制性内容： （1）应向原审批机关提出专题报告，经同意后方可修改。 （2）修改后的总体规划应当依原审批程序报批。 （3）控详修改涉及总体规划强制性内容，应当先修改总体规划
成果	强制性内容是城市总体规划必备内容，应当在图上有准确标明，在文本上有明确、规范表述，并应当提出相应的管理措施	在规划文本中应当明确表述规划的强制性内容	—
处罚	（1）违反强制性内容进行建设，应按严重影响城市规划行为依法查处。 （2）城市政府及行政主管部门擅自调整强制性内容，须承担行政责任	—	—

资料来源：南京市规划局、南京市城市规划院关于《城市、镇总体规划强制性内容（规定）研究》

（3）近期建设规划、详细规划、专项规划等的编制、审批和实施，是否符合城市总体规划强制性内容、国家级风景名胜区总体规划和国家历史文化名城保护规划的规定和要求；

（4）重点建设项目和公共财政投资项目的行政许可，是否符合法定程序、城市总体规划强制性内容、国家级风景名胜区总体规划和国家历史文化名城保护规划；

（5）《城市规划编制办法》、《城市绿线管理办法》、《城市紫线管理办法》、《城市黄线管理办法》、《城市蓝线管理办法》等的执行情况；

（6）国家级风景名胜区总体规划和国家历史文化名城保护规划的执行情况；

（7）住房城乡建设部交办的其他事项。

从督查内容看，是否符合强制性内容已成为督查员工作的重点。

2　强化城市总体规划成果中强制性内容表达的准确性的建议

《国家新型城镇化规划（2014—2020年）》中提出，"健全国家城乡规划督察员制度，以规划强制性内容为重点，加强规划实施督察，对违反规划行为进行事前、事中监管。严格实行规划实施责任追究制度，加大对政府部门、开发主体、居民个人违法违规行为的责任追究和处罚力度"。

2016年，中央城市工作会议后发布的《中共中央国务院关于进一步加强城市规划建设管理工作的若干意见》中又明确指出，"严格依法执行规划。经依法批准的城市规划，是城市建设和管理的依据，必须严格执行。进一步强化规划的强制性，凡是违反规划的行为都要严肃追究责任"，"健全国家城乡规划督察员制度，实现规划督察全覆盖。完善社会参与机制，充分发挥专家和公众的力量，加强规划实施的社会监督。建立利用卫星遥感监测等多种手段共同监督规划实施的工作机制"。该文件还提出"城市规划在城市发展中起着战略引领和刚性控制的重要作用"。

从这个文件可以看出维护城市总体规划的权威性，特别是提高城市总体规划强制性内容的科学性尤为重要。众所周知，城乡规划法理权威的基础源自以规划"一书三证"为基础的用途许可制度。以强制性内容"刚性传递"为纽带的层级规划体系。强化强制性内容科学性、强化强制性内容向下位规划的传递，是确保总规权威性的前提。

由于总规强制性内容与督查工作建立了如此紧密关系（图1），对当前城乡规划管理部门来说，如何清晰、准确表达强制性内容尤显迫切。但对城市总体规划强制性内容理解与认识尚存在误区，建议从以下几个方面进行改进，并加强研究。

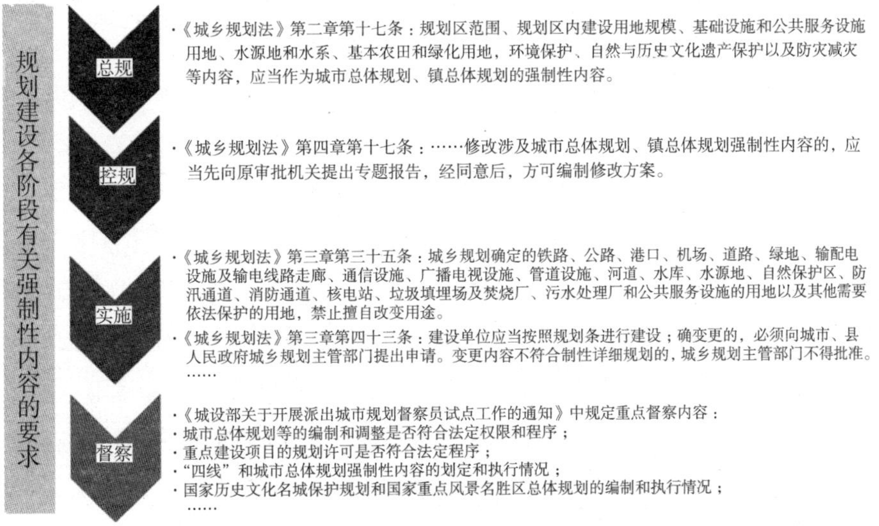

图1　《城乡规划法》确定的强制性内容从规划—实施—督查的传递关系

2.1　改进督查内容

目前，有些人将城乡规划督察工作简单地理解为"城市总体规划强制性内容实施"的督察工作，导致督察工作的指向偏差，很多人过多关注的是"建设用地图斑"与总规强制性内容的一致性。

城市总体规划发挥的是战略性、结构性的指导作用，强制性内容应该通过城乡规划体系的层次性进行传递，包括分区规划、控制性详细规划和专项规划等进行确定。特别是特大城市、大城市的总体规划，由于比例尺较大，很难准确对涉及需要"定边界"类的总规类强制性内容进行界定。"定边界"类强制性内容主要涉及对空间布局有约束性要求的，包括：市域"三空间"（生态、农业和城镇空间），市域"三线"（生态保护红线、基本农田保护红线、城镇开发边界），城市规划区范围，城市规划区"三区"（禁建区、限建区、适建区），城市规划区"四线"（绿线、蓝线、紫线、黄线），公共管理与公共服务用地布局，公共安全设施布局，特殊用地布局等。南京市规划局和南京市城乡规划设计有限公司在参加住建部《城市总体规划改革创新课题》研究时，在其子课题《城市、镇总体规划强制性内容（规定）研究》中曾提出，"城市规模不同，其总体规划所使用的图纸深度也不同，规划所能表达的内容深度也不同。如图2以1公顷用地面积所示，1∶50000以上比例的地形图上只能表达到规划对象位置的深度；1∶5000~1∶20000比例的地形图，可以表达到规划对象形态的深度，而1∶2000比例地形图就能将规划对象表达到具体边界的深度。因此，强制性内容表达的深度与城市规模及反映到地形图上的图纸比例有关"。另外，有的地方和部门试图将所有的阶段性发展诉求都体现在总规"一张图"上，忽视了城市规划体系在逐级落实的过程中针对城市建设过程中不确定性的适应性深化，制约了城市规划体系刚性和弹性的结合。

我们知道，城乡规划体系最重要的意义在于各类规划各司其职。如果将全部"强制性内容"集于总规一身，或片面强调总规"强制性内容"的管控效力，都会造成对城市总体规划强制性内容的误解和在规划编制、管理和督察工作中的失准。

因此，在城市总规编制环节，对强制性内容的确定应允许"模糊"的刚性存在，要强调通过下位规划深化落实，最终确定边界。并且总规需要对下位规划提出编制强制性内容的要求，包括需遵守和需深化的内容。对于督查员的工作重点也应进行调整，强化从末端纠错到前端预防，即加强对城市总体规划编制和修改、控制性详细规划编制和修改的督察，对总规强制性内容在下位规划的落实情况严格把关，加强城市总体规划和控制性详细规划的衔接等。

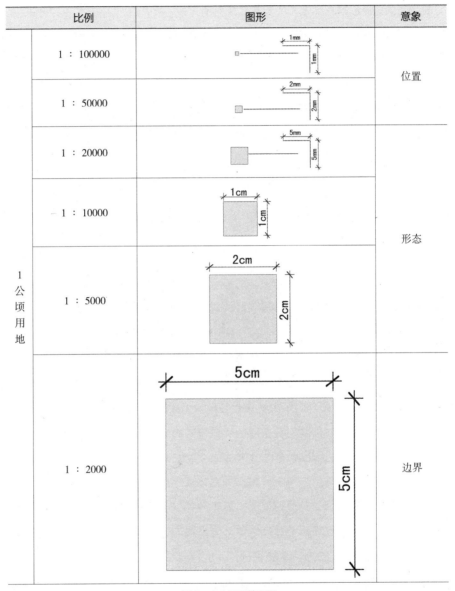

比例	图形	意象
1 ： 100000		位置
1 ： 50000		
1 ： 20000		
1 ： 10000		形态
1 ： 5000		
1 ： 2000		边界

（左侧纵向：1公顷用地）

图2　1公顷用地面积

2.2　明晰事权，突出重点

目前，上级（中央、省）和本级（地方城市）政府的事权划分尚未在城市总体规划的编制、审批和监督内容中充分甄别。从督察手册的工作内容上看，督察内容涵盖规划管理工作的方方面面，有些事权属于上级政府，有些内容却和地方事权重复。如督查案件中经常会出现的一种情况，即总规规划的公园，由于用地历史产权或其他原因，城市政府在控规编制过程中在保证同区位、同规模前提下进行了形状或地点的微调，并按照批复后的控规进行实施。而督察员以"总规"

为衡量规划建设的唯一标准，而判其实施行为违规。

中央政府事权（省级事权）主要涉及国家（省）战略落实、跨辖区协调、战略性资源保护等方面，而地方政府事权应包括城市发展战略、公共服务供给、资源环境保护等方面。督察员工作重点内容要从全面包办到事权明晰。强制性内容应在分级分类的基础上，明晰国、省、市三级事权，按照相应的规划督察内容有针对性地介入监督及纠偏，以增强督察工作的实效性与可操作性，当然这些工作应结合总规编制改革才能实现。

要进一步制定针对强制性内容的规划实施细则和规划督察细则，实现强制性内容的有效实施并提高督察工作效率。

2.3　提高总规强制性内容表达的科学性

当前，某些总规强制性内容设定过于宽泛，或在技术层面的要求不够清晰明确，如"限建区"等强制性管控要求的内容设定不够清晰，成为建设管控、督察依据的模糊地带。另外，总规与控规的衔接也存在漏洞，强制性内容刚性传递脱节。原本上级政府和本级政府就存在利益博弈（总规由上级政府审批，控规由本级政府审批），如果总规指导控规的刚性衔接模糊，则控规将成为本级政府维护自身利益、"架空"总规的手段。对于大城市尤其是特大城市，由于《城乡规划法》中分区规划的缺位，其总体规划对公益性公共设施等的布局深度一般达不到指导控规的深度，总规和控规的衔接就存在"空白"。加之，控规如何落实总规中确定强制性内容也缺乏相关标准。还有部分城市的总体规划编制中，由于强制性内容无法在总规图纸上准确表达，只能提出相对原则的控制要求或示意性表达，导致强制性内容流于形式。有些城市总体规划的法定成果表达不够科学、图纸和文字表达含糊不清，屡屡造成城市规划督查管理工作的被动等。

提高强制性内容的科学性，强制性内容的表达就不仅仅是定边界一种类型。而对不能准确确定边界的，要为下位规划的调整留有余地。可通过确定性质、原则、标准、总量和结构等方式予以表达，在下位规划中予以落实、确定边界；但在总体规划文本中应对总量、原则、结构提出可落实、可监管的要求。

对于总规层面必须精准表达的强制性内容，涉及规划区范围，自然保护区、风景名胜区、地下饮用水源地等必须控制开发的地域范围，以及城市紫线和由现状保留的绿地、水面、市政基础设施等形成的城市绿线、城市蓝线和城市黄线等内容，必须实现定总量和定坐标的表达方式，下位规划直接执行，不得调整。

对于需要下位规划进一步深化的强制性内容，如规划新建地区的绿地布局、公共服务设施布局、地下空间开发布局等内容，以及在城市更新中需要"增绿留白"

（改善城市环境需要增加的绿地和公共设施）空间可采取定总量、定结构和定原则的表达方式，再通过下位规划深化确定坐标。比如新建地区的绿地我们可以通过给出绿地规模（总量）、200 米覆盖半径（原则）等要求下位规划予以落实。

这种表达对于特大城市、大城市和小城市也是要有区别的。特大城市、大城市强制性内容表达应留有一定的弹性，为下位规划在空间上具体落位留有余地。对于小城市来说，应当较为具体，可在空间上直接落位。

图纸表达方面，规划审批部门应根据城市用地规模和图纸比例的不同，制定包括用地分类级别、点状规划要素、线状规划要素、面状规划要素等强制性内容的图纸表达精度细则。文字表达方面，规划审批部门应制定相对统一的"法律条文"式的文字表述形式，明确需要定量、定结构、定坐标表达的规划内容的具体表述形式。实现强制性内容表达的图文对应，言简意赅，表述精准。

3　小结

近年来，住建部正在制定的《城市总体规划编制审批管理办法》《城市总体规划编制审批管理办法细则研究》等一系列文件均对城市总体规划强制性内容的编制和表达方式进行了积极的探索。《关于新时期做好城市总体规划工作的通知（征求意见稿）》等文件也对总规强制性内容的表达深度和准确性提出了新的要求。在目前建立全国空间规划改革的总体背景下，城市总体规划强制性内容的准确性直接关乎现有法定城乡规划体系的地位和严肃性，及其能否科学指导城市发展和建设。

城市总体规划改革是一个系统工程，在"重新认识城市规划"、"科学编制城市规划"的基础上，未来应当重点从"依法执行城市规划"、"加强过程监督管理"入手，提高城市总体规划的严肃性和权威性。而其中的关键问题，就是有效落实城市总体规划的"刚性控制作用"，具体来说，就是总规强制性内容，特别是总规中强制性内容如何科学编制、如何严格实施、如何准确监督的问题。

城市总体规划是一项全局性、综合性、战略性的工作。编制和实施城市总体规划是实现政府战略目标、弥补市场不足、有效配置公共资源、保护资源环境、协调利益关系、维护社会公平、保持社会稳定的重要手段。城市总体规划应通过顶层制度安排，强化其城市层面的统筹和平台作用，使其具备"战略引领"和"刚性约束"的决策能力。

曾祥坤

ZENG XIANG KUN

博士，深圳市蕾奥规划设计咨询股份有限公司主创设计师

王富海

WANG FU HAI

中国城市规划学会常务理事
学术工作委员会副主任委员
城乡规划实施学术委员会委员
深圳市蕾奥规划设计咨询股份有限公司董事长兼首席规划师

市辖区规划
——亟待强化的规划操作平台

1　引言

　　近几年，我们承担了若干城市市辖区的规划，发现"区长的规划"的实际需求与"（规划）局长的规划"有很大的不同，无论作为"条条"的城市规划如何全面、如何综合，依然无法适应"块块"的复杂性。作为对行政区域几乎担负"无限责任"的区级政府，需要有一个统筹布局各项施政手段的空间平台，并要求在实施法定规划过程中拥有一定的操作调整授权。2016 年，蕾奥受青岛市李沧区城市建设管理局委托，与青岛市城市规划设计研究院共同完成了《青岛市李沧区分区规划实施评估》项目，有机会对分区规划的实施过程、规划实施效果及重大变化的决策背景进行了系统评估，更强化了我们对市辖区规划的初步认识：原来针对市辖区的法定"分区规划"，在现实中因规划地位、规划事权、实施组织、市场变化等众多因素的挑战而存在着种种问题，市辖区的规划需要在规划逻辑之上，加入行政逻辑和市场逻辑。因此，将"分区规划"从法定规划体系中剔除是应该的，但更需要重新建立一个平台，推动市辖区规划由规划传导的"静态蓝图"向多方共用的"行动大纲"转变。

2　当前市辖区规划存在的若干问题

　　本文所谓"市辖区规划"，特指大城市及以上规模城市以城市总体规划为基础，深化编制、实施的分区规划。为强调规划管理边界的划定是依据市辖区行政区划而非功能分区，同时明确由区级人民政府作为该规划的实施主体，故特称"市辖区规划"。

　　当前我国市辖区规划的问题主要表现为规划地位不高和实施效用低下，与其本应发挥出的作用和实际的规划需求极不匹配。

2.1　市辖区规划的地位被严重削弱，但其存在意义却在增强

1990 年《中华人民共和国城市规划法》第十八条规定："大城市、中等城市为了进一步控制和确定不同地段的土地用途、范围和容量，协调各项基础设施和公共设施的建设，在总体规划基础上，可以编制分区规划。"但到 2008 年《中华人民共和国城乡规划法》中，不论是在规划编制还是规划实施的相关章节中，均完全删去了有关"分区规划"的表述。

但这样一来，分区规划的法律地位消除与"市辖区规划"在城乡规划体系中日渐重要的作用形成了尖锐的矛盾。在城乡规划改革的大环境下，城市总体规划将更加强调战略性，控制性详细规划则更加精细化。作为总规和控规之间的规划层级——尤其是对大城市和特大城市而言——市辖区规划传导、协调、管控区内各项空间建设的作用是不可或缺的。从规划实施的角度来看，行政架构一直是重要的影响因素。随着中国大范围的城市扩张式发展趋势渐缓，城市建设转入内涵发展阶段，各项事务繁复交织。在全面深化改革实现"治理体系和治理能力现代化"总目标的大背景下，市级政府关注的是大战略、大政策、大项目和重点区域，区级政府则是具体的规划建设实施的主体。但对于这个越来越重要的主体，却缺乏可供操作的规划平台和运用规划手段协调安排建设需求的相应权力，将是非常严重的问题。

2.2　市辖区规划实施效用不彰，但规划需求却在日益高涨

国内最近一轮大规模的市辖区规划编制多是 20 世纪 90 年代城市总体规划获批后应《中华人民共和国城市规划法》要求和自身需要而开展的。此后由于法律地位的削弱和区级政府因使用不便而有意忽视等原因而逐渐"荒弃"，对市辖区规划的实施和修编缺乏长期连续的维护。以青岛市李沧区为例，其分区规划于 1998 年开始编制，规划内容是对青岛总规（1995 版）的深化，但 2002 年获批后就甚少被政府在规划决策中提及。2007 年李沧区进行两规协调，分区规划仅对照土地利用规划进行图上调整但未启动综合性修编。此后，2010 年上轮青岛总规到期和 2015 年新一轮青岛总规获批，李沧分区规划均未相应开展修编工作，以致到 2016 年启动分区规划实施评估工作时，该规划已过期 6 年。这样的情况在全国各地的市辖区规划中并不鲜见。市辖区规划如此"被动地实施"，实施效用自然不彰。如：前瞻研究不足，发展思路和规划内容过时，经济技术指标偏低；缺乏维护机制，建设项目未能落实；与其他规划衔接较难等。

但与此形成鲜明对比的是，越来越多的市辖区政府都希望通过编制分区规划来解决市辖区城市建设发展中所遇到的问题。如东莞市东城街道、贵阳市观山湖

区和中新天津生态城等地区均先后编制区级规划，来明确空间发展战略、梳理重点地区发展方案或是统筹近期行动及项目安排。实际上，随着对新型城镇化和城市工作的重视度日渐增强，区级政府的规划需求正在迅速地增长并日益多元化，更加凸显了传统市辖区规划实施效用低下的尴尬。

2.3 市辖区规划内容丰富有序，但实施效用取决于规划外部

从李沧区分区规划的实施过程来看。从规划颁布至今 15 年，期间经历 3 个五年计划（规划），以及李沧区组织编制的 2 个战略性规划和若干重要文件。虽然看似在分区规划基础上，各发展阶段均对李沧目标定位、结构布局、发展主导思路不断进行补充调校，但分区规划本身缺乏主动调整应对，盖因区政府将五年规划视为更重要的区层面总体性规划。2005 年（分区规划获批后三年）颁布的一纸区政府文件，更是对李沧区的城市发展方向和产业发展思路产生了深远影响，对分区规划的空间结构和产业发展图景产生了极大的干扰。

从实施效果来看。分区规划的内容体系基本等于小"总规"，但空间上仅旧居民区、道路和公共设施用地是规划作用相对稳定的地区，但在重大项目选址地（青岛世博园园址）和难以推动改造地区（军用机场）分区规划作用实际难以发挥，还有旧村、旧园区改造地区规划虽有导向性但存在较大变数。事实说明，分区规划的效用取决于环境形势、政府、市场三者力量的博弈组合。

从规划的各专项系统的实施完成情况来看，相对于产业和社会发展，规划效用主要还是体现在引导城市物质空间建设上，其中在空间形态、交通框架等结构性要素上效用最强。不同的设施建设，政府和市场参与度是不同的，实施主体要作为规划实施的重要考量维度。如医疗设施政府投入为主，实施完成度高、效果好，文化、养老类市场参与投入，实施完成度相对较低（需求和支付能力不足是重要原因）。

3 市辖区规划问题的原因分析

总体而言，市辖区规划的"工具理性"或许是可以自洽的，但到了实施过程中，如果不能与"行政逻辑"和"市场理性"达成协调关系，则难以发挥恰当作用。具体表现如下：

3.1 属性定位认识偏差

根据相关法律，城市规划分为编制和实施。长期以来，分区规划的基本属性

都被视为目标规划自上而下技术性传导的一个环节编制，是城市的总体规划落实到某区的具体任务。但在行政职责上，区级政府既要落实上级政府重大发展决策下达的任务，又要面对经济社会发展和社会管理自下而上的具体需求，确定城市建设和维护规划还要通盘考虑财力、物力和人力资源。可以说，自上而下的"分区规划"与区级政府来自各部门和基层组织自下而上的建设需求天生有矛盾，因而区级政府在工作中同时接受来自分区规划的指导和掣肘。

市辖区工作贴近民生，具体而微，市辖区规划不仅是城市规划实施的重要成分，更是城市具体运行的宏观组织，这就意味着分区规划的属性不再只是规划的编制。只有将其定位为总规和控规之间一个分区里的五年期的组织实施规划，分区规划才能主动地将政府其他部门和市场力量纳入为规划编制和实施的实际主体。

3.2　规划事权存在制约

当前区级政府管理事务与其规划事权的不匹配是导致市辖区规划实施难、效用低的一大原因。以青岛李沧区为例，其分区规划、控制性规划、专项规划、"两改规划"（旧村改造、旧城改造）四大类规划中，除了区委托的专项规划外，其他三类规划的审批权都在青岛市层面，说明区政府能主导的事项相对比较少，同时区政府又没有一个平台将其委托的各个专项的规划进行衔接。最终导致四类规划某种程度上上下不衔接、左右不协调。从这个意义上来说，分区规划还是作为以传递落实总规意图为主要目的的"局长的规划"，而没法成为发挥统筹协调全区城市建设发展项目的"区长的规划"。规划事权乃至行政制度上的设计乃是症结所在。

3.3　相关管理平台手段落后

从规划管理来看。相对总规和控规，市辖区规划在规划管理、规划评估和规划修编上更加缺乏动态的跟踪维护机制，其编制和评估往往都是一次性的。同时，相关的规划监控系统、信息化平台、评价指标体系等的建设严重滞后。

从规划协调来看。市辖区规划与上位规划、平级规划、专项规划和下层次规划间没有协调的规划基础和组织基础，具体到规划实施中，市辖区规划也缺乏具体的实施抓手和操作平台。

4　关于市辖区规划的几点建议

4.1　提高市辖区规划的地位

建议通过法律或部门规章形式给予分区规划等同于近期建设规划的地位，将分区规划作为大城市落实总规的必要手段。以立足现状、落实总规、整合手段为导向，将上轮评估、问题导向、目标导向、操作导向为输入，以目标标准、操作格局、分区任务、部门系统、重要地区、重大行动、重大项目、实施政策等为输出，扩充市辖区规划的内容，规范其具体形式。

4.2 搭建和完善操作平台

在城市整体信息平台上，为市辖区规划配套信息评估平台、多规合一平台、协调管理平台和实施考核平台。以四个平台为基础，对接国民经济和社会发展五年规划、土地利用总体规划，在梳理项目投资计划和区政府可掌控土地情况的基础上，以交通市政基础设施和公共设施的落实为主体内容，对5年内的空间建设进行统筹与配置。以5年为一周期，与国民经济与社会发展规划同步，建立"实施评估—新一轮编制—年度计划滚动实施"动态机制，以便区政府持续推进城市建设并在过程中不断调校。

其中，要高度强调构建可度量的信息评估平台，且需要新的技术手段量化数据，使得平台成为可测度、可评价的系统助力规划实施。

4.3 在控制性详细规划制度中授予区级政府微调权力

控制性详细规划作为规划制度的核心环节，必须全市统一管理，但必须改变过于细致、过于均质、过于刚硬的做法，管住关键性、结构性的，非关键的地区与地块则适度柔性。区级政府直接面对来自上下左右的各种诉求，在落实规划中难免要求控规做出微调，特别在城市发展进入存量提升阶段，预先设定的控规与可操作的用地在时间上愈发不能匹配，在空间上做出不影响结构的调整的状况必不少见。把规划实施中的微调权力下放到区级政府，是提高行政效能的必要之举，同时也使区级政府能够利用微调权，在操作性的分区规划平台上策划更多的城市微更新活动，更好地推进城市改善。

王学海

WANG XUE HAI

中国城市规划学会学术工作委员会委员
历史文化名城学术委员会委员
上海千年城市规划工程设计股份有限公司总规划师
教授级高级规划师

超前规划中的非理性因素

超前规划一直是城市规划编制中的合理要求和正常思路，其实城市规划从来就不是针对当下的规划，城市规划的视野和规划着力点都是未来的一定时期，预见未来并进行合理安排就是城市规划的基本工作。但随着超前规划成为一句口号，一些非理性的因素就出现在城市规划中，甚至严重地误导着规划的方方面面。

1 超前规划的非理性因素

1.1 过分放大的城市规模

在广大的中小城市中，城市规模在总体规划中被过分放大几乎成为惯例。这已经成为一种现象，出于扩大城市影响、急于提升城市等级、增加城市开发用地储备等原因，城市的规划预测人口规模远远超过现有规模的 50% 以上，有的农业县基本把全县的城市化率增长都放在县城所在的城镇上，集中了全县大部分的户籍人口；有的小城镇人口大量外流（这些外流的人口已经都被计算到流入城市的人口规模了），但仍被计算到城市的人口基数中，其后代自然也就成为预测的城市规模增长数值。中小城市过分放大城市规模的做法，由于与大力发展中小城市的方针一致，方针中美好的愿景能够成为城市规划的蓝图，因此并没有部门进行深究，而城市发展的规律很少被人们提起，偶尔的质疑都会被淹没在政策的发展研究中。

1.2 擅越的城市发展阶段

对城市发展阶段的理智评估在真实的规划成果中并不多见，城市的上上下下都希望城市发展不落后于其他城市，因此在设定城市发展战略时，都把城市发展阶段确定为工业化或后工业化阶段，完全不顾有的小城市仅是一个农业县的中心，或者中等工矿城市，本身是正处于资源枯竭型的衰落城市。这样的结果就会导致城市定位偏差严重，不管自身条件硬着头皮上，规划一些不切合实际的项目，甚至是工业园区或所谓的文创园区。

1.3 不切合实际的城市性质和职能

在不切合实际的城市性质中，国际城市也许是最时髦的词汇，曾经在住建部审查的总体规划中，有 100 多个城市的城市性质都提及了不同描述的国际城市，大部分城市不要说参与国际交流，就连外国人都没有几个，也奢谈国际城市。

如果只是城市性质的文字游戏，那对城市建设的影响还有限度，但那些不适合发展工业的城市，定性为工业强市，强行划定工业园区；或者是不具备交通枢纽条件的城市，定性为交通中心，建设一批交通设施；偏僻的资源枯竭型城市，提转型为文化创意城市。凡此种种都是社会资源和城市财政的巨大浪费。

2 非理性因素产生的原因

2.1 不正确的政绩观

在政府主导编制的规划中，突出政绩，毫无疑问是产生非理性因素的主要原因。如何在最短的时间内生产出政绩来，修编总体规划或许是最直接见效的途径，每一次修编总体规划，就是城市规模的一次放大，同时也是城市性质的又一次"高大上"。踏踏实实按照规划建设城市，要达到一个理想的目标，必须有一届又一届城市政府带领人民不懈地努力；而画出一个美丽的规划，只需要一群急功近利的政府官员和几个不负责任的规划师，这也是为什么一届政府一版规划产生的根本原因。

中央政府明确提出反对不正确的政绩观，在规划上强调发展的延续性，在编制上要求"多规合一"的统筹性，在执行上反对一味地大拆大建，为城市规划的非理性划定了红线。

2.2 城市宣传放大的非理性

城市发展需要用美好的目标感染人民，用激进的口号动员人民。但很多城市发展的动员口号，喊着喊着就成为了城市规划的内容，摇身一变组合进了城市的性质，又从设想成为了目标，这个可以说是革命的浪漫主义融入了城市规划的理性。但大家知道口号不能代替实干，浪漫终究还是要算账，宣传可以进行夸张，但建设必须得要理性。

这样的非理性带有极强的感染力，最容易出现的就是城市建设规模的放大，城市建设标准的拔高，城市建设项目周期的极度压缩，有时给城市带来的负面影响超乎想象。

2.3 "榜样"的误导

"榜样"的误导所要说的不是"榜样"不好，而是在城市规划建设时要选择合适的榜样，要科学地吸取榜样建设的经验。城市的一大特性就是独特性，没有一座城市的建设可以照搬过来，学习是必需的，但照抄经验，甚至山寨"榜样"就会导致城市建设的重大失误。

"榜样"城市的出现是有特定的条件和历史背景的。就像深圳原来只是一个小渔村，但毗邻香港的特殊地理区位和国家改革开放的政策，是其成长为超大城市的根本原因，绝大部分中小城市是不可能重现深圳奇迹的。德国鲁尔区的重兴也是经常拿来作为老工业城市和工业区励志的榜样，却常常忽略德国强大的制造业基础和产业布局调整的政策支持，只学习转型的外壳，最终是难以为继。

这就要求城市既要选择合适的学习榜样，也要找对榜样城市的学习内容，针对自身的问题找准可供借鉴的实例，避免闹出一个小城市的规划，借鉴的却是纽约、上海、香港等不成比例城市经验的笑话。

3 超前规划回归理性的路径

3.1 接受不完美的现状

前面谈到城市规划其实就是超前规划，合理的超前规划并不是放弃理性规划的思路，但在超前规划时，坚持理性的原则，把握科学的尺度就极为关键。

要回归理性规划的路径，首先就要接受城市发展的现状并不完美的观念。城市是一个复杂的有机体，城市的产生、发展，兴盛、衰落，都有自然、环境、人为等诸多因素影响，换句话说，城市是有生命的，没有一直发展的城市。由于发展环境的变化，很多曾经辉煌的城市，如今已经衰落，甚至有的已经消失。虽然现在我们面对的是城市化高速发展的浪潮，但具体到不同的城市却有着不同的情况，固然有一些是高速发展的城市，但大部分其实是平稳地在发展，有很多城市不幸地处在逐渐衰落的过程中。接受并不完美的现状，并不是因此就无所作为，而是理性地分析城市发展的阶段和发展条件，作出科学的发展应对。高速固然有高速发展的规划，平稳发展更要制定适度的规划，而处于衰落过程中的城市，则更要审慎地进行研究，看看有无重新振兴的可能；还是已经丧失发展的基本条件，必须进行异地搬迁；如果是不再具备发展的前景，稳妥地处理城市的未来，进行合理的规划安排也是非常重要的，云南省的昆明市东川区就是一个较好的例子。

3.2 接受不理想的未来

有的时候遇到的问题不仅是现状的不完美，我们还得接受不理想的未来，这确实是令人沮丧的局面，但现实就是这么残酷。

由于自然条件的变化、生态环境的恶化、对外交通情况的变化等，许多城市的发展前景并不乐观，这都要求城市规划科学地评判城市发展条件，在充分估量自身的发展优势的同时，更要客观认识到自身发展的不利因素，正视这些不利因素，方能寻找到城市未来发展合适的切入点。

在工业化高速发展的现在，全球化浪潮、信息化浪潮迅速地冲击着现有的城市体系，导致城市未来发展受阻的因素已经不局限于上述的情况。在新一轮的城市体系重构中，城市在新的发展环境下，不能找准自身的发展方向，都有可能在城市竞争中败下阵来，接受不理想的未来，能够让城市不蛮干，静下心踏踏实实地改善城市的环境和发展条件，反而可以获得一个较好的结果。

3.3 接受非理性的教训

不理性的超前规划已经导致很多城市出现了严重的后果，在全国范围内失败的例子比比皆是，因此接受非理性规划的教训，看到非理性建设的恶果，其实更加重要。

　　如果很多城市最高规划管理者只看到其他城市最高规划管理者因为大跃进式的超前规划而取得所谓政绩，并没有看到城市在持续地承受着这些大跃进式超前规划的苦果，从而跃跃欲试的话，那么新一届中央领导提倡的正确的政绩观也许可以给他们浇上一瓢冷水，冷静下来看看非理性规划的后果，接受这些城市以及这些城市最高规划管理者的教训。

　　无论非理性超前规划的产生原因多么高尚，导致城市的严重后果都放在那里，不会消逝，还会持续地影响着城市的发展，或者说妨碍城市的发展，如何理性地规划也许会有争论，但就让我们从理性规划开始审慎地对待城市吧！

王世福

WANG SHI FU

中国城市规划学会理事
学术工作委员会委员
城市设计学术委员会副主任委员
华南理工大学建筑学院教授
城市规划系主任

规划师角色中理性偏差的认识与思考

城市规划兴起于理想的"乌托邦"，理想主义是重要的理论根基，同时也是社会进步与社会改造的基础，构建了基本的城市规划知识体系框架（孙施文，2007）。理想主义与理性主义是构成城市规划学科的两个基本点（韦亚平、赵民，2003），城市规划的理想主义是掌舵者，那么理性主义与实用主义便成为不可或缺的左右划桨（仇宝兴，2005）。

现代城市规划实践的演进伴随着城市化的具体进程，规划师的角色随着规划行业所承担的行政责任、社会分工及社会活动类型的变化而转变、分异，并受到特定国家或特殊时期的城市发展理念、政治制度、价值观念、规划思想、社会诉求、职业道德等诸多因素的影响。规划师角色类型也有着不同意义上的分类，西方规划师角色被分为建设管理者、公共官员、政策分析师、中介者、社会变革者五个角色（P.Healey，2008），也有的以思维模式类型划分为管理者、综合者、系统组织者及改革者四个角色（孙施文，1998），以规划服务对象进行划分，成为政府规划师、执业规划师、社区规划师三种角色（陈有川，2001）。

随着常规的以规划局下属规划院事业单位为主的规划师执业状态被日益开放的规划设计咨询服务市场打破，以及城市化进程中日益增加的空间物权固化和社会矛盾日益显化，规划师角色忙碌的多元化混合状态也成为规划行业进行理性思考的重要议题。

1　角色混合中的忙碌与漠然

角色忙碌的现象表现为规划项目类型繁杂且工作周期短，具体规划事务中因价值交织甚至冲突而需要进行大量的协调，各种运动式规划使规划师们常年处在加班加点疲于应付的状态中，其深层次原因是理想的规划空间资源配置职能往往与现实中利益主体博弈的竞争排斥性存在不可调停的矛盾，一方面往往以"规划是龙头"来强调规划编制的重要性，另一方面又往往以规划滞后的理由来不断挂起或否定已有的规划工作。现实工作的这种体力的忙碌，还因规划的理想主义叠加了思想的负累，规划师迷惘于自身专业理想与城市发展实况结果的巨大偏差中，甚至在面临规划是否有用的质问时，时常含冤无言。

　　同时，当前规划行为的无功无责评价体系也使规划师群体表现出相当程度的角色漠然。一方面，城市建设的巨大成就难以归功于城市规划，另一方面，城市问题的种种批评也难以归责到具体规划师的规划行为。功过无痕，规划编制、评审、审批、实施，也无需规划师角色的持续跟进和担当，既无有效的后评估机制，也未建立什么是好的规划的标准。规划师们忙忙碌碌之中，也就有着一份从容淡定的漠然了。规划行业官僚化、唯利是图、职业庸俗化等职业发展弊端，挑战着规划师职业道德的底线（张兵，1997）。

2　新常态下的角色要求

　　当代中国的规划师群体，角色类型包括经历计划经济时代的蓝图型设计师，也包括伴随市场经济转型中服务城市扩张、城市开发的工具型规划师，城市竞争性发展中的战略型规划师，城市管治需要的行政型规划师，还包括应对问题提供政策咨询的研究型规划师等。规划师角色的分异和转型反映了国内规划理念从工具理性到有限理性的发展，理性交织下的规划师角色呈现混合的多重状态，从单纯的"技术专家"，衍变为"利益的代理人"与"空间资源设定和利益分配的协调者"等更加复杂的角色扮演。

　　随着城市化进程进入城市化率超过 50% 的后半程，国家提出的新常态，以及新型城镇化、存量规划、城市双修等宏观发展理念的变化，对于规划师同样提出了角色再认识的要求。规划师通过合理调节分配城市公共资源，以维护社会公平的基本理性，面临更加深刻的社会冲突。资本利益的强大以及市民社会的形成，不仅对规划师角色提出作为调停协商者的更迫切要求，同时也让规划师走向社区，规划师除了具备传统内在的个体专业技能之外，还应更注重规划师外在的协调技能，从而演进到当下对规划师交往理性的探讨。可以说，中国规划师已经通过有限理性的建立实现了工具理性的拓展与调整，规划师的角色也已从纯粹的"技术工具"进步成为能够应对市场需求的"政策工具"。

　　哈贝马斯在 1979 年的《交往与社会进化》及《交往行动理论》等著作中提出的交往理性，批判了工具理性所引发的社会困境，主张将思想从工具理性压迫下解放出来，以主体间的理解交流替代权威对人的操纵和控制，注重人的价值关怀。交往理性正面挑战了工具理性的内涵，也使得城市规划挣脱了传统规划理论的束缚。Patsy Healey 的沟通规划、Innes 的协作规划、John Forester 的协商规划，都是基于交往理性而衍生成为当下规划的进步方向（曹康、王晖，2009）。Forester 指出规划师要正视自我定位，其并非是问题的权威解决者，而是对公众参与的组织和干预者，通过穿梭外交，关注主体利益，选择性支持或反对特定条件下的协商辩论（Forester，1989）。他还在 1982 年发表的《Planning in the Face of Power》一书，探讨了规划师作为信息提供者作用于政治经济过程中，并提出五个渐次深入的规划师角色的立场，分别为技术主义、实用主义、自由倡导主义、结构主义与进步主义。

3　委托代理实景中的角色认识

政府、市场、社会三股力量博弈、妥协，三者的矛盾产生与解决在一定意义上推动规划理性的观念和方法的演进。规划师在具体的项目实践中，职业角色相当程度地受制于所服务的委托人属性，规划师的利益取向及价值认同也受到其服务对象的左右。不同利益主体的多样需求特征一定程度上代表了规划师角色的多元性。就委托代理关系而言，常见的是规划师形成与政府、市场主体的委托代理关系，但鲜有由代表社会利益的主体委托的规划行为。当然，政府作为委托方，相当程度地包含了社会福利、公共利益维护的目标，但作为代理人的规划师未必容易实现平衡甚至扶持弱势群体的具体措施，社会的强弱关系不等式在这种代理关系下改变的可能性相当微弱。同时，随着市民社会的日渐勃兴，政府职能的逐渐转型，也出现了许多为了历史文化、社区事务，甚至职业理想而奔走，未形成委托代理关系的规划师。

当前，强政府、弱社会的模式仍在运行，面对充满怀疑的社会压力，政府规划师的公共利益代言人角色被质疑；受到规划编制的营利性及个人利益的困扰，执业规划师为谁服务的实际角色问题被质疑；公民意识的薄弱以及社会组织发育的不足，社区规划师还处于萌芽阶段甚至缺失状态。

政府及相关部门仍然是规划师最主要的服务对象，其执业行为反映的角色特征包括决策参与和执行者、政策分析和建议者、技术参谋和实施者、规则制定和管理者等，规划师可以在政府体系的内部活动，了解政府机构的决策动态，掌握比较翔实的规划信息，对于发展目标和主要矛盾的认识也比较全面。但规划师能否以及多大程度地实现规划理性、甚至规划理想，在这种委托代理关系下往往受制于委托人，即政府往往预先设定方向性、纲领性的内容，而将所谓技术性内容托付给代理人，政府及其相关职能部门的决策意见大致代表了城市公共利益的边界，不鼓励甚至反对各种形式的公众参与。因此，规划师服务于政府时，政府意志与规划理性的偏差成为一种角色特征。

在市场经济的浪潮下，开发商成为城市建设中的一个重要群体，是推动城市建设的强劲动力，也是投资风险的判断与承担者。接受各类开发机构委托的规划师，其执业行为反映的角色特征为企业决策的顾问者及专业技术支持者，规划师可以深入了解企业内部的商业信息和决策偏好，对于市场目标和利益构成的认识比较清晰。但规划师在这种委托代理关系下同样受制于委托人，甚至被企业委以许多游说政府的要求，在企业利益先导的情况下，开发行为形成的外部负效应往往被漠视或者掩盖，规划理性的偏差也是显著的。

规划师中还有一批以专家学者、社会人士为主的，并未与任何利益主体形成委托代理关系，他们基于自身的专业理性和职业道德，为城市历史保护、弱势群体利益或其他城市公共事务发表言论或者组织社会活动。他们往往是在城市规划领域具有一定话语权的规划专家、大学教授或城市相关领域的学者，扮演着公共利益的守护者、规划理想的倡议者、社会改革的倡导者、决策偏颇的纠正者等角色，对于社会进步起到了积极的作用，这种无委托代理关系，以呼吁、批评、对抗为行为特征的角色实际上起到了维护规划师职业精神的作用。相对前两种具有委托代理关系的规划师角色，往往更具实现规划理想的进步性。

4　展望：内外兼修的能力拓展

现实中的规划师往往处于"角色紧张"的状态，一人身兼数种角色并需要应时切换，面对不同的委托要求，既是对规划师职业道德的检验，也不断启发规划师的职业能力再思考。

规划师服务于不同的组织机构、利益主体，有时候往往在满足雇主利益需求时，无法得到职业自我在专业知识角度的认同，违背了社会利益"最优"原则。此时如果继续坚持雇主至上，则会损害社会整体价值，也减损职业自信。由于规划师角色处于一个信息相互依赖的组织网络的内部，处于各方信息不对称的中间位置，因而有可能建立一个能够进行调停协调的平台。Forester 提出规划师应持利用介导谈判的策略反作用于权力的不平等。如果规划师仅提供事实或程序的信息，对待强者和弱者一视同仁，则会让坚强的人保持坚强，弱者依然软弱，保持这样的中立态度将会继续忽视现有的强弱不等式。如果规划师未能把较弱的利益各方考虑在"谈判桌上"，那么不平等将延续下去。如果规划师帮助弱势主体进行协商谈判，似乎可以挑战现有的不平等结构。那么，就要求规划师能够识别哪些弱势群体的利益是合理的且需要被关注的。这些问题是没有纯粹的技术答案的，因此对规划师的职业能力提出了新的要求。

交往理性对于规划师角色能力的提升有非常重要的启示，专业技术能力之外，规划师还应具备介导协商的相关技能，包括组织、沟通、谈判、调停等能力，其中还涉及更加具体的利益矛盾的辨识能力，确定利益代表者的能力，以及搭建有效对话平台的能力等，规划师在规划事务中进行"穿梭外交"时，这些能力将起到非常重要的作用，有助于合理引导弱者需求与强者供给的成交，通过规划进程中有目地渐进，或拆分工作分别进行调解和谈判，以获得更加全面均衡的规划结果。

城市规划塑造于空想的象牙塔，逐渐成为政府行为、专业技术、社会运动，并且一直活跃在政治家与社会大众的视野中。规划师的日常工作要面对不同群体的阻力和相互之间的冲突。规划师需要认知到自我的多重身份，既代表利益团体参与到协商谈判中，又在竞争的利益团体之间充当中介调停者，在委托代理的职业框架中，规划师隐性的穿梭外交事实上比谈判桌上的利益中介者更具优势，基于技术理性的优势提出忠告或者有效建议，辅以交往理性得到各方的理解和协同，内外兼修的综合能力拓展始终是规划师角色克服理性偏差的共勉方向。

黄建中

HUANG JIAN ZHONG

中国城市规划学会学术工作委员会秘书长
青年工作委员会副主任委员
同济大学建筑与城市规划学院副研究员
《城市规划学刊》编辑部主任

转型背景下城市交通规划的理性思考

　　改革开放三十多年来，我国城市化进程快速推进。据国家统计局数据，2016 年我国城镇化率达到 57.35%，城市交通在支撑保障城市发展与正常运行方面发挥了重要的作用，但同时也伴随着饱受诟病的诸如交通拥堵、污染、安全、停车等问题。同比上一年，全国一线及省会城市拥堵略缓但仍处于高位，而超半数城市拥堵仍然上涨，并以三四线城市居多，表明全国主要城市仍普遍存在拥堵，且已从大城市蔓延到众多的中小城市（高德地图 2017 年第一季度交通分析报告，2017）。交通拥堵所带来的损失无疑是巨大的，以北京为例，据相关数据统计，2016 年北京人均每年"堵"掉近 9000 元，机动车排放的城市颗粒物成为北京空气污染首要污染源（滴滴出行联合第一财经商业数据中心智能出行大数据报告，2016）。同时，城市中大量存在的慢行交通、弱势群体的出行权益等则仍未得到明显改善，城市交通的公平性与包容性面临巨大的挑战。

　　我国城市交通问题的产生与演化固然与我国高速城镇化与机动化带来的巨量交通需求压力密切相关，但是也必须看到，快速扩张背景是以追求效率最大化为基本发展导向的，"看得见的"经济增长与城市扩张是多数地方政府的施政重点，部分地方政府热衷于大项目、大设施，资源和要素投入更多的是向工业区、新区新城等容易出形象、出政绩的城市建设中倾斜，而交通建设往往处于"水多加面、面多加水"的被动适应的局面中，城市道路网的等级结构不合理，城市道路网密度偏低，交叉口设计不合理等问题也十分普遍，交通"沦为"政治理性和工具理性思维主导下的工具。诚然，上述政策、机制和技术上的非理性因素，对交通问题的产生"功不可没"，但是笔者认为，价值观念上的导向是更为重要的深层次因素，观念上的认识不深、重视不够、概念混淆、本末倒置，往往会导致交通规划在"价值理性"上的缺失，这也有违于"以人民为中心"的科学发展导向。

首先是对"人与车"的关系认识本末倒置。交通的目的是实现人和物的移动，而不是车辆的移动。在不少地方，"车本位"的规划思想严重，长期以来机动车导向的规划建设以及汽车控制引导政策缺位，导致小汽车数量迅猛增长，反而忽略了人的活动需求。根据城市居民的出行调查，我国大城市步行交通在总出行量中约占 40%，而中等城市约占 45%，小城市则多达 50% 以上。以上海为例，慢行交通占城市出行方式的比重最大，而拥有全球最长轨道交通运营里程的上海，其公交出行比例则基本上保持稳定（2004 年，上海市慢行交通、公共交通以及个体机动化交通三者的比例分别是 58%、18%、24%，2009 年微幅调整为 55%、18%、27%，而 2014 年三者的比例与 2009 年一致）。对步行群体和弱势群体的忽视，导致不少城市慢行空间不成系统，出行不便，交通的人文关怀和包容性不足。

其次是对"供与求"的关系理解出现偏差。一是过分强调交通供给，忽视了交通需求的管理。在相当长的时期内，一种非常流行的观点是："我国道路交通设施建设的速度远远跟不上不断增长的交通需求。"因此，交通供给始终占据了主导地位，而对通过影响出行者行为达到减少或重新分配出行对空间和时间需求的一系列调控措施，则一直得不到重视。交通需求是指出于各种目的的人和物在社会公共空间中以各种方式进行移动的要求，它具有需求时间和空间的不均匀性、需求目的的差异性、实现需求方式的可变性等特征。交通供给是指为了满足各种交通需求所提供的基础设施和服务，具有供给的资源约束性、供给的目的性、供给者的多样性等特征。从两者的特点可以看出，需求是可以调节的，而供给是有限的。由于供给的有限性，必须对需求进行调控，即交通需求管理（TDM）。二是对供给方向上的认识偏差，忽视了部分需求。如前所述，由快速城镇化带来的交通需求压力巨大，部分地方政府往往采取的是"头疼医头"的方法，从交通设施的供应角度上入手，热衷于轨道交通、快速路、大型桥梁和主干道等大型设施的建设（以当前轨道交通规划建设热为例，我国 37 个轨道交通在建城市，"十三五"期间计划新增运营里程 5700 公里，几乎在"十三五"预测的全行业新建里程 3000 公里基础上翻了一番），而对于常规公共汽（电）车的发展、支路网的建设，对于步行、自行车、停车、换乘等设施以及交通管理和服务的供给则没有予以足够的重视。由于供给方向上的偏差，导致各种交通设施发展上的不均衡，对多元化交通方式的构建则大打折扣。"供给偏差"的同时，对未来交通发展需求的预见性也不足，缺乏弹性应对措施。

既有理论与政策导向表明，随着我国城镇化发展演进进入诺瑟姆曲线的加速减缓后半程，我国城市发展也从谋求高速增长转为注重城市综合效益，从强调空间扩张转为内涵提升。城市交通系统在框架定型后，新增设施的规模将快速下降，其对城市空间构建带来的城市活动调整的支持和引导也将主要通过服务和政策调整来实现。联合国"人居三"的《新城市议程》中明确提出"创造可持续、安全和门槛低的城市交通",重点关注了公共交通及非机动车优先,而公共交通导向开发(TOD)更是增加了人群主体的公平内涵,从纯粹的效率导向转变为更为综合的效益导向。因此,现代城市交通应该在具备高效率和高效益的同时,更加重视交通对促进社会平衡以及可持续发展的作用,从"工具理性"转向"价值理性",坚持"以人文本"的价值导向,从重视机动车出行到关注人的全方位需求,构建"公平包容、弹性适应、多元共享"的综合交通体系。

一是要更加关注公平包容。交通方式也是一种生活方式。在增量规划向存量规划转型过程中,要提升交通系统在城市发展中的主动性,必须站在多元利益主体基础上思考问题,在提高交通效率的同时,更加关注公平出行,不仅要坚持"公交优先",更要突出"步行优先",让城市交通从车回归到人。如,在道路布局上采取"窄马路、密路网"的规划理念,推进适宜慢行的城市绿道建设,以社区为城市基本单元,构建以"生活、工作、休闲、学习、创新"等功能为一体的复合型15分钟步行生活圈等。在关注公平的同时,也要体现交通的包容性,更加关注城市的弱势群体出行需求。例如,随着特大城市老龄化程度的不断升高,需要从适应老年人出行的角度考虑,完善公共服务设施配置体系的空间布局,优化日常生活设施的布局和步行路径以提高可达性,增加面向老年人的公交专线以及开发更灵活的交通工具,对于未来老年人的自驾需求应未雨绸缪,完善道路设施,为新一代老年人提供良好的出行环境。

二是要更加注重弹性适应。未来的交通规划,应以交通和土地利用一体化协同发展为基础,增加交通对城市发展的支撑保障能力,提高城市交通的效率,注重城市空间结构与交通模式的耦合,重塑城市发展格局。同时,交通规划更要围绕后工业化时代全球化、人性化、生态化、智能化的发展趋势,应对城市发展的不确定性带来的挑战,改变"工具理性"下的被动适应局面,加强弹性应对的能力。例如,在交通需求预测上,对于超大城市以及人口流入目的地城市,应在常住人口的基础上,考虑到实际服务人口的需求,在机动车总量预测上预留一定的弹性,要加倍重视交通需求管理的作用。在交通设施供给上,应对未来发展模式进行多情景预测,提出不同情景下相应的城市空间发展布局方案,在基础设施规划中根据不同的空间发展策略,预留一定的富余保障能力,同时,可以在集中城市化地区预控复合通道,将其作为轨道和道路分层利用、复合利用空间资源进行弹性预控,适当增加区域性交通廊道宽度,使之兼具市政防灾、绿道等复合功能。

三是更加体现多元共享。城市多样性是城市活力和生命力的重要体现,而城市交通的活力更是与多元化密不可分。面向未来需求和交通工具的新特征、新趋势，出行方式将越来越多地出现多种交通方式的组合，如轨道交通与小客车、共享单车与轨道交通、常规公交与步行／共享单车等。因此，未来的交通发展导向，应以公共交通为主体，同时考虑多元化的交通出行方式，特别要重视"共享"交通方式对出行行为和城市居民生活方式带来的影响。数据表明，自 2016 年下半年起众多品牌共享单车陆续在北京、上海等城市上线之后，驾车用户 5 公里以下的出行占比呈下降趋势，其中北京减少了 3.8%，上海减少了 3.2%，共享单车热点区域拥堵缓解也较为明显，北京在工作日全天 5 个最热的单车区域的拥堵指数下降了 7.4%，广州下降了 4.1%，深圳下降了 6.8%（高德地图 2017 年第一季度交通分析报告，2017）。

后 记

　　2016年是中国城市规划学会成立60周年，当年的中国城市规划年会的主题就是"规划60年：成就与挑战"。因此，当我们为2017年会进行主题策划时，一个很重要的话题就摆在我们面前，中国城乡规划经历了60年的风风雨雨，在改革开放后的城乡快速发展中也发挥了重要作用、取得了重大的成就，但同时也面临着城乡发展的新形势、新问题、新任务，因此，在这新甲子的起始之年，就需要站在更高的起点、从夯实城乡规划未来发展基础的角度进行思考，从某种角度讲，就是要对城乡规划的未来发展进行很好的规划。习近平总书记指出："规划科学是最大的效益，规划失误是最大的浪费，规划折腾是最大的忌讳。"因此，城乡规划工作的未来发展必须"顺应城市工作新形势、改革发展新要求、人民群众新期待"，在"认识、尊重、顺应城市发展规律"的基础上，努力提高规划的合理性，这是城乡规划未来发展的基础所在。经过委员的充分讨论，最后形成了2017年中国城市规划年会的主题："持续发展、理性规划"。

　　在确定了2017年会主题的同时，有委员提议编撰一本《理性规划》的书，这既可以看作是为年会的主题进行释义，同时也可以清理当前中国城乡规划发展中的问题和我们对未来前景的思考。该提议一经提出，便得到了广泛的响应，并推举由我来主持这项工作。根据论题，我草拟了书稿的大纲，经委员们的讨论和完善后执行。根据大纲的结构和内容，我们也邀请了对特定领域有持续研究或工作经验的学会其他学委会的专家共同参与，非常荣幸也非常高兴的是，当我们向几位专家发出邀请后，都得到了积极的反应，并很好地根据我们的前期策划，按时保质保量地完成了任务。

　　编写这样一本书，对于所有的作者而言，都是一项额外的工作。感谢所有作者的支持和努力，从而使我们的设想能够得到充分的实现，希望大家继续并且能够有更多的人来支持我们的工作，不断地推动中国城市规划学会、学术工作委员会以及整个城乡规划事业的持续发展。谢谢大家！

中国城市规划学会常务副理事长兼秘书长石楠、学会副秘书长曲长虹自始至终对本项工作给予了大力支持，对大纲的修订和完善提供了意见，并协调了相关的出版事宜；中国建筑工业出版社的编辑们在极短的时间里，认真负责地完成了书稿的审阅、编辑和出版。我代表所有的作者以及学会学术工作委员会致以衷心的感谢！

中国城市规划学会学术工作委员会主任委员

2017 年 8 月 29 日

图书在版编目（CIP）数据

理性规划／中国城市规划学会学术工作委员会编 .—北京：中国建筑工业出版社，2017.11
ISBN 978-7-112-21402-0

Ⅰ.①理… Ⅱ.①中… Ⅲ.①城乡规划－研究－中国 Ⅳ.① TU984.2

中国版本图书馆 CIP 数据核字（2017）第 254891 号

责任编辑：杨 虹 尤凯曦 周 觅
书籍设计：付金红
责任校对：焦 乐 姜小莲

理性规划
中国城市规划学会学术工作委员会 编
中 国 城 市 规 划 学 会 学 术 成 果

*
中国建筑工业出版社出版、发行（北京海淀三里河路9号）
各地新华书店、建筑书店经销
北京嘉泰利德公司制版
北京雅昌艺术印刷有限公司印刷
*
开本：850×1168毫米 1/16 印张：21 字数：510千字
2017 年 11 月第一版 2017 年 11 月第一次印刷
定价：96.00元
ISBN 978-7-112-21402-0
（31106）